Scratch 2.0 趣味编程指南

[美] Jerry Lee Ford Jr 著 / 李强 译

人 民 邮 电 出 版 社

北 京

图书在版编目（CIP）数据

Scratch 2.0趣味编程指南 /（美）李福特(Jerry Lee Ford,Jr）著；李强译. -- 北京：人民邮电出版社，2017.1（2019.10重印）
ISBN 978-7-115-43719-8

Ⅰ. ①S… Ⅱ. ①李… ②李… Ⅲ. ①程序设计 Ⅳ. ①TP311.1

中国版本图书馆CIP数据核字(2016)第254297号

版权声明

◆ 著　[美] Jerry Lee Ford，Jr
译　李　强
责任编辑　陈冀康
责任印制　焦志炜

◆ 人民邮电出版社出版发行　北京市丰台区成寿寺路 11 号
邮编　100164　电子邮件　315@ptpress.com.cn
网址　http://www.ptpress.com.cn
北京虎彩文化传播有限公司印刷

◆ 开本：720×960　1/16
印张：16.5
字数：271 千字　2017 年 1 月第 1 版
印数：11 001 – 11 400 册　2019 年10月北京第 9 次印刷

著作权合同登记号　图字：01-2016-9368 号

定价：59.00 元

读者服务热线：(010)81055410　印装质量热线：(010)81055316
反盗版热线：(010)81055315
广告经营许可证：京东工商广登字 20170147 号

内容提要

Scratch 是 MIT 媒体实验室开发的一种编程语言，其目的是教授孩子和其他初学者学习编程。Scratch 2.0 支持计算机游戏、交互式故事、图形图像和计算机动画以及各种其他多媒体项目的开发。

本书的主要目的是通过开发一系列生动有趣的编程项目，帮助读者掌握使用 Scratch 2.0 进行计算机编程的基础知识。本书分为 14 章。第 1 ～ 4 章介绍了 Scratch 2.0 及其开发环境，带领读者学习构成 Scratch 2.0 项目的各种不同的部分，然后学习如何创建和执行 Scratch 2.0 项目。第 5 ～ 13 章详细介绍如何使用各种不同类型的 Scratch 2.0 功能块。读者将学习使用功能块来移动物体、存储和访问数据以及执行数学、条件和重复逻辑；此外，还将学习如何加入声音，以及绘制线条和形状。第 14 章介绍了碰撞检测的概念，并且介绍了如何综合应用所学的知识来开发各种街机风格的游戏。

本书适合对计算机程序设计的基础知识感兴趣的青少年以及不同年龄的初学者阅读，也适合家长和老师作为指导青少年学习计算机程序设计的入门教程。

致谢

在编写本书第 2 版的过程中，有很多的人给予我帮助，在此向他们表示感谢！作为一名新手作者，我要感谢策划编辑 Mitzi Koontz，还要特别感谢项目编辑 Karen Gill。此外，还要感谢 Zach Scott 给出很多宝贵建议。最后，感谢 Cengage Learning 为本书出版付出艰苦工作的每个人。

作者简介

Jerry Lee Ford, Jr. 是一名作者和讲师，也是一名拥有 24 年经验的 IT 从业者，他做过自动化分析师、技术经理、技术支持分析师、自动化工程师和安全分析师。他是 37 本图书的作者，还与人合著了 2 本图书。他编著的图书包括《Getting Started with Game Maker》《HTML，XHTML, and CSS for the Absolute Beginner》《XNA 3.1 Game Development for Teens》《Lego Mindstorms NXT 2.0 for Teens》和《Microsoft Visual Basic 2008 Express Programming for the Absolute Beginner》等。他拥有弗吉尼亚联邦大学的商务管理硕士学位，并且担任网络技术课程的助理讲师超过 5 年的时间。

前言

欢迎阅读本书！Scratch 是 MIT 媒体实验室开发的一种编程语言，其目的是教授孩子和其他的初学者学习编程。Scratch 于 2007 年 5 月首次发布。其最新的版本是 Scratch 2.0，于 2013 年 5 月发布。Scratch 2.0 支持计算机游戏、交互式故事、图形图像和计算机动画以及各种其他多媒体项目的开发。

Scratch 2.0 允许程序员新手通过将功能块组合到一起来创建程序。Scratch 2.0 包括由各种功能块构成的一种编程语言，以及一个易于学习的图形化开发环境，该环境还包括一个绘图应用程序，可以用来创建图形；这个开发环境还有内建的声音编辑功能。Scratch 2.0 还带有大量的图形和声音文件集合，所有这些都可以用于创建你自己的 Scratch 2.0 项目。

如图 I.1 所示，Scratch 2.0 程序由图形化的功能块组成，这些功能块组合到一起形成脚本。Scratch 2.0 功能块组合的方式类似于拼图游戏，这就避免了程序员新手采用无效的组合方式。通过这种方式，Scratch 2.0 加强了正确的编程语法，并且保证了程序员新手能够学会在脚本中以正确的方式来组合和形成编程逻辑。

图 1.1 功能块作为编写脚本的基础，脚本给应用程序带来活力

Scratch 的开发灵感来自于流行音乐的 DJ 的打碟过程，DJ 通过混合和抓取记录，来创建新的、独特的音乐。在 Scratch 2.0 中，程序员新手可以通过各种新的组合方式加入预构建的功能块、图形和声音文件，来创建新的应用程序项目。Scratch 2.0 允许程序员实时修改应用程序，即便是在 Scratch 2.0 应用程序运行的时候也可以修改。这最终形成了一个鼓励体验和学习的、交互式的、实时的编程环境。

本书的主要目的是帮助读者掌握使用 Scratch 2.0 进行计算机编程的基础知识。为了实现这个目标，本书强调做中学，通过开发一系列有趣的编程项目来完成学习。

为什么学习 Scratch

Scratch 2.0 既是一种编程语言，也是一种图形化用户环境。它提供了开始开发计算机游戏、多媒体演示、交互式故事、图形图像和计算机动画所需的一切。计算机上什么也不需要安装，一切都在浏览器窗口中完成。要开始学习，只需要打开浏览器窗口并且输入 Scratch 网站的 URL。

读者可以使用 Scratch 2.0 来播放数字音乐和声音效果。Scratch 这种内建功能块的方式，将它和其他的语言显著地区分开来。这使得 Scratch 2.0 很容易学习。Scratch 2.0 还提供了大量的编程功能，允许你构建强大的应用程序项目。

如果你想要有朝一日成为专业程序员，你会发现 Scratch 2.0 提供了这一转变所需的一切基础。Scratch 2.0 还具备满足大多数计算机爱好者开始编程所需的一切功能和工具。

Scratch 2.0 有什么新内容

Scratch 2.0 是一种相对较新的编程语言。Scratch 1.0 自 2007 年发布之后，已经更新了数次。本书的上一版介绍的是 Scratch 1.2，该版本是 2007 年 12 月发布的。Scratch 2.0 于 2013 年 5 月发布。

Scratch 2.0 的功能有了很多更新，并且有一些新功能是之前的版本所没有的。如果你阅读过本书的上一版或者其他介绍 Scratch 之前版本的图书，那么阅读本书肯定也会有所裨益，因为本书强调并展示了大多数新增功能的用法。

Scratch 2.0 最引人注目的新功能就是，你不必再下载并在自己的计算机上安装 Scratch。只需要一个 Web 浏览器并且连接互联网，就可以使用它。一旦连接到 Scratch 的网站，你会发现整个 Scratch 2.0 编程环境已经准备好了，并且它和之前的基于桌面的 Scratch 版本一样快，一样稳定。Scratch 2.0 的一些新功能包括：

- 改进的图形化用户界面；
- 视频感知，这允许 Scratch 通过计算机的摄像头感知用户输入（手势或身体动作）；
- 存储和获取云数据；
- 在程序执行中克隆或动态地创建角色副本；
- 改进的声音编辑器；
- 支持矢量图形（以及位图图形）；
- 书包功能方便了将其他人的项目中的对象复制到自己的项目中；
- 创建定制功能块以及使用过程来加强程序组织；
- 具备众多新功能的功能块。

Scratch 2.0 中的改变比这里列出的要多，远远超出了这里所介绍的功能。在阅读本书的过程中，你还将学习库，再创作（复制并修改）别人的项目时如何表示致谢，以及如何通过订阅用户的 Scratch 项目来关注他。

本书的目标读者

本书的目标是为那些需要快速上手的程序员初学者提供学习指南。如果你之前有编程经验的话，肯定很有帮助，但是这并不是阅读本书所必需的条件。本书并不假设你有计算机的背景，只是假设你能够正确地使用 Web 浏览器在互联网上冲浪。

本书提供了开始使用 Scratch 2.0 所需的一切知识。通过创建各种项目，加入图形、声音和动画，你就能学到这些知识。在学习如何使用 Scratch 2.0 编写程序之前，你将要学习一些编程原理和技巧，这些同样也适用于其他的编程语言。因此，你也可以将学到的 Scratch 2.0 编程知识，用于诸如

Microsoft Visual Basic、Java 和 C++ 这样的编程语言。

需要什么

正如前面提到的，开始学习 Scratch 2.0，并不需要下载和安装它。只需要一个 Web 浏览器并且连接到互联网，就能够创建、编辑和查看 Scratch 2.0 项目了。因此，首先必需要有一个较新的 Web 浏览器。如下的任何一款都可以：

- Firefox 4 或更高版本；
- Chrome 7 或更高版本；
- Internet Explorer 7 或更高版本。

其次，还需要 Adobe Flash Player 10.2 或更高的版本。如果没有在计算机上安装 Adobe Flash Player，你可以从 http://get.adobe.com/flashplayer/ 下载最新的版本。最后，Scratch 2.0 必须在支持 1024 像素 ×768 像素或更高的分辨率的计算机屏幕上工作。

提示 如果你不方便访问互联网，可以安装 Scratch 2.0 基于桌面的版本。如果你的计算机显示器不支持所需的分辨率，也可以选择下载并安装 Scratch 的一个较低的版本（Scratch 1.4），它支持 800×480 像素的屏幕分辨率。

本书的组织结构

本书分为 14 章。本书的编排方式是期望你能从头到尾顺序阅读。当然，如果你有一些编程经验，也可以跳过一些内容，关注你最感兴趣的话题。

前 4 章介绍了 Scratch 2.0 及其开发环境。你将学习构成 Scratch 2.0 项目的各种不同的部分，然后学习如何创建和执行 Scratch 2.0 项目。

接下来的 9 章详细介绍如何使用各种不同类型的 Scratch 2.0 功能块。你将学习使用功能块来移动物体、存储和访问数据，以及执行数学、条件和重复逻辑。此外，你还将学习如何加入声音以及绘制线条和形状。

最后 1 章帮助你将所学的知识组合到一起。第 14 章介绍了碰撞检测的概念，并且通过学习开发各种街机风格的游戏的基础知识，教你如何使用碰撞检测。

配套网站

读者可以从本书的配套网站 http://www.delmarlearning.com/companions/index.asp?isbn=1305075196 下载本书相关的文件。在这个网站上，可以找到 4 个附录和术语表。附录 A 针对程序员在开发应用程序的时候如何查找问题并修复问题给出意见和指导。附录 B 介绍了如何下载和安装桌面版的 Scratch。桌面版的 Scratch 针对那些不方便访问互联网，但仍然想要学习 Scratch 编程的人们。附录 C 介绍了如何创建和一个传感器面板交互的 Scratch 2.0 项目。附录 D 列出了一些 Web 站点和阅读资料，可以通过它们继续学习 Scratch 2.0 和其他的编程知识。

本书体例

本书的主要目标是易于阅读和理解。为了帮助达成这样的目标，在整本书中使用了一些简单的体例来突出重要的信息和强调具体知识点。这些体例简介如下。

需要理解和记住的关键术语，在第一次出现的时候使用粗体。因此，当你看到粗体的时候，注意思考一下并掌握其含义和用途。

注意 注意针对一个主题、功能或思路提供一些额外信息，帮助你加深印象和理解。

技巧 技巧指出了使得你成为更好和更高效的程序员的快捷方式。

小心 小心表示在这里很可能会遇到问题，并且针对如何解决问题或防止这类问题发生给出建议，使得你能够成为更好、更高效且更快乐的程序员。

目 录

第1章 Scratch 2.0 简介

Scratch 2.0 是一种编程语言，它可以帮助 8 岁到 16 岁的青少年通过开发计算机程序学习 21 世纪的新技术。Scratch 2.0 及其之前的版本，灵感来自于 DJ 的打碟过程，DJ 通过所谓“scratching”的过程在唱盘上来回摩擦以移动旧式的黑胶唱片，从一些已有的声音中创建出新的独特的声音效果。Scratch 2.0 以类似的方式将图形和声音混合起来，以便青少年可以按照全新的和不同的方式来使用它们。为了帮助你开始学习 Scratch 2.0 编程，本章给出 Scratch 语言的概览，并介绍快速入门所需的步骤。

本章主要包括以下内容：

- Scratch 2.0 的功能及使用概述；
- 使用 Scratch 2.0 的要求；
- 介绍加入 Scratch 2.0 社区的好处；
- 介绍如何创建和执行第一个 Scratch 2.0 项目。

1.1 了解 Scratch 2.0

通常，在使用计算机和互联网应用程序的时候，用户会受到一些限制，需要按照开发应用程序的程序员所设计的方式来使用它。Scratch 2.0 让用户成为了程序员，从而扭转了这一局面。Scratch 2.0 设计来满足 8 到 16 岁的年轻人群的需求，向他们介绍计算机技术并提高他们的学习技能，同时促进他们的创新能力和个人表达能力。

很多人认为编程是神秘而复杂的，而且需要高级的技术培训和教育才能够掌握，其实不然。像 BASIC 这种专门用来帮助初学者上手的编程语言已经存在数十年了。而且，近几年来更多的编程语言出现了，尤其是帮助儿童或学生学习编程的语言更是层出不穷，这其中最好且最新的语言就是 Scratch 2.0。

Scratch 2.0 是一种带有图形界面的可视化编程语言，它所创建的**项目**（Project）包含了图像、声音乃至视频，通过**脚本**（Script）来控制这些素材，而脚本则确定了应用程序的编程逻辑。Scratch 通过把**功能块**[①]（Block）拼合在一起来创建脚本，这些功能块都具有自己独特的功能，这和通过搭建乐高积木来实现各种不同的创意非常相似。Scratch 2.0 的功能块还为程序员提供了访问各种媒体（包括声音和图像）的功能，还有可以用来创建新的图像和声音文件的工具。

Scratch 2.0 是一种解释型编程语言。这就意味着应用程序项目不会在执行前进行预编译（即转换为能够作为独立应用程序运行的可执行代码）。相反，构成 Scratch 2.0 项目的代码功能块，会在每次执行应用程序项目的时候进行解释和处理。Scratch 2.0 还是一种动态语言，它甚至允许在项目运行时修改程序。Scratch 2.0 还允许程序员现场对项目做出修改，以便能够在应用程序执行的时候看到做出的修改所产生的效果。

1.1.1 想法—程序—分享

Scratch 2.0 的口号是“想法—程序—分享”（Imagine—Program—Share）！凭借其易学性和强大的编程环境，Scratch 2.0 让用户充分发挥自己的想象力和创新力。Scratch 2.0 鼓励和方便了这种应用项目的开发，即综合使用媒体、图像、声音以及视频来创建一些新的内容。

Scratch 2.0 向初学者提供了创建和执行应用程序项目所需的一切。Scratch 的语言也设计得足够简单，使得初学者可以快速地掌握，并且在使用过程中能

[①] 译者注：有人译为组件或模块，本书中统一使用功能块。

够立即接收到反馈。Scratch 2.0 还促进了编程概念的理解，包括条件逻辑和循环逻辑、事件驱动的程序设计、使用变量、数学计算以及使用图像和声音效果等概念。通过学习使用 Scratch 2.0 编程，初学者可以开发一种易于理解和令人欣赏的设计过程，从思路的产生到程序的开发，到测试和调试以及收集用户反馈。

人们是很乐于分享的，孩子尤其如此，诸如 YouTube 的 Web 站点的惊人的成功，正展示了这一点。分享是使用 Scratch 2.0 编程过程中最基本的部分。Scratch 2.0 应用程序项目可以通过互联网和 Web 浏览器来执行。一旦创建了项目，可以和 Scratch 社区中的每个人分享它。这意味着，其他的 Scratch 用户可以看到并执行你的 Scratch 项目。此外，他们还可以复制和修改你的 Scratch 项目，这个过程叫做**再创作**（remixing）。通过再创作，用户可以学到一些新的知识或者展示他们自己的创新。

注意　Scratch 2.0 的 Web 站点设计成了一个方便的社交社区，在这里可以和每个人分享 Scratch 项目。在 Scratch 站点 (http://scratch.mit.edu) 上创建的项目，可以由所有的 Scratch 社区成员共享。

除了可以浏览、执行和再创作你的 Scratch 项目，其他的 Scratch 用户还可以评论你的项目。通过这种方式，Scratch 的用户可以和来自世界上任何地方的其他人彼此交互并分享信息和思路。通过在 Scratch 2.0 网站上以这种方式来方便地分享，我们可以鼓励孩子彼此分享他们的体验，并且由此获得成就感和信心。

小心　当分享的时候，Scratch 项目的内容会自动地变得可以让整个 Scratch 社区看到和自由使用。项目的文件、图形和编程逻辑都是可供查看的。没办法将源代码隐藏起来。

1.1.2　Scratch 简介

与诸如 Microsoft Visual Basic、C++ 这样的很多编程语言不同，Scratch 是一个开源项目。这意味着，构成 Scratch 编程语言的所有源代码都是免费可用的。实际上，如果你愿意，可以通过 http://info.scratch.mit.edu/Scratch_Source_Code_Licensed_Code 下载 Scratch 之前的版本的源代码的副本。

开源编程语言的例子还包括 Ruby 和 Perl。然而，这些编程语言由程序员在一起协同工作的社区开发出来的，与之不同的是，Scratch 是作为一个闭合的开发项目而进行的。所有的 Scratch 开发工作都是由 MIT 媒体实验室的

Lifelong Kindergarten 小组进行的。

Scratch 之前的版本都是使用另一种叫做 Squeak 的编程语言开发的。Squeak 是一种跨平台的编程语言，这意味着，可以在众多不同的计算机系统上使用它来开发应用程序。Scratch 开发团队的成员选择 Squeak 作为开发 Scratch 的编程语言，由此确保了能够在不同的操作系统上创建和执行 Scratch，包括 Microsoft Windows 和 Mac OS X 等平台。然而，从桌面到 Web 浏览器的迁移，意味着要从头开始编写 Scratch 2.0。Scratch 2.0 是使用 Adobe Flash 重新编写的。由于 Adobe Flash 得到大多数现代浏览器的支持，我们可以在大多数的计算设备上开发 Scratch 2.0 应用程序。在编写本书第 2 版的时候，有一个例外情况，就是 iPhone 和 iPad 等设备的 iOS 操作系统。iOS 操作系统不支持 Adobe Flash，因此，不能在这些设备上使用 Scratch。

1.1.3 Scratch 2.0 基于功能块的编程方法

Scratch 2.0 与 Visual Basic 之类的编程语言不同，它不支持如下所示的基于文本的编程方法：

```
//Excerpt from a Visual Basic application
If strCurrentAction = "FillCircle" Then
      Dim objCoordinates As Rectangle
            objCoordinates = _
      New Rectangle(Math.Min(objEnd.X, objStart.X), _
      Math.Min(objEnd.Y, objStart.Y), _
      Math.Abs(objEnd.X - objStart.X), _
      Math.Abs(objEnd.Y - objStart.Y))
      Pick_Color_And_Draw("FillCircle", objCoordinates)
End If
```

在基于文本的编程语言中，代码语句必须要遵从一系列非常复杂的语法规则，如果你编写的程序不能完全遵守这些语法规则，将会导致语法错误而使得程序不能运行。Scratch 2.0 应用程序项目是通过选取和拼接图形化的编程功能块来构建的，如图 1.1 所示。

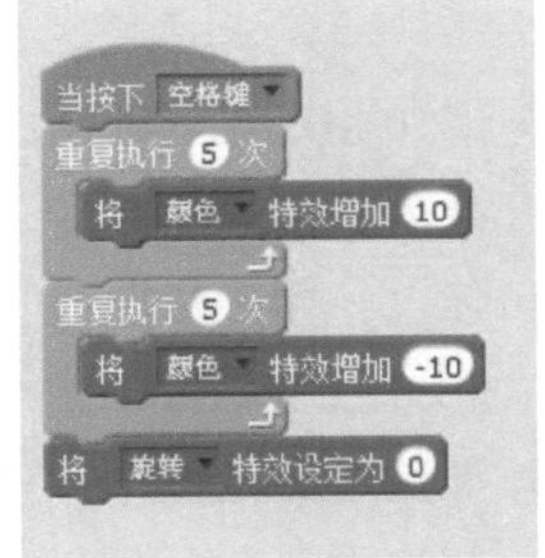

图 1.1 Scratch 2.0 应用程序项目中展示编程逻辑的一个示例

通过使用代码功能块来代替复杂的文本语句，Scratch 2.0 大大地简化了应用程序的开发，同时仍然能够使用其他编程语言中所实现的、相同的基本编程逻辑和概念。每个代码功能块都表示一个不同的命令或操作，如图 1.1 所示。功能块就像拼图游戏一样组合到一起。只能够按照具有语法意义的方式来拼接功能块，通过这种方式消除了其他编程语言中常见的语法错误。

有些代码功能块是可以配置的，可以在功能块中指定执行某个动作的次数、要显示的文本或者在屏幕上显示某些内容的时候所使用的颜色。尽管 Scratch 2.0 使用了图形化的代码功能块来编写程序，它也包含了与其他传统的编程语言同样的、基本的编程技术和结构。例如，Scratch 2.0 支持变量、条件和循环逻辑、事件驱动编程等。Scratch 2.0 还支持操作图像以及将声音整合到作品中。

注意　Scratch 2.0 以帮助初学者学习编程为设计目的。为了使得学习过程尽可能地直观和易于理解，Scratch 2.0 的开发者不得不牺牲一些功能和特色来保持其尽可能地简单易学。Scratch 2.0 开发团队的目标是提升学习效率，而不是开发具备各种高级编程特性的一种编程语言。因此，Scratch 2.0 缺乏一些高级语言当前所支持的特性。相反，Scratch 2.0 关注基本的编程概念，为入门级的程序员提供了一个基础，当他们以后决定转向其他的编程语言的时候，可以在此基础之上继续学习。

1.2　准备使用 Scratch 2.0

在准备好开发 Scratch 2.0 项目之前，首先要将 Web 浏览器配置为支持 Scratch 开发。为了确保这一点，打开 Web 浏览器并访问 www.scratch.mit.edu。这将会加载 Scratch 2.0 的网站，如图 1.2 所示。

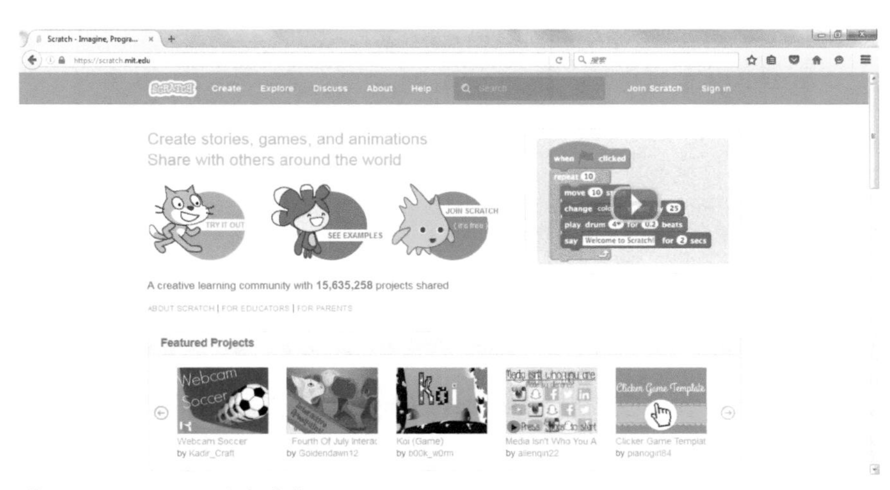

图 1.2　Scratch 2.0 的主站点

接下来，点击“Featured Projects”部分显示的Scratch项目之一，尝试加载和执行该项目。如果你选择并加载了Scratch项目，如图1.3所示，点击舞台中央的绿色旗帜图标来执行该项目。

图1.3 选择的Scratch项目已经加载到浏览器窗口中了

如果该项目开始执行了，说明你的Web浏览器已经配置为支持Scratch开发了。否则的话，项目还没有开始执行，并且你会看到Web浏览器上显示了一条错误消息，如图1.4所示，那么，你必须下载并安装Adobe Flash Player，以便将浏览器配置为支持Scratch 2.0。

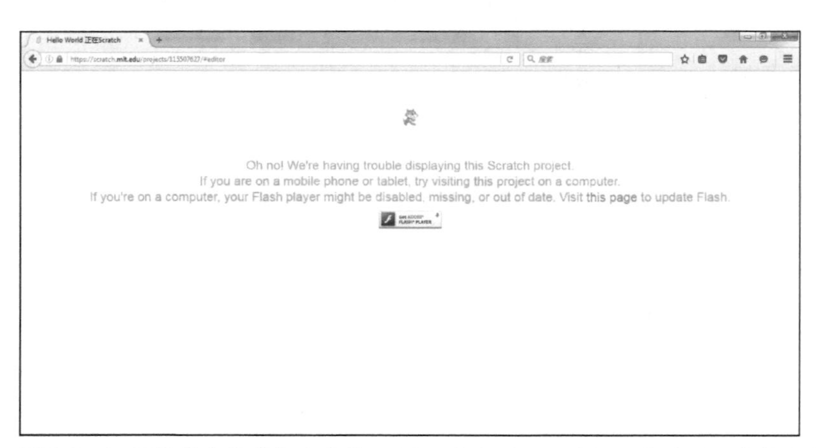

图1.4 如果没有在计算机上安装Adobe Flash Player的话，会显示一条错误消息

要在计算机上下载并安装Adobe Flash Player，点击所显示的链接或按钮来安装它，并且按照所给出的指令进行。一旦完成了安装，应该能够刷新Web浏览器并运行Scratch项目，此时，Web浏览器应该已经准备好支持

Scratch 2.0 项目开发了。

注意　我们应该能够在任何的 Windows、Mac 或 Linux 计算机上开发 Scratch 2.0 项目，而且能够在平板电脑等很多不同类型的便携式设备上进行开发。注意，iPad 和 iPod 是例外的，因为它们都不支持 Adobe Flash Player。

1.3 创建第一个 Scratch 2.0 应用程序

Scratch 2.0 应用程序是由叫做**角色**（sprite）的对象组成的。角色是在透明的背景上绘制的一个二维的图像。角色可以来回移动，并且和其他的角色交互。角色包含了 3 个主要的组成部分，概述如下。

- **脚本**（script）。代码功能块的集合，这些代码功能块构成了控制角色的运行的编程逻辑。
- **造型**（costume）。造型是用来在**舞台**（stage）上显示角色的图像，舞台是 Scratch 2.0 项目编辑器中的一个区域。角色可以拥有任意多个造型。
- **声音**（sound）。在应用程序执行的时候，当某个特定的事件发生时，播放声音效果，或者将其当做背景音乐播放。

用户可以通过给角色分配不同的造型来改变其外观。要移动角色并控制其行为，可以将代码功能块组合到一起以创建脚本。角色可以有任意多个与其相关联的脚本。可以通过双击组成脚本的代码功能块来运行脚本，在这种情况下，脚本中的每一个功能块将按照从上到下的顺序来执行。还可以进行设置，以便当各种不同的事件发生的时候，自动运行脚本。例如，可以配置脚本，以使得当点击一个角色或者当该角色和其他的角色交互的时候才执行该脚本。

角色可以显示在舞台上，并且与舞台上的其他的角色交互。因此，角色也叫做**演员**（actor）。Scratch 2.0 的舞台位于其图形化界面的左上方。

注意　用户可以从 Scratch 2.0 所提供的一组预定义的图形集合中选取角色。也可以从硬盘或互联网上复制并粘贴角色，或者，可以使用 Scratch 2.0 内建的绘图编辑器创建角色，或者通过连接到计算机的网络摄像头来捕获角色。

1.3.1 创建新的 Scratch 2.0 项目

既然已经熟悉了角色的基本组成部分，我们花几分钟的时间来学习如何创建第一个 Scratch 2.0 应用程序项目。所有新的 Scratch 2.0 项目都自动包含一个单个的角色，它表现为一个小猫的图像。默认情况下，这个角色名为Sprite1，它没有任何脚本，但是有相关的两个造型和两个声音。使用这个角色，我们来创建一个应用程序项目，使得当点击小猫的时候它会“喵喵”叫并且说“Hello World!”。

创建一个新的 Scratch 2.0 项目的第一步是打开 Web 浏览器并在地址栏中输入 http://scratch.mit.edu。这会显示如图 1.5 所示的 Scratch 2.0 主页。

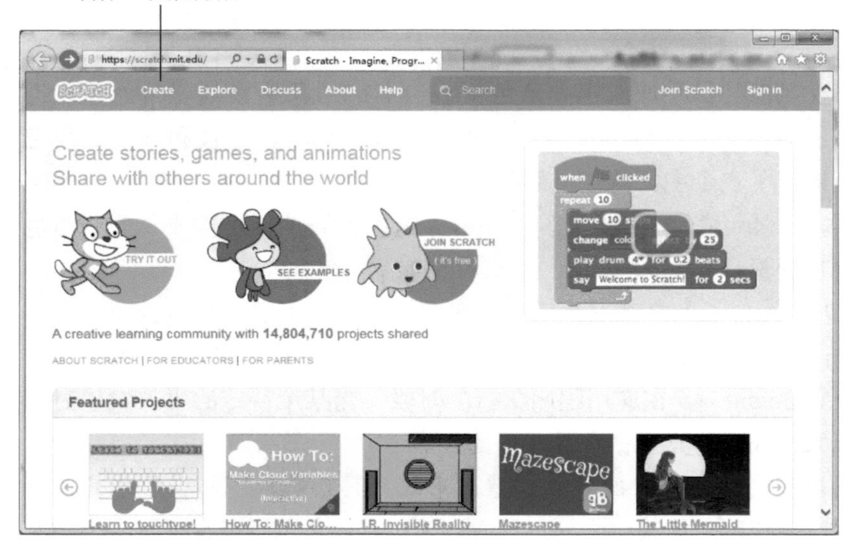

图 1.5　IE 中显示的 Scratch 2.0 主页

要创建一个新的项目，点击屏幕左上角的“Create”按钮，该按钮在“SCRATCH”图标的右边。作为响应，将会显示出 Scratch 项目编辑器，如图 1.6 所示。

Scratch 2.0 项目编辑器由几个单独的部分组成，如图 1.6 所示。首先，在整个顶部有一个菜单栏，使得很容易使用常见的用户命令。在菜单栏的下面，在项目编辑器的左边部分，就是舞台。

舞台显示了属于 Sprite1 的默认造型。在舞台的下面，就是**角色列表**，这里显示了应用程序项目的所有角色。在项目编辑器的中间，是一个**功能块列表**（blocks palette），其中包含了代码功能块，分为 10 种不同的类别。我们将使用选定的代码功能块来创建一个脚本，以使得小猫说话。在功能块列表的左边，是**角色区域**。在功能块列表的右边，是**脚本区域**。可以从功能块列表中把代码功能块拖放到脚本区域中，以开发出使得 Scratch 项目运行的程序代码。

图 1.6 所示的右边部分是 Scratch 2.0 的**帮助窗口**，它使得我们很容易访问 Scratch 2.0 的相关帮助信息。在帮助窗口的左上角，是一个关闭按钮，点击它

的时候，帮助窗口就会消失，而只能在项目编辑器窗口的右边部分看到帮助窗口的左边缘。在任何时候，可以点击帮助窗口的左边缘以重新显示它。

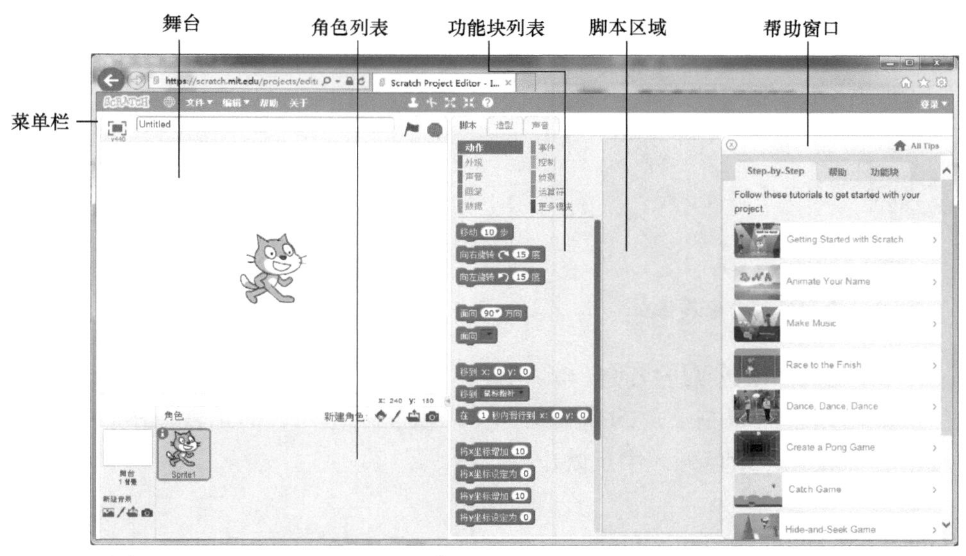

图 1.6 创建一个新的 Scratch 2.0 应用程序项目

注意　本书第 2 章将详细介绍 Scratch 2.0 IDE 的各个组成部分。

1.3.2 修改角色属性

我们所创建的这个应用程序项目将要操作默认的角色。我们给该角色分配一个更具有描述性的名称，而不是使用角色的默认名称“Sprite1”。要做到这一点，只要点击角色区域中显示的角色图像的左上角的 i 图标，如图 1.7 所示。

图 1.7 通过点击角色的 i 图标来访问角色信息

作为响应，角色列表会发生变化，显示出角色的名称以及其他的一些信息，如图 1.8 所示。

图 1.8 查看和修改角色属性

要修改给角色分配的名称，输入单词“Cat”以代替其默认的名称“Sprite1”，然后点击角色区域左上角的箭头图标，以恢复角色列表的正常显示。刚刚修改的名称就会在角色列表中反映出来。

1.3.3 添加代码功能块

在修改了角色的名字后，接下来我们将要添加功能块来让小猫“喵喵”地叫一声并显示一句“Hello World！”。首先我们单击功能块区域的“声音”分类。这会显示一组用来控制声音播放的代码功能块。找到标签为“播放声音”的代码功能块，并将其拖放到角色区域，如图 1.9 所示。

图 1.9 使用一个声音功能块来让小猫喵喵地叫

默认情况下，这个代码功能块自动设置为播放一个声音文件来产生“喵”的一声。接下来，点击功能块列表中的“外观”分类。这会显示出控制角色外观的一组代码功能块。找到标签为“Hello! 2 秒”的代码功能块，并且将其拖动到角色区域，如图 1.10 所示。

默认情况下，这个代码功能块会在一个图形化的气泡提示框中显示一个文本字符串。这个代码功能块有两个可以编辑的字段：一个文本字段和一个数值字段。由于我们想要让小猫在点击的时候显示消息“Hello World!”，就用“Hello World!”替换文本“Hello!”。

图 1.10　使用一个外观功能块来让小猫说点什么

如前所述，在任何时候，都可以双击脚本来运行它。要进行测试，在已经添加的两个代码功能块之一上双击。然后，观察舞台上的小猫，你会听到它的喵喵的叫声并且看到显示了文本消息。让我们进行一些设置，以便当在小猫上点击的时候，它就会自动“喵喵”地叫并说话，而不是必须双击脚本才能让它做这些事情。在位于代码功能块区域顶部的“事件”分类上点击，然后将标签为“当角色被点击时”的控制功能块拖放到已经添加到角色的脚本中的两个功能块之上，如图 1.11 所示。

图 1.11　使用控制功能块来控制脚本的执行

然后，随着你将“当角色被点击时”功能块移动到脚本的顶部，它会自动地拼接到正确的位置。当这个功能块就位之后，在脚本文件上点击，看看会发生什么。小猫会“喵喵”地叫并说话（在气泡式文本框中显示“Hello World!”）以做出响应，如图 1.12 所示。

图 1.12　执行新的 Scratch 项目

1.3.4 保存作品

好了，现在我们已经让新的 Scratch 2.0 应用程序项目可以工作了，是该保存作品的时候了。如果你已经在 Scratch 2.0 的网站上注册过，并且使用用户名和密码登录，那么新的项目已经自动保存过了。如果你没有先登录到网站就尝试创建了一个新的项目，那么将会丢掉这个项目，除非你登录站点。要登录网站，点击位于 Web 页面的右上角的“登录”按钮。作为响应，将会出显示登录窗口，如图 1.13 所示。

图 1.13 登录到 Scratch 2.0 Web 站点

输入用户名和密码。然后就登录到了 Scratch 2.0 网站，并且你的用户名会替代页面上的“登录”按钮。在用户名上点击，会显示一个下拉的列表，通过它可以很容易地访问你的 Scratch“个人中心”页面、“我的项目中心”页面和“账户设置”，以及“退出”命令。一旦登录了，项目会自动保存。可以通过在舞台上方的文本字段中输入一个名称，从而给项目分配一个名称。

提示 通过登录、点击用户名，然后从所显示的下拉菜单中选择“我的项目中心”，从而再返回并查看和修改项目。也可以创建一个或多个工作室（Studio），从而将想要创建的 Scratch 项目组织到其中。

好了。现在，我们已经经过了创建、测试、修改、执行以及保存一个新的 Scratch 2.0 应用程序项目所需的所有步骤。现在还不是很难，对吗？在结束本章之前，我们花一点时间来了解一下 Scratch 2.0 的全球用户社区，以及如何开始学习关于 Scratch 2.0 的更多知识。

1.4 加入 Scratch 2.0 全球社区

Scratch 2.0 得到了全球的学生、教师、学校、父母和计算机爱好者组成的社区的支持。Scratch 2.0 有很多语言的版本可供使用，包括英语、西班牙语、德语、法语、意大利语、匈牙利语、希伯来语、波兰语、荷兰语、罗马尼亚语和俄语。Scratch 2.0 的网站位于 http://scratch.mit.edu，它把世界各地的人们融合到一起，并且促进了 Scratch 2.0 社区的发展。

Scratch 2.0 网站提供了对各种资源的访问，以帮助 Scratch 程序员学习该语言的更多知识。通过该网站可以访问在线文档和培训视频，还可以访问大量关于如何使用 Scratch 2.0 代码功能块的文章和文档。

1.4.1 分享你的作品

Scratch 2.0 网站允许分享在网站上创建的任何项目，并且允许访问网站的每个人完全地访问这些项目，从而促进了项目的分享。任何人不仅可以查看这些项目，而且可以选择并获取任何的项目并修改它，这个过程叫做再创作。唯一的要求是，必须适当地提及作者对其作品的署名权。

注意 随着你对 Scratch 了解更多并且成为 Scratch 社区的一名参与者，你将会和其他的“Scratcher”一起加入排名系统中。“Scratcher”是用来描述 Scratch 程序员的术语。

Scratch 2.0 网站真正地将其口号“想法—程序—分享”付诸行动。网站设计的中心思想，就是方便和鼓励 Scratch 2.0 程序员分享他们的作品，并且学习其他人的作品。Scratch 2.0 网站在“发现”页面的“项目”标签页上（http://scratch.mit.edu/explore/?date=this_month），积极地推广其上的 Scratch 2.0 项目，如图 1.14 所示。这意味着你可以期待在那里看到你上传到网站上的 Scratch 2.0 项目。

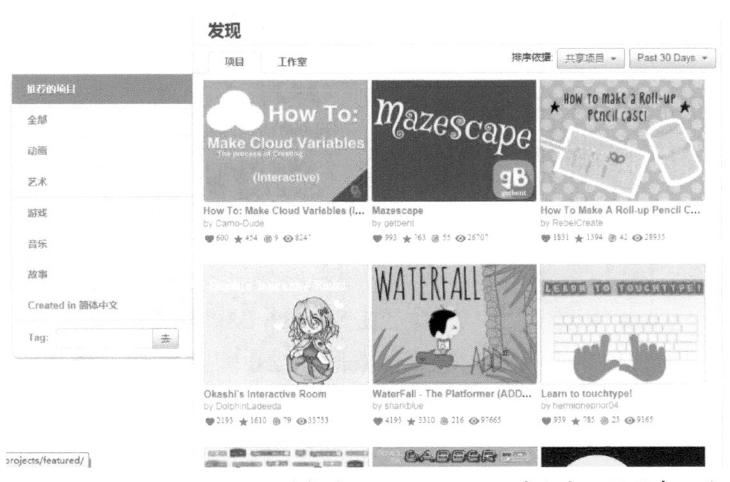

图 1.14 Scratch 2.0 网站通过推广 Scratch 2.0 项目并使其可供所有人使用，从而促进了分享

注意 可以点击所看到的任何项目，以打开、查看项目并与之交互。可以滚动到任何项目页面和贴子评论的最底部，分享你对该项目的想法。毕竟，分享是 Scratch 的核心精神。

Scratch 2.0 网站允许用户将他们的 Scratch 2.0 项目组织到工作室中并分享。可以将 Scratch 2.0 项目发布到不同的工作室中，或者创建自己的工作室。Scratch 2.0 网站积极地推广各个用户的工作室，如图 1.15 所示。

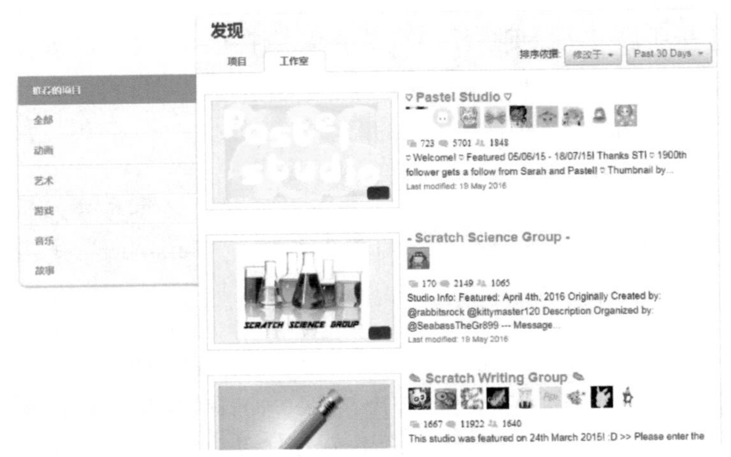

图 1.15　可以创建自己的工作室并使用它来提高编程技能

> **注意**　在 Scratch 之前的版本中，工作室叫做作品集（gallery）。在一些 Scratch 文档或各种 Scratch 论坛上的用户贴子中，偶尔还能找到这种叫法。

如果决定创建自己的工作室，你可以通过给它指定一个名称和一个说明，并且确定是否想要允许任何其他人上传 Scratch 项目，从定制该工作室。

1.4.2　在 Scratch 2.0 网站上注册

尽管任何人都能够访问 Scratch 2.0 网站并创建新的 Scratch 项目，但如果想要日后能够保存、分享和修改项目，必须要在 Scratch 2.0 网站上注册。这意味着要注册一个免费的账户，可以点击位于 Scratch 2.0 网站的每一个页面右上角的“Join Scratch”按钮来注册。点击这个按钮会启动“加入 Scratch 社区”向导，如图 1.16 所示。

在这里，可以输入你想要的用户名以及一个初始的密码，然后，点击“下一个”按钮。如果你提供的用户名是别人还没有使用过的，将会显示如图 1.17 所示的窗口。

在这里，必须给出你的出生年月、性别、国籍和 E-mail 地址，然后点击“下一个”按钮。这会显示如图 1.18 所示的窗口，感谢你加入 Scratch 社区。

加入Scratch社区

注册Scratch帐号非常容易（还是免费的！）

选择一个Scratch用户名

请选择密码

确认密码

1 2 3 4

下一个

图 1.16　在 Scratch 2.0 网站上注册一个免费的账户

加入Scratch社区

您对这些问题的回答将会被严格保密。

填写这些信息，

出生年月　六月　- 年 -

性别　男　女

国籍　- 国籍 -

1 2 3 4

下一个

图 1.17　在注册过程中，Scratch 2.0 网站会收集你的一些基本信息

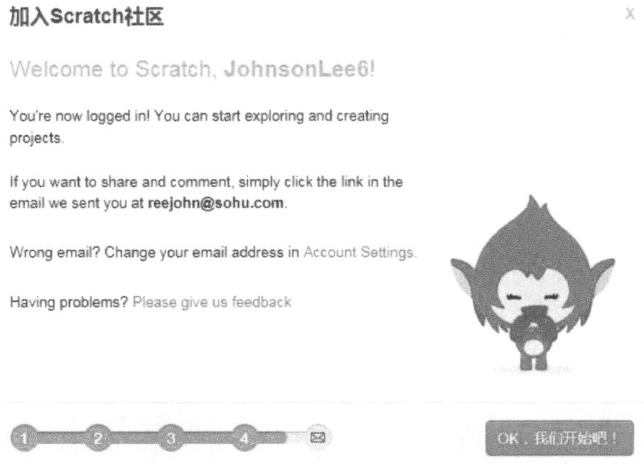

加入Scratch社区

Welcome to Scratch, **JohnsonLee6**!

You're now logged in! You can start exploring and creating projects.

If you want to share and comment, simply click the link in the email we sent you at **reejohn@sohu.com**.

Wrong email? Change your email address in Account Settings.

Having problems? Please give us feedback

1 2 3 4

OK，我们开始吧！

图 1.18　注册过程完成

现在，我们已经在 Scratch 2.0 网站注册了。你的用户名现在应该显示在

Web 页面的右上角了。Scratch 2.0 网站允许其成员评论站点上任何的 Scratch 2.0 应用程序。这个站点还允许访问众多的论坛，而这些论坛设计来保存世界各地的学生、教师和 Scratch 2.0 爱好者之间的交流。

1.4.3 改变你的 Scratcher 状态

当你初次在 Scratch 2.0 网站注册的时候，会得到一个“新手上路”的状态。通过显示你的“个人中心”（profile）页面，可以很容易地看到这一点，如图 1.19 所示。

图 1.19 新的注册者会得到“新手上路”的状态

作为一名 Scratcher 新手，你会受到一些限制。不能访问云数据。不能粘贴非 Scratch 站点的链接。在发布评论之间，必须等待至少 30 秒。要将自己的状态从“新手上路”改变为“Scratcher”，从而取消这些限制，只需要在 Scratch 2.0 网站上保持活跃就可以了。开发或再创作一些项目，参与一些论坛，发表一些关于其他 Scratcher 的项目的评论，要不了多久，你就会发现自己的档案页面上显示出一个“成为一名 Scratcher”链接。点击它就可以将自己完全提升到 Scratcher 状态，如图 1.20 所示。

图 1.20 在 Scratch 2.0 网站上活跃一段时间，就会提升为完全的 Scratcher 状态

1.4.4 保持联系

除了促进项目分享并且允许发表对项目的评论，Scratch 2.0 网站还拥有很多的在线论坛，位于 http://scratch.mit.edu/discuss，如图 1.21 所示。

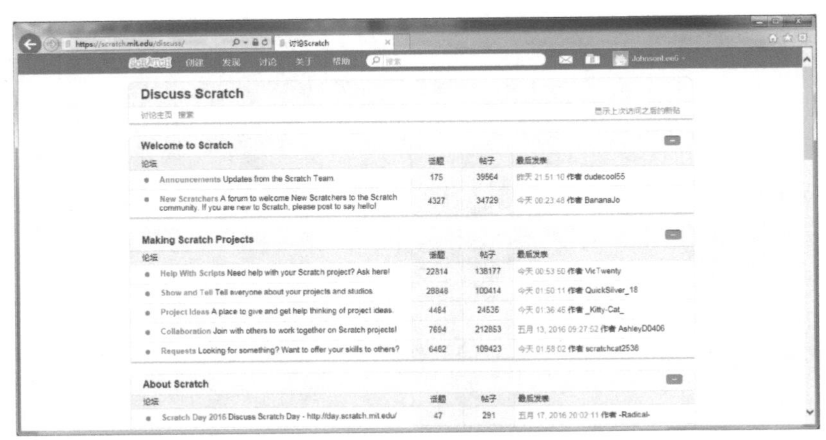

图 1.21 Scratch 2.0 社区的成员可以使用网站上的论坛自由地交流和讨论

这里已经建立了论坛来方便交流如下的话题，如图 1.21 所示。

- Announcements（消息发布）；
- New Scratchers（新手上路）；
- Help with Scripts（获取帮助）；
- Show and Tell（展示说明）；
- Project Ideas（项目思路）；
- Collaboration（合作）；
- Requests（需求）；
- Bugs and Glitches（报告 Bug 和故障）；
- Questions About Scratch（关于 Scratch 的问题）；
- Suggestions（建议）；
- Advanced Topics（高级话题）；
- Connecting to the Physical World（和物理世界的联系）。

这些论坛使得你可以直接向其他的 Scratch 2.0 程序员学习。通过阅读所贴出的讨论，你可以学习新的编程技术并找到其他程序员所遇到的问题和他们的解决方案。最重要的是，你可以贴出问题并获得答案。

第2章 熟悉 Scratch 2.0 开发环境

想要高效地使用Scratch 2.0编写程序，首先需要熟悉其项目编辑器。在本章中，我们将会介绍应用程序在其上执行的舞台，以及 Scratch 2.0 用来显示和组织应用程序中的角色的角色列表。我们将学习如何使用编辑器来创建脚本、造型和声音效果。我们还将学习 Scratch 2.0 的绘图程序，使用它来创建自己定制的图形文件。阅读完本章后，你将对 Scratch 2.0 项目编辑器的所有功能有一个深刻的理解，并且将准备好使用它来创建自己的 Scratch 2.0 应用程序项目。

本章主要包括以下内容：

- 如何使用菜单和工具栏按钮；
- 如何添加、删除和修改 Scratch 2.0 应用中的角色；
- 介绍用于控制舞台上的角色的放置的坐标系统；
- 如何编辑以及修改脚本、造型和声音；
- 如何利用 Scratch 2.0 内置的绘图编辑器来绘制自己的角色。

2.1 熟悉 Scratch 2.0 项目编辑器

Scratch 2.0 是一种图形化编程语言。Scratch 2.0 项目由不同类型的媒体（包括图像和声音）组成，并且使用由不同的代码功能块组成的脚本。Scratch 2.0 项目是通过 Scratch 2.0 网站并使用项目编辑器来创建的。Scratch 2.0 的项目编辑器包含多个组成部分，如图 2.1 所示。

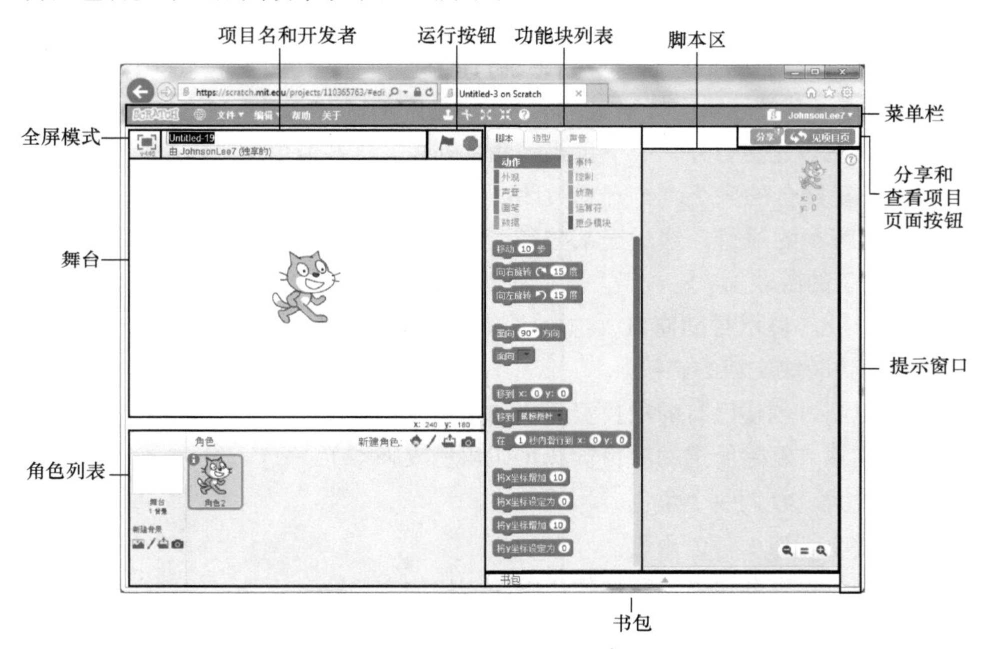

图 2.1　Scratch 2.0 项目编辑器方便了 Scratch 2.0 应用程序的开发和运行

这些部件组合到一起，如图 2.1 所示，提供了一个稳定的、强大的且直观有趣的工作环境，也提供了开发 Scratch 应用程序所需的一切。本章剩下的部分将详细介绍 Scratch 2.0 项目编辑器的每个主要组成部分。

2.1.1　熟悉菜单栏命令

就像大多数的图形化应用程序一样，Scratch 2.0 有一个包含了一组按钮的菜单栏，它位于项目编辑器的顶部，如图 2.2 所示。

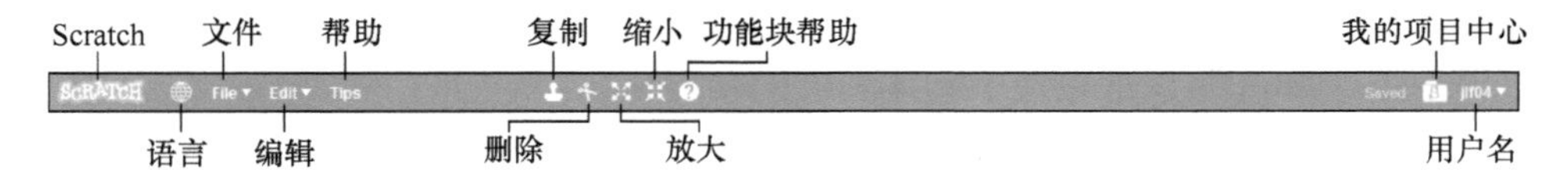

图 2.2　菜单栏使得很容易访问用来创建和保存 Scratch 2.0 项目的命令

这些按钮提供了对命令的访问，允许创建和保存 Scratch 2.0 项目，把项目下载到你的计算机或者从你的计算机上传项目，访问 Scratch 2.0 的文档，复制、删除、访问和管理 Scratch 2.0 资料和项目等。下面对菜单栏上的按钮一一介绍。

- Scratch。显示 Scratch 2.0 网站主页面。
- 语言。显示 Scratch 2.0 所支持的语言的一个可选择列表。
- 文件。这会打开一个下拉式的命令列表，这些命令用来创建一个新的 Scratch 项目、保存当前项目、保存当前项目的一个副本、访问个人项目中心页面、下载项目或者从计算机上传项目，以及将当前的项目恢复到其最近保存的状态。
- 编辑。这会打开一个下拉式的命令列表，这些命令用来恢复一个项目，缩小或恢复舞台的大小，打开或关闭“加速模式”（当打开的时候，加速模式会加速脚本的执行，这对于某些类型的 Scratch 2.0 项目来说是很重要的，例如，复杂的游戏）。
- 帮助。显示帮助窗口，这个窗口从脚本区域的右边滑动进来，显示了到帮助和功能块文档的链接。
- 复制。创建已有的项目资源（如角色或脚本）的一个相同的副本。
- 删除。删除所选的项目资源（如角色或脚本）。
- 放大。放大一个角色。
- 缩小。缩小一个角色。
- 功能块帮助。显示所选的代码功能块的文档。
- 我的项目中心。显示“我的项目中心”页面，可以快速访问你的 Scratch 项目和工作室。
- 用户名。显示你注册的用户名，当点击它的时候，可以访问你的资料、“我的项目中心”页面、账号设置，以及“退出系统”命令。

注意　下载到计算机的 Scratch 项目，使用 .sb2 文件后缀名保存。

前面的列表中的大多数命令，其含义都是一目了然的。然而，“语言”菜单还需要做一些额外的说明。当点击该菜单的时候，会显示出一个语言的列表供你选择。根据你所选择的语言，可能会有完整的翻译供使用。在另一些情况下，则可能只是翻译了脚本和代码功能块。

提示　可以通过在 Scratch 2.0 项目编辑器将鼠标的指针移动到按钮之上，从而显示该按钮控件的工具提示。

2.1.2 在舞台上运行 Scratch 2.0 应用程序

舞台是 Scratch 2.0 项目编辑器中位于左上方的区域，如图 2.3 所示，我们在这里执行 Scratch 2.0 应用程序。舞台提供了一个场地，以便应用程序角色与其他的角色和用户交互。

图 2.3 舞台提供了画布，角色可以显示于其上，并且与其他的角色交互

舞台具有 480 个单位的宽度和 360 个单位的高度。可以使用 X 坐标和 Y 坐标组成的一个坐标系统，将舞台映射为一个逻辑网格，如图 2.4 所示。

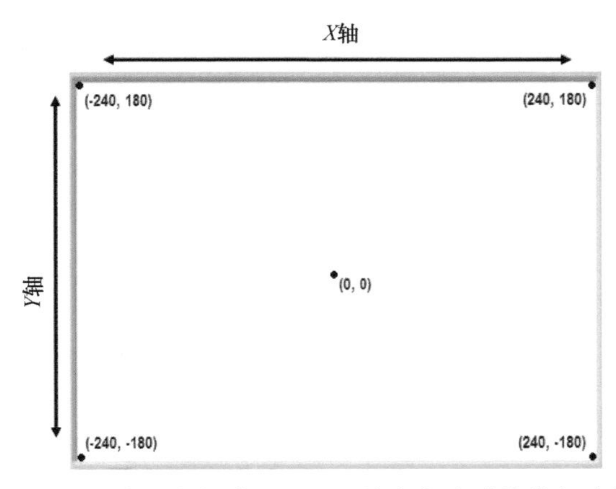

图 2.4 使用坐标系统，可以将角色放到屏幕上并来回移动

正如你所看到的，X 轴的坐标从 240 到 −240，而 Y 轴的坐标从 180 到 −180。舞台的中央的坐标位置是（0, 0）。Scratch 2.0 总是会告知你鼠标指针

的位置，无论何时鼠标在舞台上移动，在舞台的右下角的“x:”和“y:”字段中，都会显示出鼠标指针的（X, Y）坐标。

可以给舞台分配一个或多个背景，以允许你在应用程序的执行过程中改变舞台的外观。默认情况下，所有的 Scratch 2.0 应用程序都会分配到一个空白的背景。可以点击位于舞台缩略图下方的 4 个图标之一，来添加一个新的背景。这些图标允许为项目选择或创建一个新的背景，介绍如下。

- 从背景库中选择背景。显示 Scratch 2.0 所配备的背景图像的一个列表，你可以从中选择并向项目中添加背景。
- 绘制新背景。用 Scratch 2.0 内建的绘图编辑器来替代脚本区域，可以用这个编辑器来绘制并保存自己的背景。
- 从本地文件中上传背景。显示 scratch.mit.edu 提供的一个用于选择上传文件的对话框，允许你上传一个图形图像并将其用于自己的项目。
- 拍摄照片当做背景。显示一个 Camera 窗口，如果有连接到计算机的视频摄像头的话，可以用它来拍摄一张照片，并将其用做背景。

通过点击位于 Scratch 2.0 项目编辑器顶部中央的“背景”标签页，也可以为 Scratch 2.0 项目添加、编辑和删除背景。在这里，会看到相同 4 个按钮，分别用于添加 / 创建背景，打开当前所有背景的列表以向项目中添加，以及打开 Scratch 2.0 内建的绘图编辑器来编辑背景。

2.1.3 以全屏模式运行应用程序

在第 1 章中，当你创建了“Hello World”项目的时候，Scratch 2.0 默认地在项目编辑器中的舞台上运行你的应用程序。然而，如果点击了位于舞台左上角的全屏模式图标，就可以以全屏浏览的模式来运行 Scratch 2.0 应用程序了。要看看这是如何工作的，打开在第 1 章中创建的 Hello World 项目。接下来，点击全屏视图图标切换到全屏模式。一旦进入全屏模式，点击表示小猫的角色，并且观察应用程序的执行，如图 2.5 所示。

只要点击位于舞台左上角的（当前处于全屏模式的时候）常规视图图标，或者按下 Escape 键，就可以退出全屏模式。

注意 Scratch 2.0 支持 3 种屏幕大小：常规、全屏和特色。特色模式是一个较小的屏幕，当你在资料页面中浏览作为特色程序的 Scratch 2.0 项目并与其交互的时候，会看到这种模式。

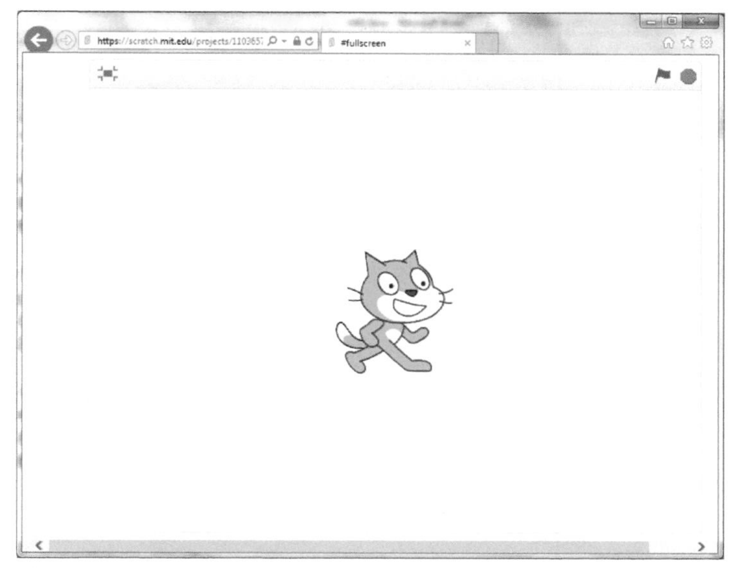

图 2.5　以全屏模式运行 Scratch 2.0 应用程序

2.1.4　控制应用程序执行

不管是以特色模式还是全屏模式在项目编辑器的舞台上运行应用程序，都可以通过点击位于项目编辑器右上角的绿色旗帜按钮来启动任何脚本，如图 2.6 所示。通过点击挨着绿色旗帜按钮的红色停止按钮，可以随时停止 Scratch 2.0 应用程序的执行。

图 2.6　绿色旗帜和红色停止按钮提供了对脚本执行的控制

2.1.5　使用角色列表

Scratch 2.0 应用程序是由角色组成的，角色在舞台上来回移动的时候会彼此交互。Scratch 2.0 应用程序中的每一个角色，都会在角色列表区域中显示为一个缩略图，该区域位于 Scratch 2.0 项目编辑器的左下方，如图 2.7 所示。可以通过将缩略图拖放到任何想要的位置，从而重新安排角色在角色列表中的位置，而且这样做不会对 Scratch 2.0 应用程序有任何的影响。

操作角色

除了缩略图，Scratch 2.0 还显示了每一个角色的名称。要操作一个角色并编辑其脚本、造型和声音效果，只需要点击其缩略图。当前选择的角色就会通过一个蓝色的边框突出显示。一旦选中了角色，可以点击位于项目编辑器顶部中央的“脚本”“造型”和“声音”标签页，分别编辑角色的脚本、造型和声音。

图 2.7　角色列表显示了应用程序中的每一个角色的一个缩略图

如果按下 Shift 键并用鼠标左键点击角色列表中的一个角色的缩略图，将会显示包含如下的选项的一个菜单列表。

- 复制。生成角色的一个副本。
- 删除。从项目中删除角色。
- 保存到本地文件。将角色的一个副本保存到计算机上的一个本地文件中。
- 隐藏。让角色在舞台上处于不可见的状态。

提示　通过按下 Shift 键并用鼠标左键点击舞台上的角色，也可以复制、删除角色，或者为角色在计算机上保存一个本地文件作为副本，但是，不能通过这种方式来隐藏角色。在计算机上，角色会保存为扩展名为 .sprite2 的一个文件。

角色列表还显示了一个缩略图，表示应用程序项目的舞台。当选中舞台的缩略图的时候，可以给舞台添加脚本，可以为其指定一个或多个图形文件，从而修改舞台的背景，并且可以给舞台添加声音。如果用鼠标左键点击角色列表中位于角色缩略图左上角的小的 i 图标（或者可以按下 Shift 键，用鼠标左键点击角色缩略图，并从弹出菜单中选择“info”选项），可以查看并配置该角色的属性。

查看角色细节

图 2.8 展示了名为 Sprite1 的一个角色的属性。用户可以通过在角色名上进行输入来修改角色的名称。角色的当前坐标和方向，会在角色图像的右边显示出来。

图 2.8　修改角色的名称并查看其相关的详细信息

注意，在角色的坐标和方向属性的右边，是中间有一条蓝色延伸线条的一个圆。它显示了角色当前指定的方向。默认情况下，角色的方向设置为 90 度。可以通过拖拽这个线条向外的一边，从而将角色方向修改为一个新的方向。

在角色坐标和方向的下面，是 3 个小的图标，用来指定角色的旋转模式。这 3 个选项是相互排斥的，这意味着，只能够选择其中的一个。表 2.1 表明了这些选项中的每一个所表示的旋转类型。

表 2.1　角色旋转选项

按钮	名称	说明
↻	任意	当角色的方向变化的时候，允许最大 360 度地旋转角色
↔	左－右翻转	将角色造型所朝的方向从左边切换到右边，或者刚好相反
●	不旋转	保持角色造型的当前方向

提示　要熟悉 Scratch 2.0 中的角色旋转选项的效果，点击其中的每一个选项，并且在当前角色属性部分观察角色的旋转移动。

在旋转模式选项的下方，是一个复选框，可以设置或清除在特色模式或从 Scratch 2.0 网站运行项目的时候拖动角色的功能。角色设置的最后一项是“显示”设置。它默认是选中的，允许在舞台上看到角色。取消这个选项的话，将会使得角色在舞台上不可见。

2.1.6　生成新的角色

Scratch 2.0 提供了 4 种不同选项来把角色添加到项目中，从而使得更容易使用角色。可以通过位于角色列表的右上角的“新建角色”图标来访问这些选项，如图 2.9 所示。

当点击“从角色库中选取角色”图标的时候，会显示如图 2.10 所示的一个“角色库”窗口，通过它可以访问能够作为角色添加到 Scratch 2.0 应用程序中的图形文件的各个集合。要选择和添加一个角色，点击在“角色库”窗口左边的某一个可用的集合名称，然后，点击位于窗口右下方的“确定”按钮。然后，所选择的角色将会出现在舞台的中央，并且有一个缩略图表示该角色已经添加到角色列表中了。

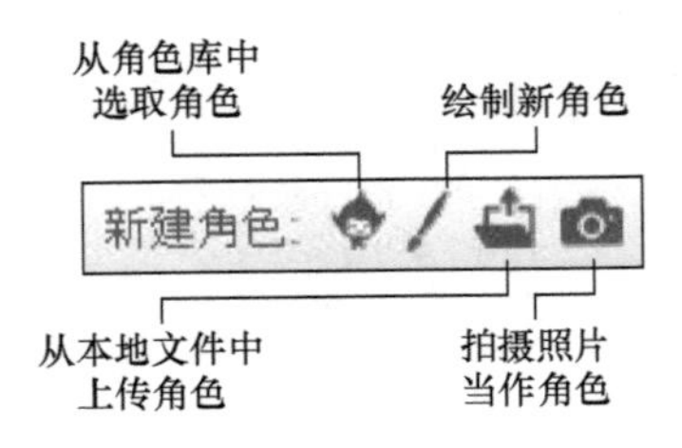

图 2.9 “新建角色”按钮可以使用添加和创建新的角色的工具

图 2.10 Scratch 2.0 使得很容易访问广泛的、可选的现成角色

点击“绘制新角色”图标的时候，将会启动 Scratch 2.0 的绘图编辑器程序。这个程序提供了在一个透明背景上绘制新角色所需的所有功能。在本章稍后，我们将会了解使用绘图编辑器程序的更多细节。

点击“从本地文件中上传角色”图标的时候，将会显示 scratch.mit.edu 网站的选取文件对话框，允许你上传一个图像并且将其用到项目之中。最后，“拍摄照片当作角色”图标会显示一个“照相”窗口，可以用它来拍一张照片以用做角色（如果有连接到计算机的一个视频摄像头的话）。

2.1.7 跟踪鼠标指针位置

当你学习如何开发自己的 Scratch 2.0 应用程序的时候，需要记录角色在舞台上最初的位置及其后续的移动。当你在舞台上移动鼠标指针的时候，Scratch 2.0 将会记录鼠标指针的移动（如图 2.11 所示），从而帮你完成这个任务。可以使用这一信息，它会自动地显示在角色列表的右上角（也是舞台区域的右下角），以标明你在开发驱动 Scratch 2.0 项目的编程逻辑的时候需要加入到应用程序代码中的坐标数据。

x: 182 y: -39

图 2.11 Scratch 2.0 项目编辑器使得在舞台上移动鼠标的时候，很容易记录鼠标指针的位置

注意 显示在角色列表的右上角的，是当前选中的角色的坐标数据。

2.1.8 在代码功能块组之间切换

和任何其他语言所创建的应用程序一样，Scratch 2.0 应用程序执行的程序代码是功能块的集合，而这些功能块负责操作角色以及与用户交互。Scratch 2.0 的程序代码组织到属于舞台上的角色的脚本之中。你可以给应用程序中的每一个角色指定一段或多段脚本。此外，舞台也可以执行其自己的脚本。

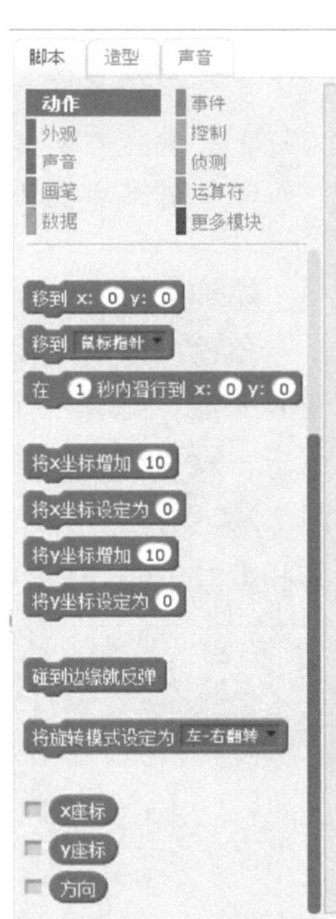

图 2.12 每一种类别的代码功能块都设计来完成相关的一组任务

正如你所看到的，创建一段脚本的第一步是选择脚本所属的角色（或者舞台）。通过点击角色列表中相应的缩略图来做到这一点。然后，可以从功能块列表中拖动功能块，并且当“脚本”标签页选中的时候，将功能块放置到脚本区域，从而添加代码功能块。功能块列表分为两个部分。上面的部分包含了 10 个按钮控件，其中的每一个都表示一种不同类别的功能块。这些控件中的每一类都是按照颜色来区分的。当前选中的分类很容易识别，因为会使用所指定的颜色填充该按钮。在未选中的分类按钮的左边，则显示了表示该类别的代码功能块的颜色。功能块列表的底部区域显示了属于当前选中的这一类代码功能块的所有功能块。例如，图 2.12 显示了当选中“动作”分类的时候功能块列表的样子。

提示 可以点击“功能块帮助”菜单按钮，将鼠标的指针转换为一个带有问号字符的圆形。然后，可以点击功能块列表上显示的任何功能块，在帮助窗口中显示该功能块的相关信息以及用法说明。帮助窗口会自动地从脚本区域的右端滑动以显示到项目编辑器之中。

2.1.9 熟悉脚本区域

需要熟悉的 Scratch 2.0 项目编辑器的最后一个主要的部分，就是脚本区域。脚本区域由 3 个标签页控制，它们允许为角色添加脚本、造型和声音。

编辑脚本

正如你所看到的，我们通过从功能块列表将代码功能块拖动到脚本区域来创建 Scratch 2.0 脚本（当选择了“脚本”标签页的时候）。当然，必须以有逻辑意义的方式来添加功能块，本书的第 5 章到第 13 章将会讲解添加功能块的方法。

提示 当添加新的脚本和修改已有的脚本的时候，很容易把脚本区域搞得一团糟。处理这种情况的一种方式是，花几分钟的时间来拖动脚本，以便让它们排列整齐并且间距平均。然而，一种更快也更容易的选择，就是在脚本区域的某一个空白区域中点击鼠标右键，然后点击弹出菜单中的“清理”命令。作为响应，Scratch 2.0 会为你对齐所有的脚本。

添加造型

角色可以有一个或多个造型，从而允许角色在应用程序执行的过程中改变其外观。选择一个角色，然后在位于程序编辑器顶部的“造型”标签页上点击，就可以管理该角色的造型。一个角色必须至少要有两个造型。例如，图 2.13 显示了拥有两个造型的一个角色。每一个造型都分配了一个唯一的名称和编号（刚好显示于造型的图像之下）。

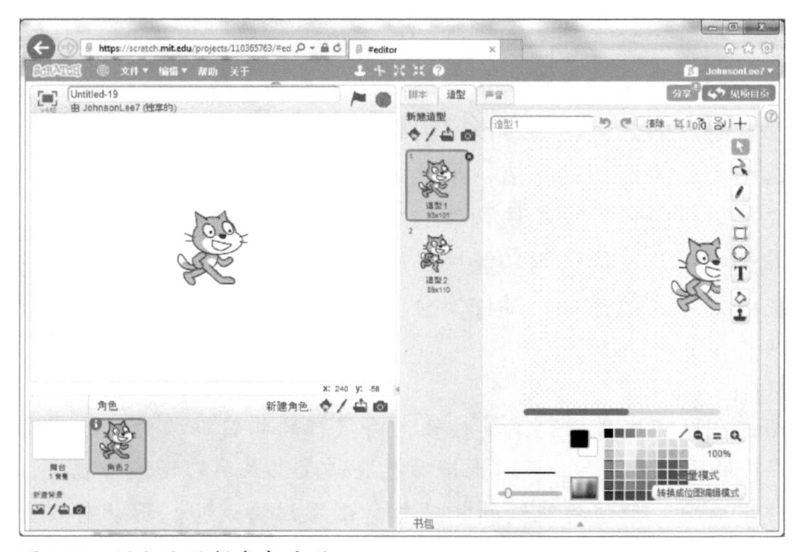

图 2.13 添加和编辑角色造型

默认情况下，Scratch 2.0 只显示角色的第一个造型。你可以拖动造型以修改其在列表中的位置。当移动的时候，分配给造型的编号也将自动地改变。

Scratch 2.0 给出了 4 种不同的方法为角色添加新的造型。这些选项中的每一个都是由位于程序编辑器中上部的造型图像之上的小图标来表示的。表 2.2 说明了这些选项中的每一个所代表的功能。

表 2.2　为角色添加造型的选项

按钮	名称	描述
	从造型库中选取造型	允许添加从 Scratch 内建的造型库中选取的一个造型
	绘制新造型	允许使用 Scratch 的内建的绘图编辑器来绘制一个新的位图或矢量图形
	从本地文件中上传造型	允许从计算机的文件来获取一个图形图像
	拍摄照片当做造型	允许从连接到计算机的一个视频摄像头来拍摄照片获取图形

注意　Scratch 2.0 支持使用各种类型的图形文件，包括 GIF、JPG、BMP 和 PNG 文件。Scratch 2.0 还支持使用各种动画的 GIF 文件。一个动画的 GIF 文件是由两个帧或多个帧所组成的一幅图形，当显示一个 GIF 文件的时候，其中的每一帧都在一个自动化的序列中显示。当编辑矢量图形的时候，Scratch 使用 SVG 文件。

一旦添加了造型，可以通过选择它来进行修改。这将会在绘图编辑器的画布区域显示造型。可以通过按下 Shift 键并在一个已有的造型上点击鼠标左键，从弹出的菜单选项中选择“复制”，来给角色添加一个新的造型（即原造型的副本）。也可以点击项目编辑器顶部的“复制”按钮，这会把鼠标指针改变为复制按钮的样子（一个印章的形状），然后在已经添加到项目中的造型上点击，以复制该造型。一旦添加了造型的副本，可以选择它以便在绘图编辑器的画布区域显示它，这将会允许使用绘图编辑器来修改造型。

可以通过在造型上按下 Shift 键并点击鼠标左键，然后从弹出的菜单中选择“删除”，来从角色上删除一个造型。或者，可以选中造型，点击项目编辑器顶部的“删除”按钮，将鼠标指针改变为删除按钮的样子（一把剪刀的形状），然后在想要删除的造型上点击，从而删除该造型。当选中造型的时候，在造型的右上角会出现一个小的关闭（ x ）按钮，也可以点击该按钮来删除一个造型。可以通过按下 Shift 键并在造型上点击鼠标左键，然后从弹出的菜单中选择“保存到本地文件”，从而将其导出为一个独立的造型。

提示　如果意外地从项目删除了造型，可以通过在“编辑”菜单上点击，然后选择“撤销删除”菜单项，从而恢复造型。

注意　可以给舞台分配一幅图像以用做背景，应用程序角色都显示于背景之上。实际上，可以给舞台分配一系列的背景，允许应用程序在执行的过程中改变背景。要查看、编辑和生成背景的一个副本，选择位于角色列表左边的舞台缩略图。当你这么做的时候，脚本区域的“造型”标签页将会改变为“背景”标签页，以允许你修改并操作应用程序的背景。此外，还可以使用绘图编辑器来创建新的背景，本章稍后将会介绍绘图编辑器，它允许你创建想要的任何背景。或者，可以在位于背景缩略图列表顶部的任何图标上点击：从背景库中选择背景、绘制新的背景、从本地文件中上传背景和拍摄照片当做背景，从而为项目添加额外的背景。

添加声音效果

就像角色有不同的造型一样，角色（或舞台）也可以拥有一个或多个声音，在应用程序执行的过程中，这些声音可以作为背景音乐或声音效果来播放。Scratch 2.0 可以播放 MP3 文件以及大多数的 WAV、AU 和 AIF 音频文件。要查看和角色或背景相关联的声音文件，可以点击舞台缩略图，或者点击角色列表中想要查看的角色，然后在脚本区域点击“声音”标签页。所选定的角色或舞台的声音文件将会显示出来，如图 2.14 所示。

默认情况下，每一个角色和舞台都带有已经与其关联的单个的声音文件。这是一个“喵”的声音，当诸如小猫开始叫这样的事情发生的时候，就播放它来产生一个简短的“喵”的声音。Scratch 2.0 提供了 3 种不同的方法来为角色和舞台添加其他的声音。表 2.3 简单地介绍了这些选项。

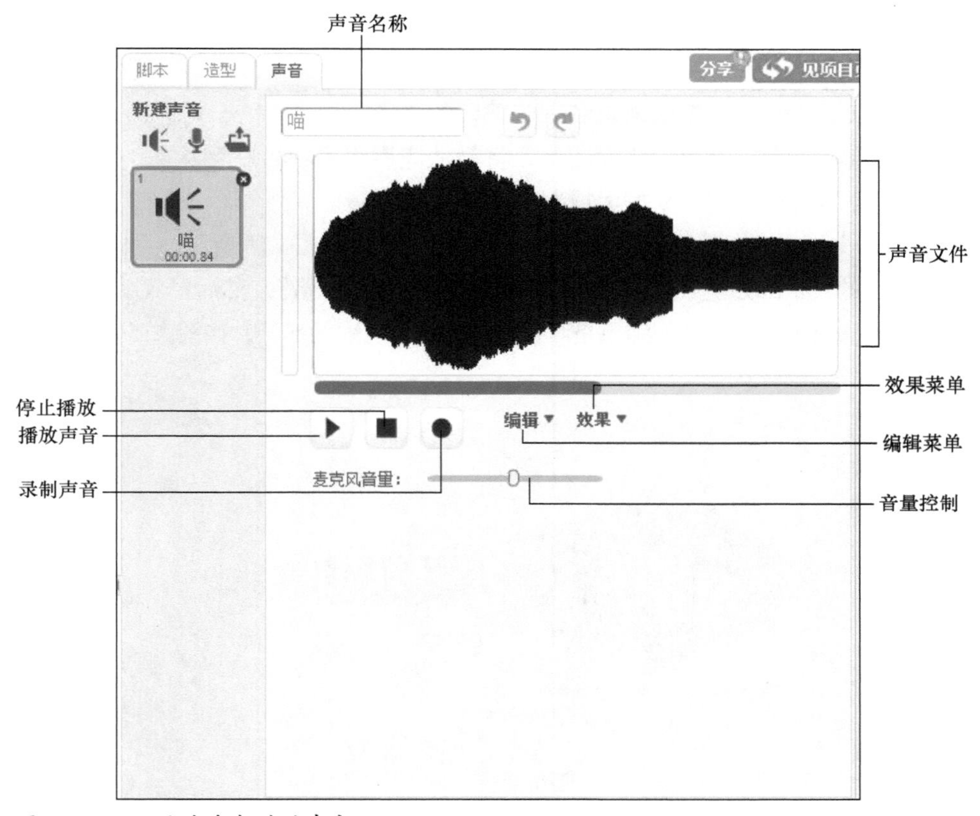

图 2.14　显示和角色相关的声音

表 2.3　获取声音文件的选项

按钮	名称	说明
	从声音库中选取声音	允许从 Scratch 2.0 的声音库中选取一个声音加入项目
	录制新的声音	给项目创建并添加一个新的空的声音，允许你随后点击“录制”按钮并创建自己的声音
	从本地文件中上传声音	允许从位于计算机的一个音频文件来获取一个声音

注意　计算机必须有一个麦克风才能够录制声音文件。

一旦选择了“声音”标签页，可以在一个角色或背景的声音文件上执行任何如下的操作。

- 修改用于引用应用程序中的声音的名称。

- 点击“播放”按钮来听声音。
- 点击“停止”按钮停止声音播放。
- 点击“录制”按钮来录制一个替代的声音。
- 点击声音右上角的删除图标，将其从应用程序项目中删除。
- 使用滑动条控件来放大或减小麦克风的音量。

声音文件在声音编辑器中是用图形化来表示的，如图 2.15 所示。可以通过在声音文件的一个部分上点击，在整个声音文件上拖动鼠标指针，然后释放鼠标按钮，以编辑和修改声音。得到的结果是声音文件的一个选中的部分，如图 2.15 所示。

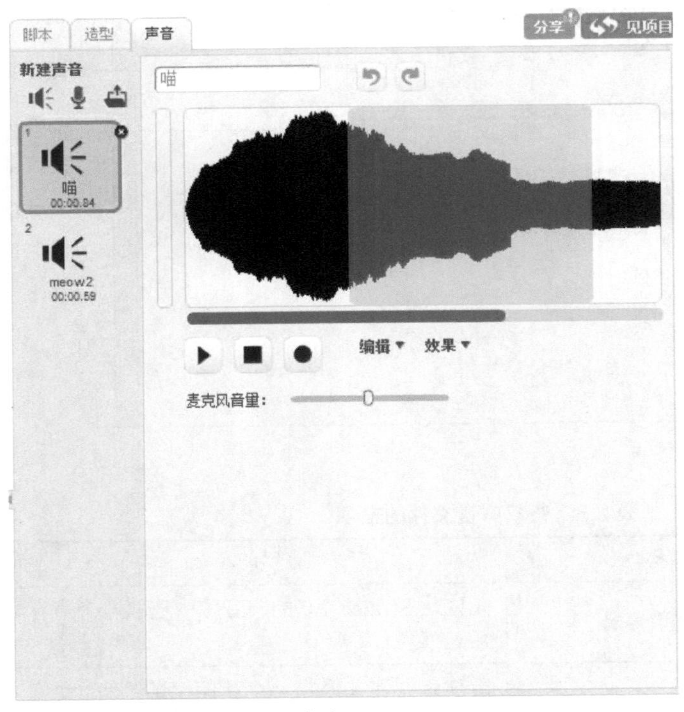

图 2.15 显示和角色相关的声音

既然选定了声音的一部分，可以在声音编辑器的“编辑”菜单上点击，并且执行如下的任何一个命令来修改声音。

- 撤销。撤销之前的操作。
- 重做。重复之前的操作。
- 剪切。从声音中删除选中的部分。
- 复制。复制声音的选中的部分。
- 粘贴。将之前复制的声音的部分，粘贴到当前声音文件中的一个指定的位置。

- 删除。删除声音文件的选中的部分。
- 全选。选择声音文件的所有内容。

除了前面列出的基本的编辑功能，声音编辑器还允许我们对声音文件应用几个高级的特殊效果。可以通过位于“效果”菜单上的如下命令来实现特殊的效果。

- 淡入。用于淡入声音文件的选中的部分。
- 淡出。用于淡出声音文件的选中的部分。
- 响一点。用于增加声音文件的一个选中的部分的音量。
- 轻一点。用于增加声音文件的一个选中的部分的声音轻柔性。
- 无声。用来使用沉默替换一个声音的特定部分。
- 反转。用于将声音文件的选中的部分反转。

2.1.10 书包

书包（backpack）允许用户在项目之间快速而容易地移动诸如角色、脚本、背景、声音和造型等资源。书包位于项目编辑器的右下角。当不使用的时候，书包在项目编辑的底部保持隐藏的状态，只有其窗口标题栏的上边缘可见。要访问书包并看到其内容，点击位于窗口中央的小的三角形图标，书包就会从项目编辑器的底部向上滑动并显示其内容，如图 2.16 所示。

图 2.16　使用书包来收集项目资源，并且将其移入或移出项目

要把一个项目资源（例如脚本）添加到书包中，直接在资源上点击，将其拖动到书包中。可以从你自己的或者任何其他人的 Scratch 2.0 项目中将项目资源拖放到书包中。因此，如果你遇到了一个 Scratch 2.0 项目，其中有一个声音文件是你想要用于自己的一个项目中的，可以点击项目编辑器右上角的“转到设计页”按钮以显示项目内容。在“声音”标签页上点击，找到该声音文件，然后将其拖放到书包中。要给你自己的 Scratch 2.0 项目添加声音文件，只需要在项目编辑器中打开项目，显示出书包的内容，然后将声音文件拖放到项目的舞台上的一个角色之上。

注意　无论何时，当你以常规模式查看一个 Scratch 2.0 项目的时候，注意在屏幕的右上角显示的一个“转到设计页”按钮。如果点击了这个按钮，Scratch 会在项目编辑器中打开项目，允许你看到它是如何制作的。还可以点击橙色的“再创作”按钮，该按钮位于项目页面的右上角。点击“再创作”按钮后就会创建该项目的一个副本，随后可以操作它并将其修改为你想要的内容。当完成之后，点击蓝色的“见项目页”按钮，将会看到项目最初的开发者所提供的任何的说明、备注和致谢。此外，还会看到项目最初的名称，以及其开发者的用户名，由此也为项目最初的开发者提供了相应的署名。项目名称和用户名都显示为链接，点击后可以访问最初的项目和到开发者的个人中心页面。

提示 当访问任何 Scratch 2.0 开发者的个人中心页面的时候，可以点击蓝色的“关注”按钮以及时接受该 Scratcher 的项目的更新。任何时候，当你查看 Scratch 2.0 主页面（http://scratch.mit.edu）的时候，更新都会自动出现在“What’s Happening”部分。

2.2 添加项目说明、备注和致谢

除了针对你自己开发的项目给出项目备注，并针对你再创作项目时候用到其他 Scratchers 的内容或代码表示致谢，Scratch 2.0 还有另一项重要的功能，就是为你自己所工作的项目添加和更新项目说明。

Scratch 2.0 允许通过点击项目编辑器的右上角的“见项目页”按钮，添加项目说明、备注和致谢。这会显示如图 2.17 所示的一个 Web 页面。

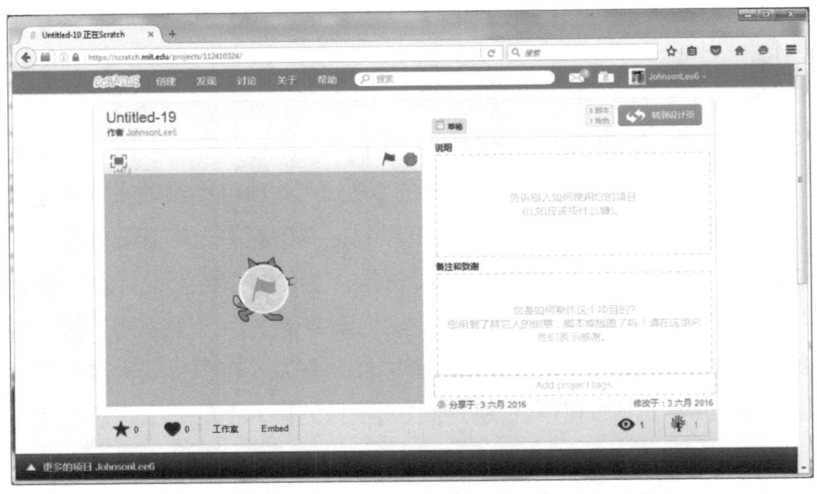

图 2.17 查看和更新一个 Scratch 2.0 项目的说明、备注和致谢

在这个页面中，可以修改 Scratch 2.0 项目的名称，也可以点击位于页面的右上角的“分享”按钮，使得其他的 Scratcher 能够看到你的项目。此外，这个页面还针对如何与项目交互提供了说明。在“说明”（Instructions）字段中录入就行，它就像一个简单的 Notepad 程序那样工作。类似的，可以在“备注和致谢”字段输入文本。

提示　使用“说明”字段告诉其他的 Scratcher，如何与项目进行交互。例如，指明应该按下什么按钮，应该遵守什么规则等。使用备注和致谢字段将帮助你形成 Scratch 2.0 项目的文档，以便留下信息来介绍应用程序的目的以及按照这种方式设计它的原因。还应该使用“备注和致谢”字段来表达谢意，并为你借用其工作成果或者受到其启发的任何 Scratcher 署名。在用常规模式显示项目的 Web 页面上，都会显示在这两个字段中保存的文本，并且由此使得该项目可以准备好供其他的 Scratcher 使用。

最后，为了让其他的 Scratcher 更容易找到你的项目，可以通过页面的右下角的文本字段添加项目标签。当你点击该字段的时候，会显示预定义的标签列表。通过点击该列表，可以添加一个或多个这样的标签。在文本字段的空白位置点击，会再次显示预定义的标签列表，以允许选择列表中的其他标签。此外，可以通过输入能够描述项目的一个关键字来创建自己的标签。当 Scratcher 使用 Scratch 2.0 网站的搜索功能来查找他们感兴趣的项目的时候，Scratch 2.0 网站的搜索引擎将会使用这些标签来查找相关的程序。

2.3　使用 Scratch 的绘图编辑器创建新的角色

我们可以使用 Scratch 所提供的角色，也可以从互联网获取图像，除此之外，还可以使用 Scratch 2.0 内建的绘图编辑器来创建自己的角色。绘图编辑器以两种模式运行：位图模式和矢量模式。位图图像保存为像素的一个集合，当绘制的时候，布局为一个图形。另一方面，矢量图存储为规则的一个集合，这些规则告诉矢量图编辑器如何构建一个图形。

绘图编辑器可以在两种模式之间切换。这两种模式各有优点和缺点。和位图图形相比，矢量图形绘制起来更难，但是当调整图形大小的时候，矢量图会得到更加平滑的图像。对于新接触图形开发的人，要学习如何使用位图模式，通常来说是很容易的。矢量图比位图看起来更平滑，这是因为矢量图的边缘渐渐地变得透明。相反，当改变位图图像的大小的时候，它们看上去像素化了。在位图模式中，在编辑器的画布上绘制的所有内容，都当做一个单个的图像或对象来对待。在矢量模式中，所绘制的每个对象都当做一个独立的对象来对待。

绘图编辑器当前处于何种模式，会显示在绘图编辑器的右下角。在其下方有一个按钮，当点击它的时候，会切换绘图编辑器的模式。当从矢量模式切换到位图模式的时候，在画布上绘制的所有内容都转换为一个单个的位图图像。因此，当调整大小的时候，它也会变得像素化。当从位图切换为矢量模式的时候，位图图像转换为一个单个的对象，该对象和可能绘制的任何其他对象保持独立并区分开来。

尽管 Scratch 的内建绘图编辑器并不具备像 Corel PaintShop Pro 和 Adobe Photoshop 这样的应用程序的所有功能，但是，它提供了绘制或修改用做角色和背景的图像所需的所有功能，如图 2.18 所示。

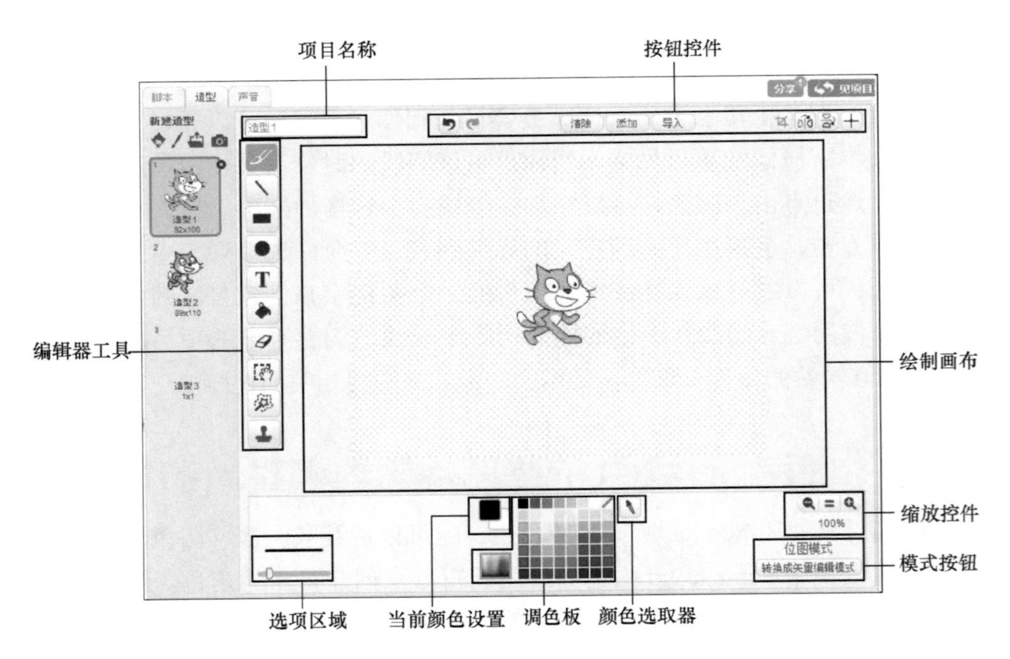

图 2.18　在 Scratch 2.0 中，绘图编辑器的位图模式提供了创建和编辑角色、造型和背景所需的所有功能

图 2.18 展示了以位图模式运行的绘图编辑器。当以矢量模式运行的时候，绘图编辑器看上去和在位图模式下几乎是相同的，如图 2.19 所示，只不过编辑器工具有所不同，并且编辑器工具从绘图编辑器的左边移动到了右边。

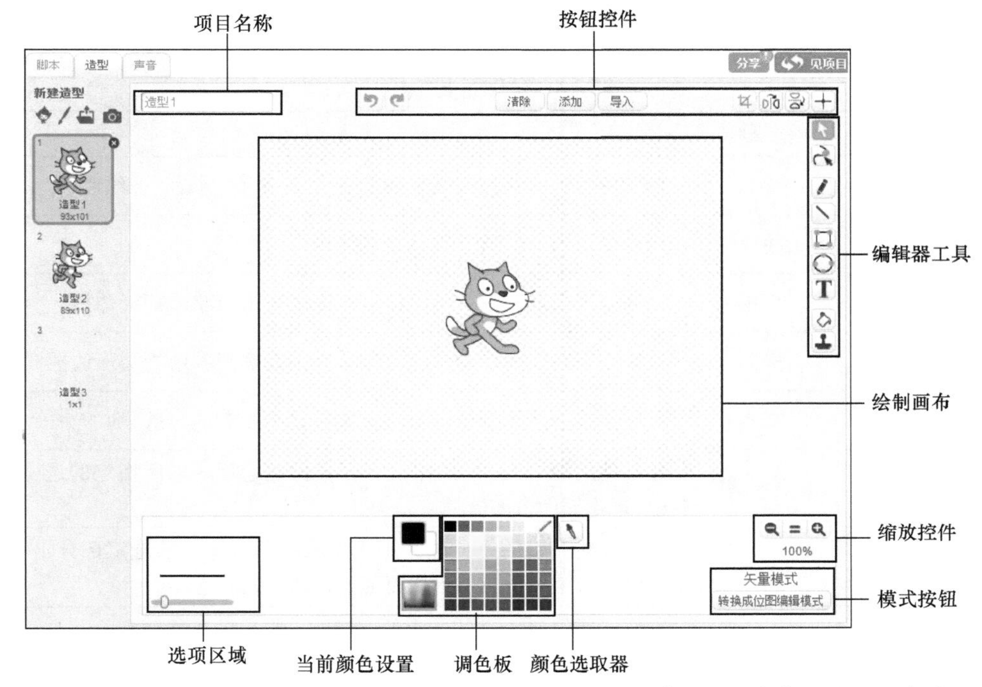

图 2.19　在 Scratch 2.0 中，绘图编辑器的矢量模式提供了创建和编辑角色、造型和背景所需的所有功能

不管是在何种模式下运行，绘图编辑器的很多基本的特性和功能是相同的。后面的小节将介绍这些功能。除非特别提示，所介绍的绘图编辑器功能在两种模式下都能够使用。

2.3.1　查看绘图画布

可以使用绘图编辑器程序来创建和修改新的角色、造型和背景。绘图编辑器的大部分空间，就是一个专门的绘图画布。要在画布上绘制，从编辑器工具区域选取不同的绘制命令，然后使用鼠标在画布上绘制。可以使用不同的颜色，并且应用一些特殊效果。

如果要操作的图形的大小超出了可用区域，绘图画布右边和底部的滚动条会变得可用，以允许滚动并查看图形的所有部分。可以使用窗口底部的放大和缩小按钮，来临时性地增加或减小绘制画布的放大倍数。

2.3.2　使用编辑工具

当在绘图画布上创建或编辑一个图形图像的时候，位于绘图编辑器的编辑器工具区域的按钮提供了一些基本功能。表 2.4 给出了当绘图编辑器以位图模式运行的时候可用的按钮功能的一个概览。

表 2.4 位图绘制工具

按钮	名称	描述
	画笔	允许使用当前的前景颜色和笔刷大小，在绘制画布上绘制
	线段	允许使用当前的前景颜色绘制线段
	矩形	允许使用当前的前景颜色绘制填充的矩形形状或矩形边框
	椭圆	允许使用当前的前景颜色绘制填充的椭圆形状或椭圆形边框
T	文本	允许使用不同的字体类型将文本包含为绘制的一部分
	用颜色填充	允许使用渐进的或实体的颜色（根据在选项区域所指定的选项）来填充闭合的区域
	擦除	允许使用当前的橡皮擦大小来擦除绘制画布上的选定部分。绘制画布擦除后的部分恢复为一个透明的状态
	选择	允许选择绘制画布的一个矩形部分，并且将其移动到绘制画布的一个不同的部分（剪切并粘贴）
	选择并复制	允许选择绘制画布的一个矩形部分，并且将其复制到绘制画布的一个不同的部分（复制并粘贴）

表 2.5 给出了当绘图编辑器处于矢量模式的时候，每一个按钮所提供的功能的一个概览。

表 2.5 矢量图绘制工具

按钮	名称	描述
	选择	允许选择绘制画布的一个矩形区域，并且将其复制到绘制画布的不同的地方（复制并粘贴）
	变形	通过拖动一个矢量对象曲线的点并将其来回移动，以扭曲或修改对象的形状
	铅笔	允许使用当前的前景颜色和笔刷大小，在绘制画布上绘制。
	线段	允许使用当前的前景颜色绘制线段
	矩形	允许使用当前的前景颜色绘制填充的矩形形状或矩形边框
	椭圆	允许使用当前的前景颜色绘制填充的椭圆形状或椭圆形边框
T	文本	允许使用不同的字体类型将文本包含为绘制的一部分

续表

按钮	名称	描述
	为形状填色	允许使用渐进的或实体的颜色（根据在选项区域所指定的选项）来填充闭合的区域
	复制	允许选择一个矢量对象并创建其一个副本
	上移一层	将一个矢量对象向上移动一个图层
	下移一层	将一个矢量对象向回移动一层
	分组	将多个矢量对象组合到一个单个的对象中
	取消	取消矢量对象的一个组，使其恢复为一系列单独的对象

不管绘图编辑器处于什么模式中，编辑工具中的大多数按钮都接受配置选项来进一步优化按钮控件所提供的功能。当选中这些按钮中的一个，其配置选项就显示于绘图编辑器左下角的位置。例如，图 2.20 显示了当选中了“用颜色填充”按钮的时候所提供的 4 个选项。这些选项设置了将要应用的填充样式，并且包括实体颜色应用，以及水平渐进、垂直渐进和放射性渐进的应用。

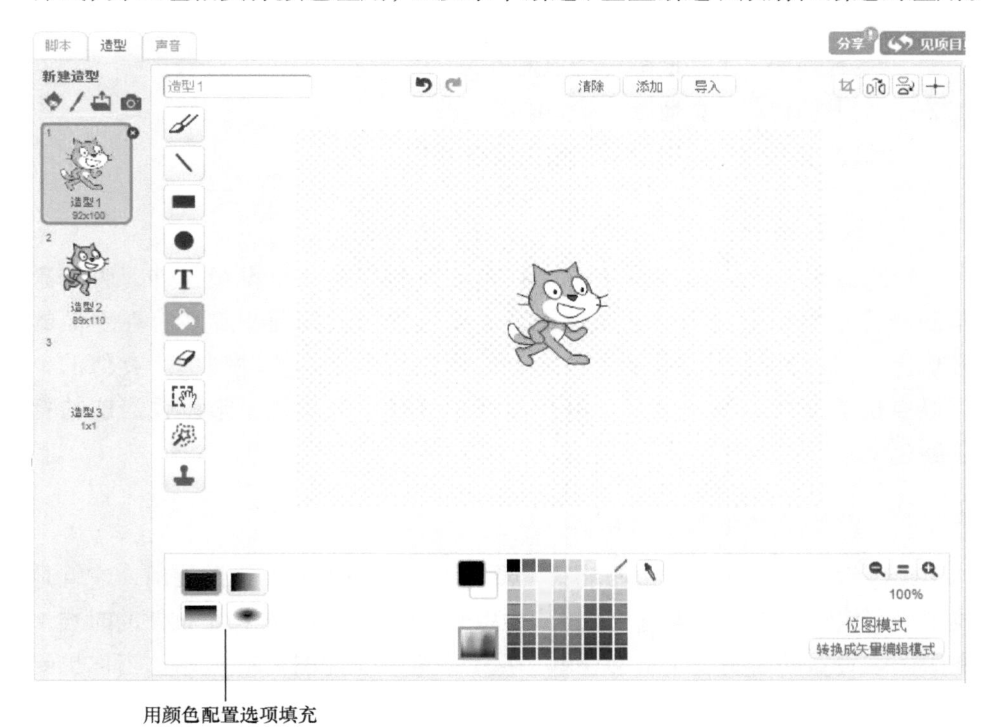

图 2.20　选项区域的内容会根据所选择的工具栏按钮而改变

注意 渐变是通过混合前景颜色和背景颜色而创建的一种颜色。

2.3.3 使用按钮控件

Scratch 2.0 的绘图编辑器程序包含了很多的按钮控件，如图 2.21 所示，它们可以启动各种各样不同的操作。

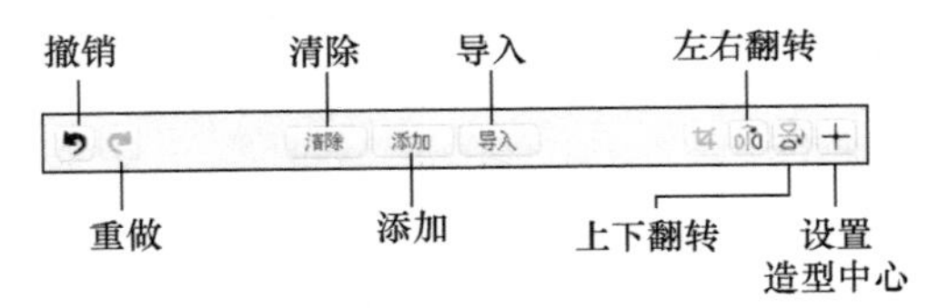

图 2.21 绘图编辑器通过各种按钮控件提供了各种关键功能

下面介绍了这些按钮中的每一个及其作用。

- 撤销。撤销上一步的操作。
- 重做。重复上一步的操作。
- 清除。清理当前在绘制画布上显示的任何图形。
- 导入。通过计算机上存储的一个图形文件来打开一幅图像。
- 左右翻转。水平地翻转绘制画布。
- 上下翻转。垂直地翻转绘制画布。
- 设置造型中心。用于指定角色的旋转中心。

2.3.4 指定颜色设置

绘图编辑器允许使用位于绘制画布下面的当前颜色设置控件，为前景绘制和背景绘制指定当前的颜色设置。要设置当前的前景颜色，在上面的方块上点击，然后从显示于控件之下的调色板中选择一种颜色。类似的，可以点击下面的方块，然后从颜色面板中选择一种颜色，来设置当前的背景颜色。

2.3.5 配置角色的旋转中心

绘图编辑器的最后一项功能很重要，而且你必须知道如何使用，这就是位于绘图编辑器的右上角的“设置造型中心”按钮。当点击这个按钮的时候，在绘图编辑器的绘制画布上会显示一组十字准线，如图 2.22 所示。当你想要将角色的某个部分设置为旋转中心，以便当角色在舞台上旋转的时候会绕着这个中心旋转，就可以使用拖放功能将十字准线移动到该角色的这个部分。

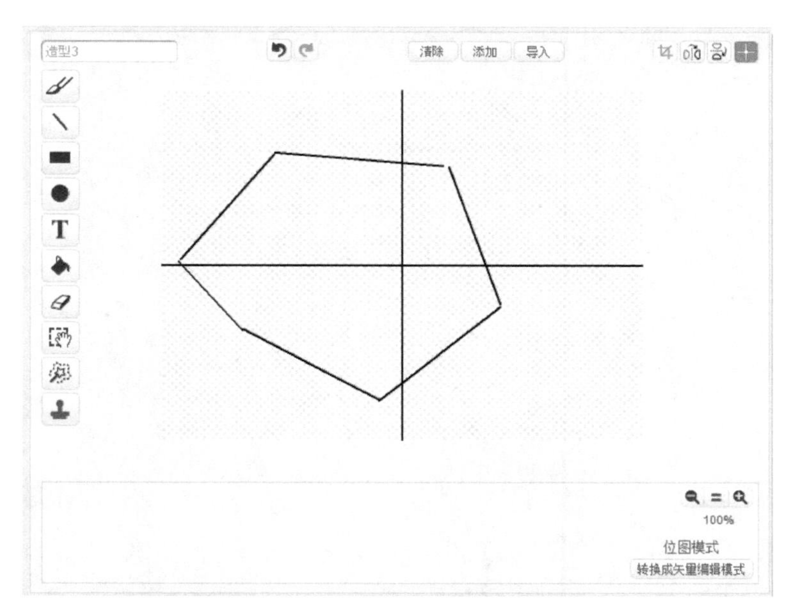

图 2.22　十字准线使得很容易设置角色的旋转中心

图 2.22 所示的角色是陨石，可以用于诸如《Asteroids》这样的太空射击游戏之中。在这种类型的游戏中，小行星在屏幕上来回移动，通过和玩家的飞船产生碰撞而摧毁飞船，从而威胁到玩家飞船的安全。为了提供一种逼真的效果，我们需要告诉 Scratch 2.0，当陨石在屏幕上移动的时候要旋转它。通过把陨石的旋转点设置为角色的中心点，看上去就好像陨石围绕着中心点在旋转一样。另一方面，通过将旋转点设置为陨石的某一个边，可以使得陨石以一种不稳定的方式旋转。

第 3 章 Scratch 项目的基本组件概览

正如你已经看到的，Scratch 应用程序项目是由其背景和角色组成的。角色的交互以及在舞台上的移动，都是在由功能块组成的脚本的控制下进行的。本章将介绍几种不同类型的功能块，以及它们是如何一起工作以创建脚本的。本章还介绍了功能块的 10 个分类，Scratch 2.0 的所有的超过 148 个的功能块，都按照这 10 个分类来组织。尽管本章并不会深入介绍每一个功能块，但还是给出了一系列的表供你收集，并且在开发 Scratch 应用程序的时候将其用做一个快速参考。

本章包括以下主要内容：

- 详细介绍 6 种不同类型的 Scratch 基本功能块；
- 介绍如何操作和配置监视器；
- 组成 Scratch 脚本的所有 148 个功能块的概览；
- 介绍如何显示单个功能块的帮助信息。

3.1 操作功能块和栈

要让构成 Scratch 应用程序的背景和角色发挥作用，必须创建脚本。通过从功能块列表中将功能块拖放到脚本区域，并且将其组合到一起形成功能块栈，从而创建出脚本。可以通过双击一个功能块来执行脚本。也可以将脚本配置为在预先定义的事件发生的时候自动执行。

可以在脚本区域拖放代码块。当拖动一个功能块并靠近其他功能块的时候，在可以进行有效的连接的位置，会出现一个白色的标识性的边栏，以指定放置功能块的位置，如图 3.1 所示。可以将功能块组合到栈的顶部和底部，或者将其插入到栈的中间。在某些情况下，可以将功能块插入到其他的功能块之中。

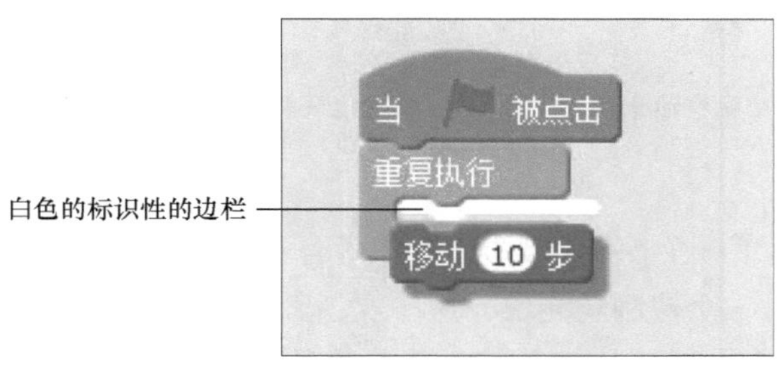

图 3.1 使用一个可视的标识边栏来确定有效的连接点

可以通过点击功能块栈最上方的功能块并且将其拖动到一个新的位置，从而移动整个功能块栈。如果从一个功能块栈的中间拖动了一个功能块，该功能块之下的所有的功能块也将拖动出来。

提示 可以通过把功能块栈拖动到位于角色列表中的一个角色缩略图之上，从而将该功能块栈从一个角色复制到另一个角色。

3.1.1 参数

很多功能块都接受参数作为输入。例如，有一些动作功能块接受并处理参数数据，这些参数指定要将角色移动多远或旋转多少，还有一些外观功能块可以根据一个数值参数来改变角色的大小。Scratch 2.0 功能块支持 6 种不同类型的参数。这些功能块的示例如图 3.2 所示。

有的功能块显示为或包含了一个椭圆形或六边形，表示它能够接受来自其他功能块的数据。因此，可以将椭圆形的功能块，拖放到包含了一个椭圆形输入字段的功能块之上。类似地，可以将六边形的功能块，拖放到显示为或包含一个六边形的功能块之上。图 3.3 给出的示例展示了这是如何工作的。

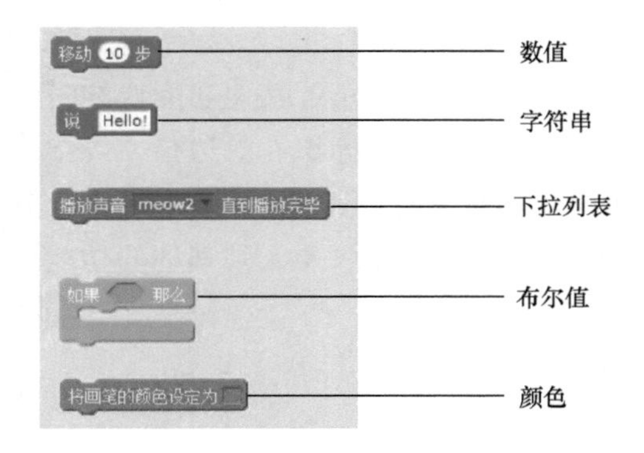

图 3.2　处理不同类型的参数数据的功能块示例

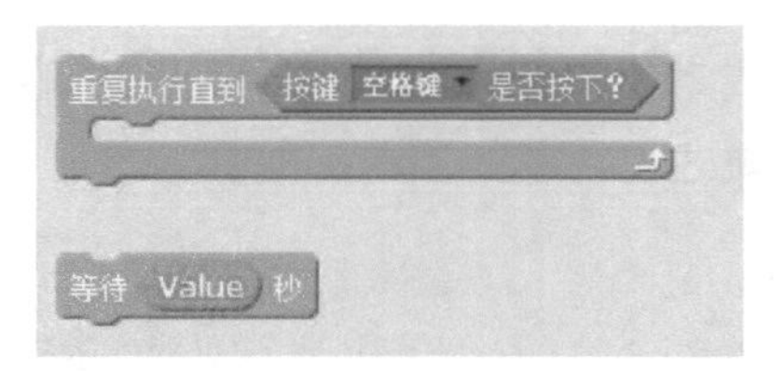

图 3.3　给功能块传入作为参数处理的数据的示例

图 3.3 中的第一个示例展示了一个控制功能块，其中带有一个侦测功能块。图 3.3 中的第二个示例展示了另一个控制功能块，这一次，其中带有一个数据功能块。在这两个例子中，嵌入的功能块的值都是作为参数传递给包含它们的功能块的。

3.1.2　默认值

你可能已经注意到了，很多 Scratch 2.0 功能块都会显示一个默认值。处理参数数据的每一个功能块，都有一个指定的默认值，即便这些功能块不会显示默认值。图 3.4 给出了示例，其中有几个接受和处理参数的功能块，并且它们显示出了默认值。

如果需要的话，可以修改功能块的默认值，尽管在很多情况下，我们不需要这么做。

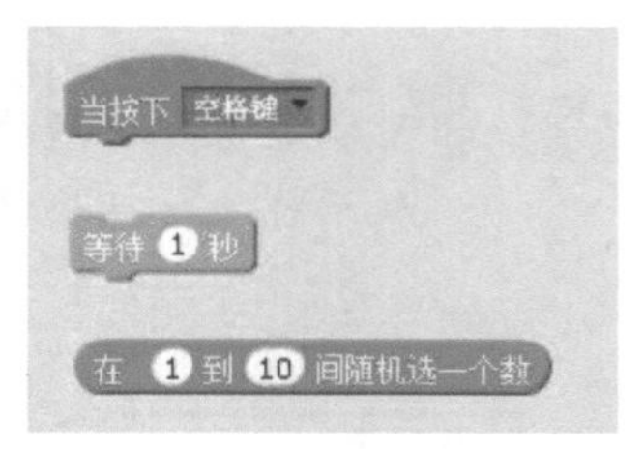

图 3.4　每个 Scratch 2.0 功能块都有默认值

注意　表示或处理布尔参数的功能块，不会显示一个默认值。这些功能块的默认值为 false。

3.2 6 种基本的 Scratch 功能块

Scratch 应用程序是由角色组成的，它们可以和其他角色或用户交互。角色是通过脚本来控制并实现动画的。角色可以有任意多个脚本，其中的每一个脚本都设计来执行一个特定的任务或动作。脚本由一个或多个 Scratch 功能块组成。一共有 148 个不同的 Scratch 2.0 功能块，其中的每一个功能块都设计来实现具体的目的。这些功能块可以大体分为 6 种，如下所示：

- 栈功能块；
- 启动功能块；
- 侦测功能块；
- 布尔功能块；
- C 功能块；
- 结束功能块。

3.2.1 使用栈功能块

Scratch 提供的主要的功能块就是栈功能块。栈功能块是顶部有一个口而底部有一个凸起的功能块。口和底充当了可见的标志，表明了这些功能块如何组合到一起来创建程序逻辑。图 3.5 给出了典型的栈功能块的一个示例。

图 3.5 用于停止声音文件播放的一个功能块的示例

顶部的口表示这个功能块可以附加到另一个功能块之下。这个功能块的底部的凸起又允许其他的功能块附加到其下。

一些功能块之中包含输入区域，允许通过输入数字来指定一个值。例如，图 3.6 所示的栈功能块允许通过输入和颜色相关的一个数值，来指定绘制的时候所采用的颜色。

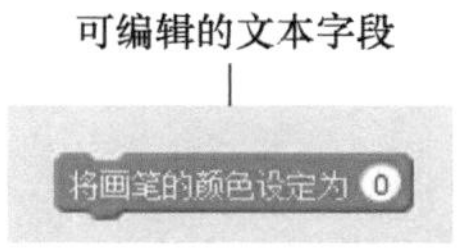

图 3.6 使用这个代码块来指定绘制时要使用的颜色

要修改图 3.6 中赋给功能块的值，在功能块的白色区域中点击，并且输入一个新的值。一些功能块还允许从下拉列表中选定一个值来配置它们，如图 3.7 所示。

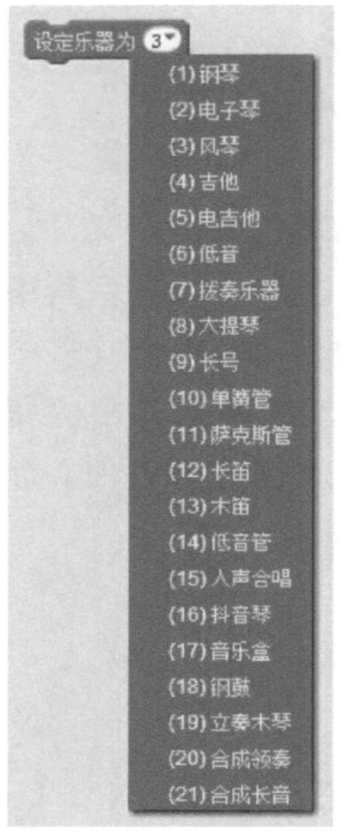

图 3.7 这个功能块有一个下拉菜单，可以用来配置其如何运行

3.2.2 使用启动功能块

启动功能块顶部有一个圆角或曲线形状，而底部有一个凸起，这个凸起表明它可以放到其他栈功能块的顶部。启动功能块提供了创建事件驱动的脚本的能力。事件驱动的脚本是当指定的事件发生的时候自动执行的一个脚本。事件的一个示例是，当用户点击了绿色的旗帜按钮的时候，会自动触发脚本的执行。当这个事件发生的时候，以该启动功能块（如图 3.8 所示）开头的任何脚本，都会自动地执行。

当用户点击角色的时候，也能够触发脚本的执行。可以通过在脚本的开始处添加功能块，来进行这一设置，如图 3.9 所示。

图 3.8 当用户点击绿色旗帜按钮的时候，这个启动功能块自动运行脚本

图 3.9 无论何时，当点击角色的时候，这个启动功能块就会运行属于该角色脚本

注意 应用程序的每一个角色都潜在地拥有其自己的脚本。可以使用启动功能块来自动化地执行任意的或所有的脚本。除了角色，舞台也可以拥有自己的脚本。

3.2.3 使用侦测功能块

第三种类型的 Scratch 功能块是侦测功能块。侦测功能块是一个圆角的功能块，它专门设计来提供输入以供其他的功能块处理。例如，图 3.10 所示的功能块是一个典型的侦测功能块。

这个侦测功能块是一个圆角的形状，如图 3.10 所示。因此，它只能够放入到如图 3.11 所示的一个功能块之中。

图 3.10 这个功能块获取一个数字值来表示角色的音量

图 3.11 通过键盘输入或者使用一个侦测功能块，可以为这个功能块提供输入

3.2.4 使用布尔功能块

布尔功能块是一个尖角的形状，如图 3.12 所示。如果用户按下了空格键的话，这个特定的功能块将返回一个为真的值；如果没有按下空格键，它返回假。由于布尔功能块拥有尖角的形状，它只能够嵌入到包含尖角形的输入区域的一个功能块中。

图 3.12 尖角的功能块将布尔数据传递给其他的功能块以供处理

注意 布尔是一个术语，用于表示拥有两个值之一的数据：真或假。

要利用图 3.12 所示的布尔功能块，需要将布尔功能块嵌入到另一个功能块中，后者是专门设计来使用布尔功能块的。例如，图 3.13 展示了这样的一个功能块。

图 3.14 展示了一个布尔功能块嵌入到另一个功能块之后的样子。

图 3.13 这个功能块暂停脚本的执行，直到一个特定的事件为真

图 3.14 这个特定的功能块组合会暂停脚本，直到用户按下空格键

3.2.5 C 功能块

C 功能块的形状就像是字母 C，因而称之为 C 功能块。C 功能块用于在脚本中创建功能块的一个循环，只要测试条件为真，就会不断地运行该循环。Scratch 2.0 有 5 种不同的 C 功能块，而这 5 种功能块都是控制功能块。图 3.15 给出了 C 功能块的一个示例。这个功能块重复地执行选定并嵌入到其中的任

何功能块，直到测试条件变为假。

注意　我们将在第 9 章学习如何使用重复性和条件性编程逻辑。

图 3.15　这个功能块重复执行已经嵌入到其中的其他的栈功能块

3.2.6　结束功能块

结束功能块停止脚本的执行。结束功能块顶部有一个缺口，而底部是平坦的，这表示一段脚本的结束。因此，不能将其他的功能块附加到结束功能块的底部。图 3.16 给出结束功能块的一个例子。

图 3.16　这个功能块配置为停止项目中的所有脚本的执行

3.3　注意监视器

你可能注意到了，在功能块列表中的某些功能块的左边，会显示一个小的复选框，如图 3.17 所示。

出现这个复选框，表明该功能块能够在舞台上显示一个监视器。选中该复选框，会在舞台上显示一个监视器，如果去掉该复选框的话，将会隐藏监视器。监视器在舞台上显示一个变量、列表或布尔类型的值。要显示监视器，只要在复选框上点击以选中它。当这么做的时候，一个灰色的监视器会自动出现在舞台上。图 3.18 中所显示的监视器，告知播放声音的音量。

图 3.17　能够在舞台上显示一个监视器的功能块的示例

图 3.18　音量功能块的默认监视器的示例

默认情况下，监视器以常规的正常模式显示。然而，可以通过按下 Shift 并点击监视器，然后从所出现的弹出菜单上选择“大屏幕显示”，以修改监视器的显示方式。最终，监视器的外观将改变，以一种较大的字体显示其值，如图 3.19 所示。

提示　也可以在监视器上双击鼠标左键来切换监视器的显示模式。

基于数值变量的监视器还支持第 3 种格式，即包含一个滑杆的显示选项，如图 3.20 所示。和正常显示和大屏幕显示模式不同，这可以使用一个监视器的滑杆视图，手动地从左向右地拖动滑杆，从而修改赋给一个变量的具体的值。

图 3.19 可以将监视器配置为“大屏幕显示”的模式

图 3.20 变量监视器还支持包含一个滑杆的显示方式

还可以按下 Shift 键并点击鼠标左键，从弹出菜单中选择“设置滑块的最小值和最大值”，从而为一个滑杆指定一个最小值和最大值范围。这将会打开“滑杆值范围”窗口，如图 3.21 所示。

还支持基于列表的监视器。它们允许显示一个列表的内容，如图 3.22 所示。

图 3.21 把监视器配置为一个滑杆模式，指定一个最小值和最大值范围

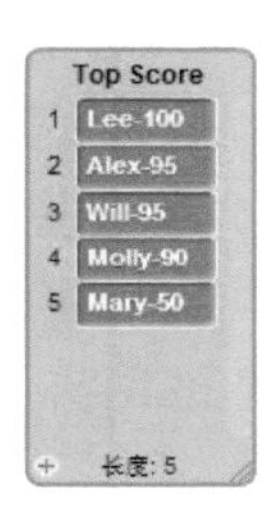

图 3.22 可以使用列表监视器来显示列表的内容

可以通过编程来填充基于列表的监视器，也可以在列表中的一行上点击并直接录入数据。

还可以在位于监视器的右下角的小手柄上点击鼠标左键，以调整基于列表的监视器的大小。也可以通过在位于监视器左下角的加号图标上点击，以手动添加一个新行。如果一个链表拥有的行比监视器中所能够显示的行还要多，将会显示一个滚动条，允许向上或向下滚动列表。

我们将会在第 7 章中学习变量和列表及其用法。

3.4 10 种 Scratch 功能块

Scratch 允许使用多种不同的功能块。这些功能块分为 10 种，在功能块列表上可以找到它们。这些功能块的每一种都介绍如下。

- 动作。控制角色的位置、方向、旋转和移动的功能块。
- 外观。影响角色和背景的外观，并且能够显示文本的功能块。

- 声音。控制音符和音频文件的播放和音量的功能块。
- 画笔。可以使用不同的颜色和画笔大小进行绘制的功能块。
- 数据。当应用程序执行的时候，用于存储数据的功能块。
- 事件。触发脚本执行的功能块。
- 控制。使用循环重复地执行编程逻辑或执行条件逻辑的功能块。
- 侦测。用于确定鼠标指针的位置及其与其他角色的距离，并且判断一个角色是否触碰到其他角色的功能块。
- 运算符。执行逻辑比较、舍入以及其他数学计算的功能块。
- 其他模块。程序员可以创建的定制功能块，以及 Scratch 2.0 用来通过编程和 PicoBoard、LEGO WeDo Robotics 工具包交互的专用功能块。

通过点击功能块列表顶部的 10 个带有标签的按钮，可以查看属于一个指定的分类的功能块。注意，每个功能块分类都是用不同的颜色来表示的，这使得不同分类的功能块之间很容易区分开来。

本章接下来的部分将会介绍这些功能块中的每一个分类。这些介绍覆盖了 Scratch 的整个功能块的集合，说明了哪一个功能块支持监视器，并且针对每个功能块的用法给出了简短的说明。

3.4.1 在绘制画布上移动对象

动作功能块是蓝色的，它控制着精灵在舞台上的放置。一些动作功能块允许设置精灵移动的方向，还有一些功能块可以移动精灵。还有一些动作功能块会报告精灵的位置和方向。表 3.1 列出了属于这一分类的所有功能块。

表 3.1 Scratch 动作功能块

功能块	监视器	说明
移动 10 步	无	将一个角色向前后或向后移动指定的步数
向右旋转 ↻ 15 度	无	将一个角色按照顺时针方向旋转指定的度数
向左旋转 ↺ 15 度	无	将一个角色按照逆时针方向旋转指定的度数
面向 90▾ 方向	无	让一个角色面向一个指定的方向（0= 向上、90= 向右、–90= 向左、180= 向下）
面向 鼠标指针▾	无	让一个角色面向鼠标指针的方向

续表

功能块	监视器	说明
移到 x: 0 y: 0	无	将一个角色移动到舞台上指定的一组坐标
移到 鼠标指针	无	将一个角色移动到鼠标指针的位置或者另一个角色的位置
在 1 秒内滑行到 x: 0 y: 0	无	在指定的秒数内，将一个角色移动到指定的坐标位置
将x坐标增加 10	无	将一个角色的 X 轴坐标的位置增加指定的像素数
将x坐标设定为 0	无	将一个角色的 X 轴位置修改为一个指定的值
将y坐标增加 10	无	将一个角色的 Y 轴坐标的位置增加指定的像素数
将y坐标设定为 0	无	将一个角色的 Y 轴位置修改为一个指定的值
碰到边缘就反弹	无	当一个角色碰到舞台的一个边缘的时候，改变其方向
将旋转模式设定为 左-右翻转	无	将一个角色的旋转方式设置为左—右翻转、上—下翻转或者面向一个方向而不翻转
x坐标	有	获取一个值，它表示一个角色在 X 轴上的坐标（在 –240 到 240 之间）
y坐标	有	获取一个值，它表示一个角色在 Y 轴上的坐标（在 –180 到 180 之间）
方向	有	获取一个值，表示一个角色的当前方向（0= 向上、90= 向右、–90= 向左、180= 向下）

我们将在第 5 章中学习动作功能块的更多内容。

3.4.2 改变对象的外观

外观功能块负责修改角色和背景的外观，并且在弹出式对话框中显示文本。外观功能块的颜色是紫色。有一些外观功能块允许修改角色的造型和颜色。还有一些外观功能块允许修改角色的大小，并且控制角色是否在舞台上可见。表 3.2 列出了属于这个分类的所有功能块。

表 3.2　Scratch 外观功能块

功能块	监视器	说明
说 Hello! 2 秒	无	在一个对话气泡中显示一条文本消息，达到指定的秒数
说 Hello!	无	在一个对话气泡中显示一条文本消息，或者当没有指定文本的时候不显示一个对话气泡
思考 Hmm... 2 秒	无	在一个思考气泡中显示一条文本消息，达到指定的秒数
思考 Hmm...	无	在一个思考气泡中显示一条文本消息，或者当没有指定文本的时候不显示一个思考气泡
显示	无	显示一个角色
隐藏	无	抑制一个角色在舞台上的显示，阻止其与其他的角色交互
将造型切换为 costume2	无	改变角色的造型，修改其外观
下一个造型	无	将角色的造型修改为角色的造型列表中的下一个造型，当到达列表的末尾的时候，跳回到列表的开始处
将背景切换为 backdrop1	无	通过给舞台分配一个不同的背景，以修改舞台的外观
将背景切换为 backdrop1 并等待	无	等到所有的启动功能块都已经执行之后，通过分配给舞台一个不同的背景，以改变其外观
下一个背景	无	将舞台的背景修改为背景列表中的下一个背景
将 颜色 特效增加 25	无	通过一个指定的数值，来应用并修改一个特效（颜色、超广角镜头、旋转、像素化、马赛克、亮度或虚像），以修改角色的外观
将 颜色 特效设定为 0	无	通过一个指定的数值，应用一个特效（颜色、超广角镜头、旋转、像素化、马赛克、亮度或虚像）
清除所有图形特效	无	将一个角色恢复为其常规的外观，去除掉可能应用的所有特效
将角色的大小增加 10	无	通过一个指定的数值量来修改角色的大小
将角色的大小设定为 100	无	将一个角色的大小设置为其最初大小的一个百分比
移至最上层	无	将一个角色放置到顶层以确保它会显示

续表

功能块	监视器	说明
下移 1 层	无	将角色移动指定的层数，允许其他的角色在其之上显示
造型 #	有	获取一个数值，表示角色当前造型数
背景 #	有	获取一个数值，表示角色的当前背景数
背景名称	有	从背景列表获取舞台的当前背景的名称
大小	有	获取一个百分比值，表示一个角色的当前大小与其最初大小的比例

我们将在第 10 章介绍外观功能块的更多内容。

3.4.3 发出一些声音

声音功能块是淡紫色的，它会播放音乐并且给 Scratch 应用程序项目添加一些音效。有些声音功能块允许播放声音和鼓声，选择不同类型的乐器，控制播放的音量，以及改变节奏。表 3.3 列出了这个分类的所有功能块。

表 3.3 Scratch 声音功能块

功能块	监视器	说明
播放声音 pop	无	播放一个特定的声音文件，同时允许它所插入到其中的脚本保持运行
播放声音 pop 直到播放完毕	无	播放一个特定的声音文件，暂停脚本的执行，直到该声音文件播放完成
停止所有声音	无	暂停当前播放的任何声音文件的播放
弹奏鼓声 1 0.25 拍	无	播放从功能块的下拉菜单中选择的一个鼓声达到指定的秒数
停止 0.25 拍	无	暂停声音的播放达到指定的拍数
弹奏音符 60 0.5 拍	无	播放从功能块的下拉菜单中选择的一个音符达到指定的秒数
设定乐器为 1	无	指定当播放音符的时候使用的乐器
将音量增加 -10	无	将角色的音量增加一个指定的值
将音量设定为 100	无	将角色的音量设置为一个指定的百分比级别
音量	有	获取一个数值，表示角色的音量
将节奏加快 20	无	修改角色的节奏，改变指定的那个分钟的节奏数目

续表

功能块	监视器	说明
将节奏设定为 60 bpm	无	分配每秒的节奏数以用做角色的节奏
节奏	有	获取一个数值，表示角色的节奏

我们将在第 11 章学习声音功能块的更多内容。

3.4.4 绘制线条和形状

画笔功能块是深绿色的，可以使用一个虚拟的画笔来绘制形状和线条的任意组合。一些画笔功能块允许打开或关闭绘制、设置颜色和画笔大小，以及应用阴影的功能。表 3.4 列出了属于这一分类的所有功能块。

表 3.4 Scratch 画笔功能块

功能块	监视器	说明
清空	无	擦除或清除画笔绘制的任何内容，或标记在舞台上的任何内容
图章	无	将角色的图像绘制或标记到舞台上
落笔	无	将画笔放置到一个较低的位置，随着画笔在舞台上移动，允许进行绘制操作
抬笔	无	通过抬起画笔而停止绘制操作
将画笔的颜色设定为	无	指定绘制的时候所使用的颜色
将画笔颜色增加 10	无	将绘制时候所使用的颜色修改一定的量
将画笔的颜色设定为 0	无	根据一个数值范围来指定用来进行绘制的颜色，0 表示红色（在色谱较低的一端），而 100 表示蓝色（在色谱较高的一端）
将画笔的色泽度增加 10	无	将绘画的时候所使用的阴影增加一定的量
将画笔的色度设定为 50	无	基于一个数值范围（其中，0 表示最暗的阴影，100 表示最大的亮度），指定了绘制的时候使用的阴影
将画笔大小增加 1	无	根据一个数值增量来修改画笔的粗细
将画笔的大小设定为 1	无	指定当绘制的时候使用的画笔粗细或宽度

我们将在第 12 章学习画笔功能块的更多内容。

3.4.5 存储和访问数据

数据功能块分为两类：用来处理变量的功能块和用来创建和管理列表的功能块。变量功能块存储和获取字符串和数值。在应用程序执行的时候，我们需要使用变量来存储数据。例如，如果创建了一款游戏，让玩家尝试猜测一个随机生成的数字，那么，需要使用变量来存储和访问这个数字。

Scratch 2.0 支持一种叫做**云变量**的新的变量类型，它将变量存储在 Scratch 服务器中，而该服务器位于互联网云中，这允许保存数据，并且 Scratch 2.0 项目的所有活跃执行的副本都可以访问数据。这大大方便了一些项目的创建，例如，项目要维护玩家最高得分的一个列表。

可以将变量和条件编程逻辑结合起来使用，以控制其他功能块的执行。还可以使用变量来控制嵌入到功能块循环中的那些功能块的重复执行。变量功能块是橙色的。可以创建和命名定制的变量功能块，并赋给它们一个初始值。也可以在脚本执行的过程中修改其值。其他的功能块可以获取变量值，并使用变量功能块作为输入。表 3.5 中的前 5 项列出了 Scratch 2.0 提供的用于操作变量的所有功能块。

列表功能块存储和访问相关联的数据的列表。列表功能块的颜色是深橙色。列表包含了一项或多项，这些项的行为和变量相似，只不过当有很多数据要存储的时候，使用列表将数据成组地进行存储和管理，比管理单个的项所组成的数据集合要更为容易。

提示　在其他的编程语言中，列表有时候也叫做一维数组。

表 3.5 中的后 10 项列出了 Scratch 2.0 提供的用于列表的所有功能块。

表 3.5　Scratch 变量功能块和列表功能块

功能块	监视器	说明
☑ (High Score)	有	获取赋给一个变量的值
将 [High Score ▾] 设定为 [0]	无	将一个值赋给一个数值变量
将 [High Score ▾] 增加 (1)	无	将存储在一个变量中一个数值修改指定的量
显示变量 [High Score ▾]	无	显示一个变量的舞台监视器

续表

功能块	监视器	说明
隐藏变量 High Score ▾	无	隐藏一个变量的舞台监视器
☑ Top Scores	有	获取一个列表的内容
将 thing 加到 Top Scores ▾ 列表	无	在列表的末尾添加一项
delete 1▾ of Top Scores ▾	无	从列表中删除一项
insert thing at 1▾ of Top Scores ▾	无	在指定的列表位置添加一项
replace item 1▾ of Top Scores ▾ with thing	无	根据列表中的项的位置，替换链表中的一项
item 1▾ of Top Scores ▾	无	根据指定的位置，获取列表中的一项
Top Scores ▾ 的长度	无	返回一个值，表明列表中存储了多少项
Top Scores ▾ 包含 thing ?	无	可以用于判断指定的值是否存储在列表之中的一个条件
显示列表 Top Scores ▾	无	在舞台上显示一个列表监视器
隐藏列表 Top Scores ▾	无	隐藏一个列表显示器，使其不要显示在舞台上

我们将在第 7 章中详细学习数据功能块以及如何使用变量和列表功能块。

3.4.6 事件驱动的编程

事件功能块是棕色的，用来启动脚本的执行并向其他角色发送消息，以允许角色之间同步它们的执行。Scratch 2.0 提供了 8 种事件功能块。启动脚本执行的功能块是启动功能块，而发送消息的功能块是栈功能块。表 3.6 列出了这个分类的所有功能块。

表 3.6 Scratch 控制功能块

功能块	监视器	说明
当 ⚑ 被点击	无	无论何时，当按下绿色旗帜按钮的时候，执行已经附加给它的脚本
当按下 空格键 ▾	无	无论何时，当指定的键盘键按下的时候，执行已经附加给它的脚本

续表

功能块	监视器	说明
当角色被点击时	无	无论何时，当用户点击脚本所属的角色的时候，执行已经附加给它的脚本
当背景切换到 backdrop1	无	无论何时，当指定的背景切换到舞台上的时候，执行已经附加给它的脚本
当 响度 > 10	无	无论何时，当第一个指定的值超过第二个指定的值的时候，执行已经附加给它的脚本
当接收到 消息1	无	无论何时，当接受到指定的广播消息的时候，执行已经附加给它的脚本
广播 消息1	无	向所有的角色发送一条广播消息而不暂停脚本
广播 消息1 并等待	无	向所有的角色发送一条广播消息以触发一个预定义的动作，然后暂停脚本的执行，等待直到所有的脚本完成其指定的动作，然后才允许该功能块所在的脚本继续执行

我们将在第 9 章学习事件功能块的更多内容。

3.4.7 实现循环和条件逻辑

控制功能块的颜色是金黄色的，用于停止脚本执行、暂停脚本执行以及根据一个测试条件是否为真来有条件地执行其他的功能块。有的控制功能块允许设置循环，以重复地执行嵌套的功能块集合。

Scratch 2.0 提供了几种新的功能块，它们支持对克隆体的创建和管理。克隆体是角色的一个临时性的副本，可以用于在 Scratch 项目执行的时候添加角色的实例。表 3.7 列出了这个分类中的所有功能块。

表 3.7 Scratch 控制功能块

功能块	监视器	说明
等待 1 秒	无	暂停脚本执行达到指定的秒数，在此之后，脚本继续执行
重复执行 10 次	无	将嵌入到其中的所有功能块重复执行指定的次数
重复执行	无	将嵌入到其中的所有功能块重复执行
如果 那么	无	如果指定的条件结果为真，执行嵌入到该控件中的所有功能块

续表

功能块	监视器	说明
如果 ⟨ ⟩ 那么 / 否则	无	如果指定的条件结果为真，执行控件的上半部分（“那么”和“否则”之间的部分）嵌入的功能块，如果条件为假，执行控件的下半部分（“否则”之后）中嵌入的所有功能块
在 ⟨ ⟩ 之前一直等待	无	暂停脚本的执行，直到指定的条件为真
重复执行直到 ⟨ ⟩	无	重复执行其中嵌入的所有功能块，直到一个测试条件为真
停止 全部	无	停止所有角色中的脚本、一个指定的脚本或者一个角色中的其他脚本的执行
当作为克隆体启动时	无	当创建一个克隆体的时候，触发脚本的执行
克隆 自己	无	创建指定的脚本的一个临时性的克隆体
删除本克隆体	无	删除当前的克隆体

我们将在第 9 章学习控制功能块的更多内容。

3.4.8 侦测角色位置和环境输入

侦测功能块的颜色为蓝色，它们负责确定鼠标指针的位置，确定和其他角色的距离，以及角色是否和其他角色发生接触。表 3.8 概括了这个分类中的所有功能块。

表 3.8 Scratch 侦测功能块

功能块	监视器	说明
碰到 ▼ ?	无	根据角色是否接触到从功能块的下拉菜单中所选取的一个指定的角色、边缘或鼠标指针，来获取一个为真或假的布尔值
碰到颜色 ■ ?	无	根据角色是否接触到一个指定的颜色，来获取一个为真或假的布尔值
颜色 ■ 碰到 ■ ?	无	根据角色中第一个指定的颜色是否接触到背景或另一个角色上的第二个指定的颜色，来获取一个为真或假的布尔值
到 ▼ 的距离	无	获取一个数字值，表示从另一个角色或从鼠标指针到该角色的距离
询问 What's your name? 并等待	无	在对话气泡中显示一个问号，并且显示一个输入字段，提示用户输入被捕获并存储到一个名为回答的变量中了

续表

功能块	监视器	说明
回答	无	获取名为回答的变量中存储的值，这个值是通过最近使用的询问并等待功能块而提供的
按键 空格键 是否按下?	无	根据一个指定的键是否按下，获取一个为真或假的布尔值
下移鼠标?	无	根据一个鼠标按钮是否按下，获取一个为真或假的布尔值
鼠标的x坐标	无	获取鼠标指针在X轴上的坐标位置
鼠标的y坐标	无	获取鼠标指针在Y轴上的坐标位置
响度	有	获取从1到100之间的一个数值，表示计算机麦克风的音量
视频侦测 动作 在 角色 上	有	侦测Web摄像头所提供的视频中的移动或方向
将摄像头 开启	无	开启或关闭视频
将视频透明度设置为 50 %	无	以百分比值的形式指定一个视频的透明度
计时器	有	获取一个数值来表示计时器已经运行的秒数
计时器归零	无	将计时器重置为其默认值0
x座标 of Sprite1	无	获取指定的角色的背景的属性值（x坐标、y坐标、方向、造型#、大小和音量）
目前的 分	无	获取当前的年份、月份、日期、星期几、小时、分钟和秒
自2000年之来的天数	无	获取自2000年开始的天数
用户名	无	获取查看该Scratch项目的人的名字

我们将在第6章学习侦测功能块的更多内容。

3.4.9 使用运算符

运算符功能块执行数学计算、生成随机数字并且比较数字值以确定它们的彼此关系。运算符功能块是绿色的。有些运算符功能块可以用来舍入数字值，以及执行大量的数学函数，例如确定一个数字的绝对值或平方根。表3.9列出了这个分类中的所有功能块。

表 3.9　Scratch 运算符功能块

功能块	监视器	说明
( ) + ( )	无	将两个数字相加得到一个结果
( ) - ( )	无	用一个数字减去一个数字并返回结果
( ) * ( )	无	将两个数字相乘并得到一个结果
( ) / ( )	无	用一个数字除以另一个数字并返回结果
在 1 到 10 间随机选一个数	无	生成指定的范围内的一个随机数
[ ] < [ ]	无	根据一个数字是否小于另一个数字，返回一个为真或假的布尔值
[ ] = [ ]	无	根据一个数字是否等于另一个数字，返回一个为真或假的布尔值
[ ] > [ ]	无	根据一个数字是否大于另一个数字，返回一个为真或假的布尔值
与	无	根据两个单独的条件是否都为真，返回一个为真或假的布尔值
或	无	根据两个单独的条件是否都为假，返回一个为真或假的布尔值
不成立	无	将布尔值取反，由真变为假或由假变为真
连接 hello world	无	连接两个字符串，将一个字符串紧接着另一个字符串放置
第 1 个字符: world	无	根据字符串中指定的位置，来获取字符串中的一个字符
world 的长度	无	返回一个数字，表示字符串的长度
( ) 除以 ( ) 的余数	无	获取两个数字之间的除法的余数部分
将 ( ) 四舍五入	无	返回距离一个指定的数字最近的整数值
平方根 ▾ 9	无	返回指定的数字应用所选择的函数（abs、sqrt、sin、cos、tan、asin、acos、atan、Ln、log、E^ 和 10^）的结果

我们将在第 8 章学习运算符功能块的更多内容。

3.4.10　定制功能块和特殊功能块

Scratch 2.0 中的一个新的功能块类别是更多功能块。更多功能块方便了创建用户定义的定制功能块，这种功能块就像 Scratch 2.0 项目中的定制过程一样地工作。在更多功能块中构建的过程，能够接受并处理作为参数传递给它的数据，并且允许将经常执行的程序逻辑组织到一个过程中，以便在任何需要的时候调用该过程，这就缩减了 Scratch 2.0 项目的规模并降低了其复杂性。

Scratch 2.0 中的其他功能块还有两个子分类：一类用于方便和 Scratch 传感器面板交互，另一类允许开发和 LEGO WeDo Robotics 工具包一起工作的程序代码。默认情况下，这两个子类都不会显示。要让它们变得可见，必须按下 Shift 键并点击 Scratch 2.0 程序编辑器的“编辑”菜单。这么做之后，多个隐藏的菜单项就显示出来，如图 3.23 所示。

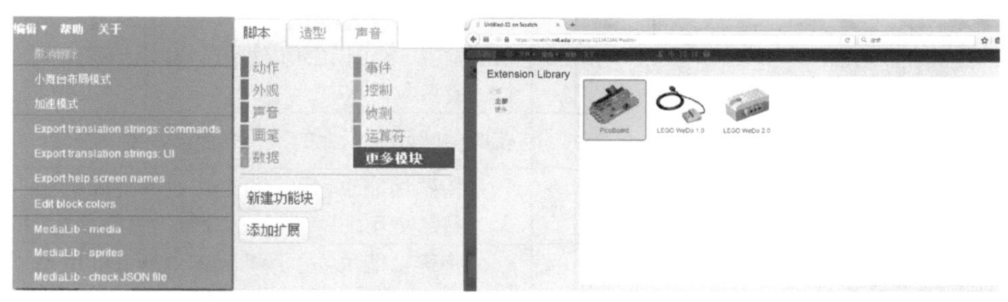

图 3.23　查看隐藏的“编辑”菜单项

要打开传感器面板功能块或 LEGO WeDo 功能块，只需要在相应的菜单项上点击，以使其显示在更多功能块列表中。

注意　Scratch 面板也叫做 PicoBoard，这是一种特殊的硬件，可以从 www.sparkfun.com 购买并将其连接到计算机上。一旦连接上了，可以使用传感器面板来接受或处理环境和用户所提供的输入。可以通过本书配套网站上的附录 C 来学习如何编写程序与 Scratch 面板交互并控制它。

LEGO WeDo Robotics 工具包（www.legoeducation.us/eng/categories/products/elementary/lego-education-wedo）是针对青少年的一个构建工具集合，帮助他们学习机器人开发的基本原理。使用这个工具包，可以创建机器人和其他各种带有马达和传感器的创意作品，然后通过 Scratch 2.0 编程赋予它们生机。

表 3.10 列出了属于更多功能块分类中的所有功能块。

表 3.10　Scratch 其他功能块

功能块	监视器	说明
	无	这是通过点击位于“更多模块”面板上的“新建功能块”按钮而创建的一个定制功能块或过程，会打开一个对话框，可以在其中命名功能块以及任何定义的参数。最终结果是一个定制的功能块，过程位于其中

续表

功能块	监视器	说明
定义 Restart_Game	无	用于定义定制功能块的一个启动功能块
传感器 按钮已按下 ?	有	根据一个指定的传感器是否正在连接到计算机的传感器面板上进行处理，获取一个为真或假的布尔值
当 按钮已按下	无	一个特殊功能块，当连接到计算机的传感器面板上发生一个指定的事件的时候，用于开始执行一段脚本
滑杆 传感器的值	有	获取传感器面板上的一个传感器所导入的值
启动 motor 马达 1 秒	无	一个特殊功能块，用于和 LEGO WeDo 机器人工具包交互，并将其马达旋转指定的秒数
开启马达 motor	无	一个特殊功能块，用于和 LEGO WeDo 机器人工具包交互，并启动其马达
关闭 motor 马达	无	一个特殊功能块，用于和 LEGO WeDo 机器人工具包交互，并关闭其马达
将马达 motor 功率设定为 100	无	一个特殊功能块，用于和 LEGO WeDo 机器人工具包交互，并设置其马达功率
将马达 motor 方向设定为 顺时针	无	一个特殊功能块，用于和 LEGO WeDo 机器人工具包交互，并设置其马达方向
当 距离 < 20	无	一个特殊功能块，用于和 LEGO WeDo 机器人工具包交互，并且当距离小于一个指定的值的时候开始执行一段脚本
当倾角 = 1	无	一个特殊功能块，用于和 LEGO WeDo 机器人工具包交互，并且当倾斜度等于一个指定的值的时候开始执行一段脚本
距离	有	一个特殊功能块，用于和 LEGO WeDo 机器人工具包交互，获取一个值以报告距离传感器的值
倾斜	有	一个特殊功能块，用于和 LEGO WeDo 机器人工具包交互，获取一个机器人的倾斜度值

我们将在第 13 章学习更多功能块的更多内容。

3.5 获取功能块的帮助信息

除了收藏并回头来参考本章中提供的表格，以搞清楚给定的功能块是干什么的，还可以通过点击位于程序编辑器菜单栏上的问号图标，以查看任何 Scratch 2.0 功能块的帮助信息。当你这么做的时候，鼠标光标会变成一个圆形的问号图标，以允许你点击想要了解的功能块，如图 3.24 所示。

图 3.24　获取一个给定的 Scratch 2.0 功能块的帮助信息

一旦点击了想要了解的功能块，程序编辑器会打开帮助窗口，显示对该功能块的用途的说明，以及其用法的示例，如图 3.25 所示。

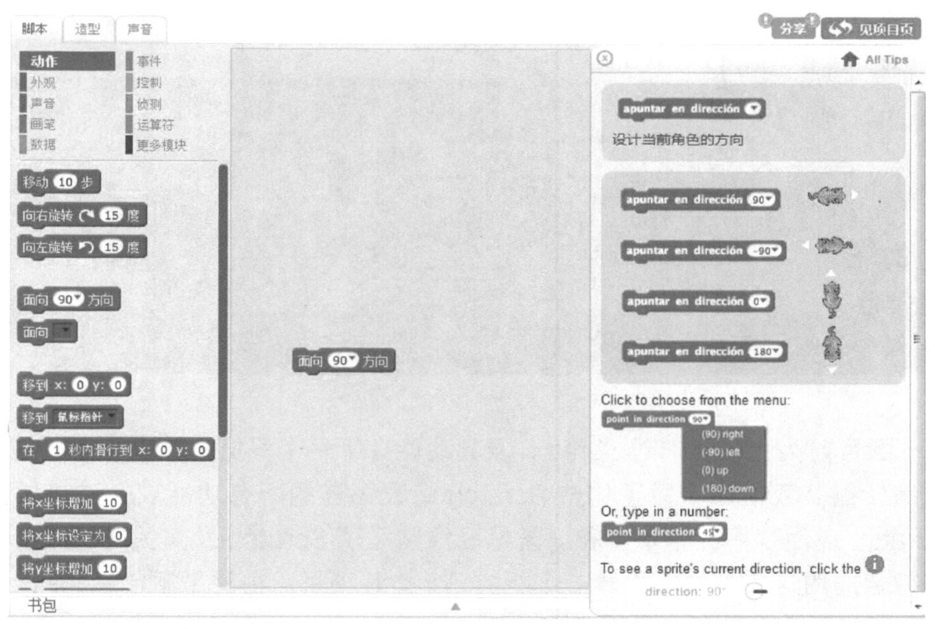

图 3.25　添加到脚本区域中的一个 Scratch 2.0 功能块的帮助信息

第4章 Wiggly 先生的舞蹈——一个快速 Scratch 项目

到目前为止，我们对 Scratch 及其功能有了一个概览，并且了解了如何使用项目编辑器。我们还了解了构成 Scratch 编程语言的所有功能块，并且学习了创建 Scratch 应用程序的基本步骤。既然已经熟悉了 Scratch 及其关键组成部分，我们来综合应用这些知识，创建一个新的 Scratch 项目，由此了解创建和执行 Scratch 应用程序所涉及的所有详细步骤。

本章主要包括以下内容：

- Scratch 能够教会你的编程概念概览；
- 详细介绍如何构建一个 Scratch 项目。

4.1 用 Scratch 编程

作为编程语言的初学者，Scratch 教会了你众多的关键编程概念，当你决定转向其他更为传统和具有工业强度的编程语言（如 Microsoft Visual Basic、C++ 和 JavaScript）的时候，也可以依赖于这些概念。我们能够从 Scratch 中学到的编程概念包括：

- 顺序式流程。这涉及应用程序功能块的流程，按照安排它们的顺序，从脚本的开始一直到脚本结束。
- 条件式编程逻辑。这涉及根据在应用程序执行中收集的数据，而有条件地执行功能块。
- 使用变量和列表。这包括在应用程序执行中存储、访问和修改数据。
- 迭代流程。这包括重复执行功能块以处理大量的信息，或者控制某些功能块的重复执行，而这些功能块正是引导游戏或应用程序执行所需要的。
- 布尔逻辑。这包括根据程序执行中 Scratch 所提供的数据的真 / 假分析来执行的应用程序编程逻辑。
- 交互式设计。这包括开发用户友好和直观的应用程序舞台布局，使得用户易于与应用程序交互。
- 程序同步。这包括应用程序之间传递和接受消息，以协调应用程序的不同部分的执行。
- 过程式编程。这包括将常用的程序代码段组织到一个可调用的单元中，以缩减程序规模且更好地组织程序。
- 事件处理。这包括根据预定义的事件的出现来启动脚本的执行，例如，按下键盘按键、按下绿色的旗帜按钮，或者接受到一条同步消息等事件。
- 应用程序和游戏开发。这包括不同类型的应用程序项目的创建。
- 角色编程。这包括使用角色作为开发图形化程序的基础。
- 应用程序故障排除。这包括识别、定位以及去除那些妨碍应用程序按照预期的方式运行的编程错误或缺陷。

随着继续学习本书的剩余内容，我们将更详细学习这些编程概念中的每一个。

注意　由于 Scratch 很强大也很有趣，它确实能够教授很多的编程概念。这些概念包括处理文件输入和输出的能力，以及支持高级面向对象编程技术的能力。然而，对于程序员新手来说，要学习这些概念还有一定的挑战性。通过暂时忽略这些概念，Scratch 的开发者可以得到一个简化的但仍然很强大的学习环境，这也为今后跳转到支持这些高级编程概念的语言做好了准备。

4.2 创建“Wiggly 先生的舞蹈”应用程序

本章剩下的部分将引导你开发一个“Wiggly 先生的舞蹈”应用程序。在这个 Scratch 应用程序中，一个叫做 Wiggly 先生的滑稽的卡通人物，在舞台上伴着音乐来回跳舞，如图 4.1 所示。

图 4.1 Wiggly 先生在练习舞步，在舞台上来回地跳舞

由于 Wiggly 先生很害羞，他在跳舞的时候，肤色还会发生变化，如图 4.2 所示。如果你比较图 4.1 和图 4.2 的话，会留意到他已经开始脸红了，这表明他还不太适应在观众面前跳舞。

图 4.2 脸红的 Wiggly 先生在跳舞的时候肤色发生了变化

每次跳舞结束，Wiggly 先生会暂停片刻，以考虑随后将怎么做，如图 4.3 所示。

图 4.3　在每次跳舞结束，Wiggly 先生暂停片刻，然后决定继续跳

可以按照如下的步骤来创建这个应用程序项目：

步骤 1：创建一个新的 Scratch 应用程序项目。

步骤 2：添加一个舞台背景。

步骤 3：向项目添加角色，或从中删除角色。

步骤 4：导入一个音乐文件到应用程序中。

步骤 5：编写脚本来播放音频。

步骤 6：添加让 Wiggly 先生跳舞所需的程序逻辑。

步骤 7：测试新项目的执行。

这里并不会详细介绍这个应用程序中的所有 Scratch 功能块是如何工作的，而只是给出了简短的说明。从第 5 章到第 13 章，我们还将学习使用功能块编程的方方面面。在你了解开发这个项目的每一个步骤的时候，请尝试关注并跟进整个过程，而不要纠结于具体的细节。稍后，一旦学习完第 5 章到第 13 章，你还可以回过头来再次浏览这个项目，以搞清楚心中可能遗留的问题。

4.2.1　步骤 1：创建一个新的 Scratch 项目

创建一个 Scratch 项目的第一步是，用 Web 浏览器访问 Scratch 2.0 网站（http://scratch.mit.edu），然后，点击 Create 按钮。当 Scratch 加载后，程序编辑器会自动创建一个新的项目。另一方面，如果 Scratch 已经启动了并且已经用它工作了一会儿，可以通过点击 Scratch 菜单栏上的“文件”按钮并选择“新建项目”，来创建一个新的 Scratch 应用程序项目。作为响应，这会在项目编辑器中打开一个新的项目，如图 4.4 所示。

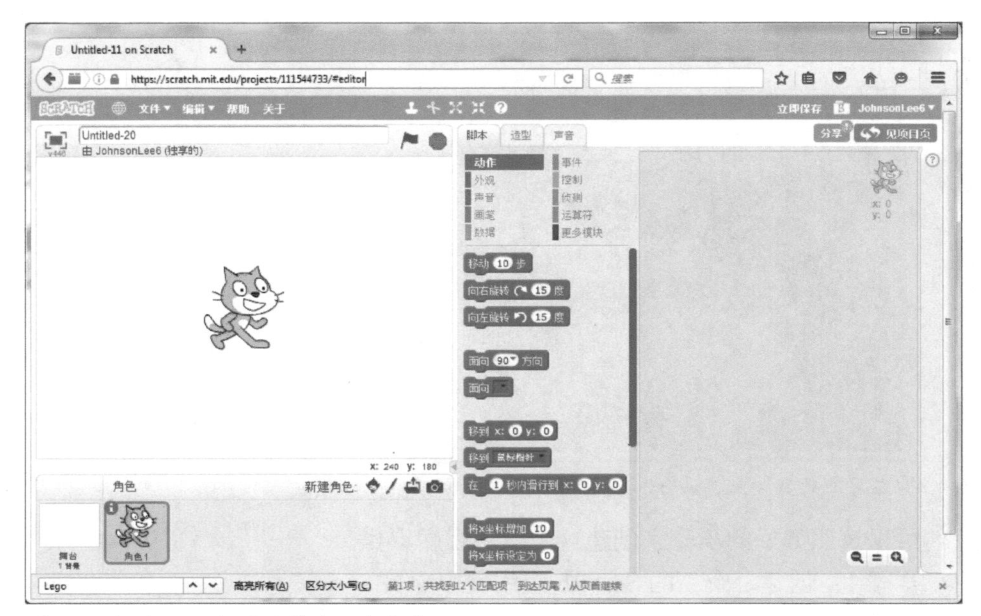

图 4.4　新的 Scratch 项目带有一个角色

新的 Scratch 项目带有一个角色和两个造型，它们表示一只小猫。可以选择将这个角色加入到你的应用程序中，或者删除它。

4.2.2　步骤 2：给舞台添加一个背景

现在，新的 Scratch 应用程序项目已经创建了，是时候开始干活了。让我们向舞台添加一个合适的背景，以设置应用程序的气氛。背景是和舞台关联的，因此，要给应用程序添加背景，必须点击位于角色列表中的空白的舞台缩略图。一旦选中了，舞台的缩略图会以蓝色边框突出显示，如图 4.5 所示。

图 4.5　在角色列表中，选中的缩略图以蓝色边框突出显示

一旦选择了舞台缩略图，可以通过在位于脚本区域顶部的“背景”标签页上点击，以修改其背景。当这么做的时候，当前分配的舞台背景会显示出来，如图 4.6 所示。

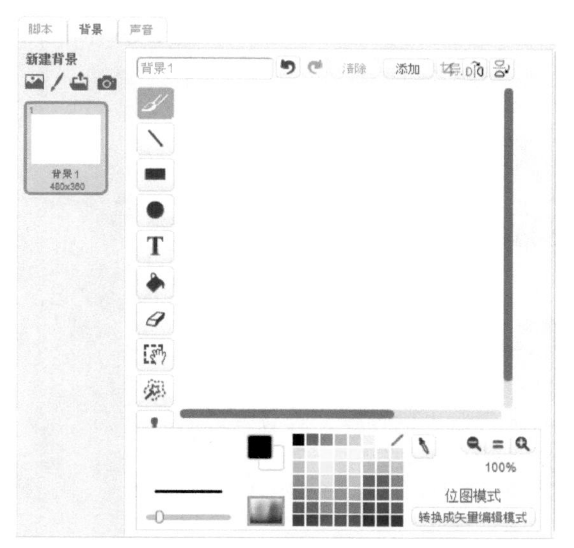

图 4.6　“背景”标签页允许创建、导入、编辑和重命名背景

要使用更有趣一些的内容来替换当前分配的空白背景，在“从背景库中选择背景”图标上点击。这会打开“背景库”窗口。一旦打开了该窗口，在位于窗口左边的“室内”链接上点击，选择“chalkboard”缩略图，如图 4.7 所示，并且点击“确定”按钮。

图 4.7　将一个新的背景导入到 Scratch 应用程序项目中

一旦导入，新的背景就会添加到应用程序的背景文件的当前列表中，如图 4.8 所示，新的背景缩略图会自动分配到一个名称和一个编号。

图 4.8　Scratch 应用程序可以有任意多个背景，并且能够在执行过程中切换背景

由于应用程序只需要一个背景，可以从项目中删除名为“backdrop1”的默认的空白背景，选中其缩略图，并且点击缩略图右上角的小的删除图标（X）就可以了。

提示　删除 Scratch 项目不再需要的那些背景、造型和声音文件，这会减小 Scratch 应用程序的规模。站点对于项目的大小，有 50MB 的限制。图形文件和声音文件往往会相对较大，因此，删除不需要的任何内容会显著地压缩应用程序的大小。

4.2.3　步骤 3：添加并删除角色

开发这个 Scratch 项目的下一个步骤是，向项目中添加表示 Wiggly 先生的角色，并且删除应用程序所不需要的小猫角色。要添加表示 Wiggly 先生的角色，点击“从角色库中选取角色”图标，如图 4.9 所示。新建角色的图标的集合位于角色列表的右上角，而“从角色库中选取角色”图标位于该图标集合的最左边。

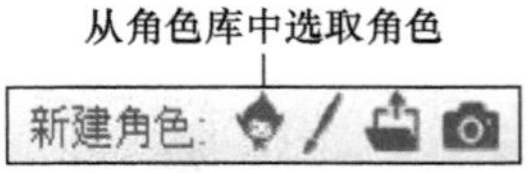

从角色库中选取角色

新建角色:

图 4.9　点击“从角色库中选取角色”图标以访问已经准备好的角色的集合

Scratch 提供了各种可供使用的角色，分为如下 6 类：

- 动物
- 奇幻
- 字母

- 人物
- 物品
- 运输工具

我们想要用来表示 Wiggly 先生的角色属于“动物”分类之中。打开“动物”集合，然后向下滚动，直到找到“Monkey2”角色，如图 4.10 所示。

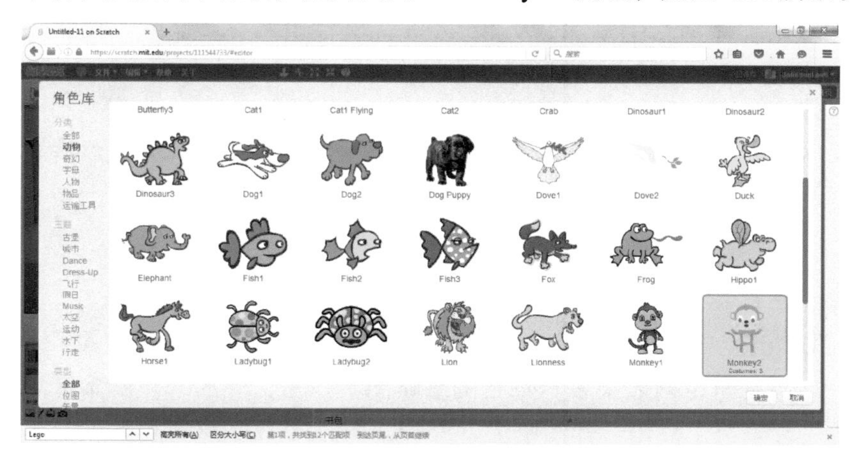

图 4.10　选择将要用来表示 Wiggly 先生的角色

点击“Monkey2”来选中它，然后点击“确定”按钮。“角色库”窗口关闭，并且新的角色会添加到舞台中央，如图 4.11 所示。

图 4.11　一个缩略图表示该角色已经添加到了角色列表中

当和舞台的背景形成对比的时候，Wiggly 先生的默认位置在舞台的中央，这使得它看上去好像是漂浮在空中。为了让内容更加符合视觉效果，将 Wiggly 先生在舞台上向下拖动大概 2.5 厘米的位置，以使其看上去好像是站在地板上。

由于这个应用程序并不需要默认的小猫角色，因此，继续进行并且将小猫角色从应用程序项目中删除，从 Scratch 工具栏中选择“删除”按钮，并且在角色列表中的小猫的缩略图上点击。

提示 可以按下 Shift 键，然后在角色列表中的小猫缩略图上点击，然后从所显示的弹出式菜单中选择“删除”来删除小猫角色。

4.2.4 步骤 4：添加音乐

现在，我们已经准备好了应用程序所需的角色，是时候导入声音文件了。要做到这一点，在角色列表中表示舞台的缩略图上点击，然后，在脚本区域中的“声音”标签页上点击。作为响应，Scratch 显示了属于该舞台的所有声音文件。默认情况下，Scratch 应用程序中的舞台和每个角色都分配了一个名为“pop”的声音文件，如图 4.12 所示。

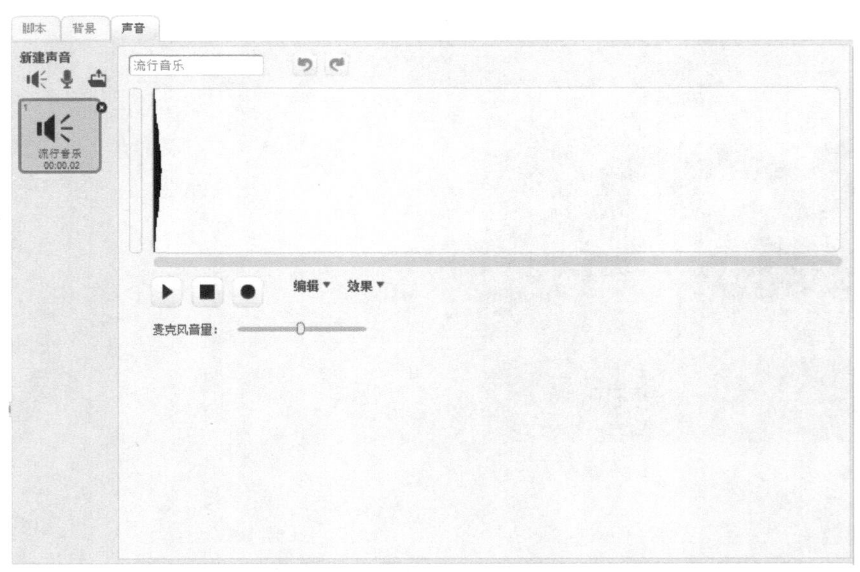

图 4.12　Scratch 提供的舞台和所有角色都带有一个相同的声音文件

Scratch 提供了各种可用的、预先录制的声音文件。Wiggly 先生将要用来跳舞的声音文件的名字是“eggs”。要将这个文件添加到角色，点击声音编辑器左上方的“从声音库选取声音”图标。作为响应，Scratch 会显示“声音库”窗口。这个窗口默认包含了 9 种不同的声音分类，Scratch 使用这些分类来存储音频文件：

- 动物
- 效果
- 电子声
- 人声
- 乐器
- 循环音乐
- Musical Note
- 打击乐器
- 声乐

通过点击“循环音乐”链接进入到“循环音乐”文件夹。找到“eggs”文件并点击它，如图 4.13 所示。如果愿意的话，你可以在“声音”图标右边的“播放”按钮上点击，听一听“eggs”文件的内容。

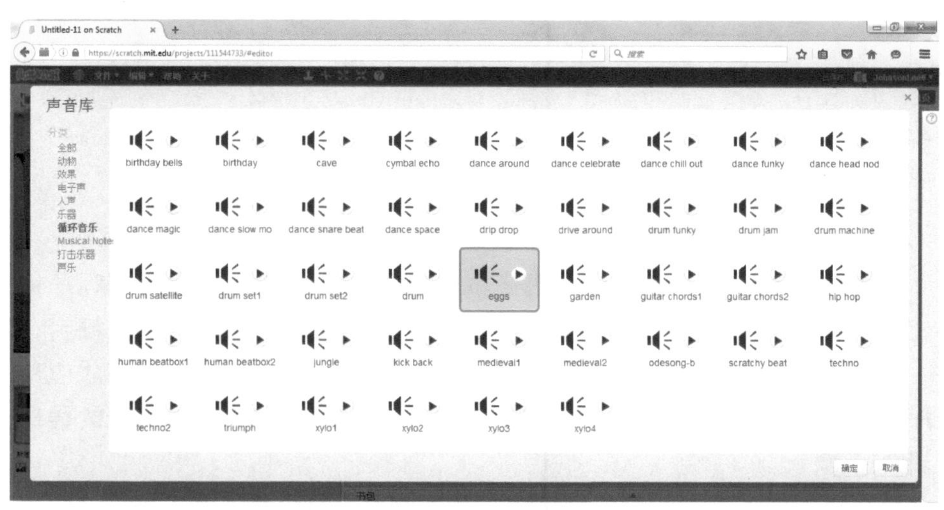

图 4.13　将一个声音文件导入到 Scratch 应用程序项目中

点击“确定”按钮以便将声音文件导入到应用程序项目中，如图 4.14 所示。注意，对于每个声音文件，都会显示一些信息片段。可以看到文件的名称，以及播放该文件所需的时间长度。还可以看到当前选择的声音的一个图形化的表示。注意，“eggs”声音文件需要15.25秒才能播放完。在稍后编写这一声音文件的播放程序的时候，你需要用到这一信息。

该应用程序并不需要默认的“pop”声音文件，因此，可以删除它，只要选中该文件，然后点击“声音”缩略图右上角的小的“删除”图标就可以了。

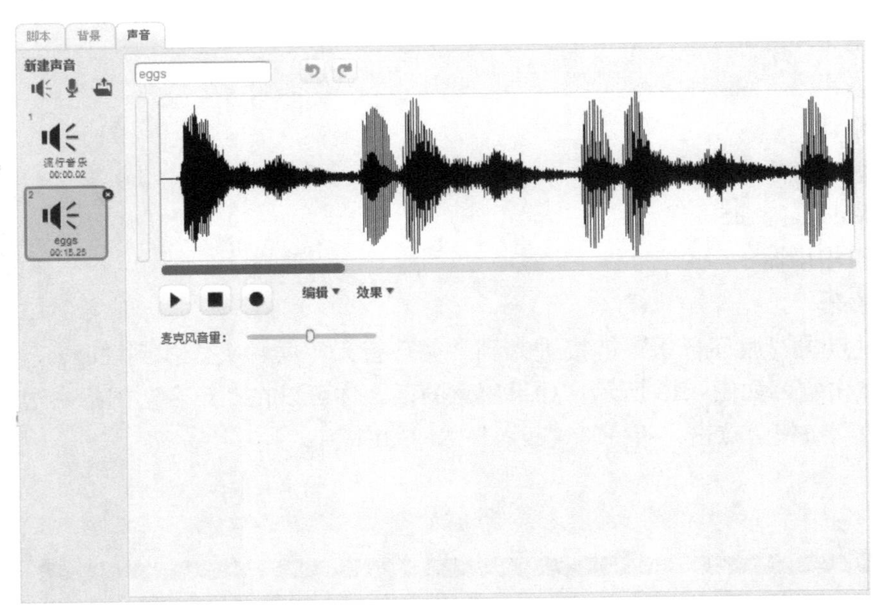

图 4.14　可以给角色添加任意多个声音文件

4.2.5　步骤 5：播放跳舞音乐

现在该把所有需要的程序代码逻辑组合起来，以使得新的应用程序能够工作了。总的来说，需要为这个项目创建两段脚本，一段用于舞台，另一段用于表示 Wiggly 先生的角色。属于舞台的脚本包括负责播放应用程序背景音乐的功能块。属于角色的脚本包含让 Wiggly 先生跳舞的程序逻辑。

首先点击位于程序编辑器顶部中央的“脚本”标签页。接下来，在角色列表中选择舞台的缩略图。这将允许你开始开发舞台的脚本。为了做到这一点，点击功能块列表上的“事件”分类，然后将“当绿色旗帜按钮被点击”功能块的一个实例拖放到脚本区域，如图 4.15 所示。无论何时，当点击绿色旗帜按钮的时候，这个启动功能块自动执行包含它的脚本。

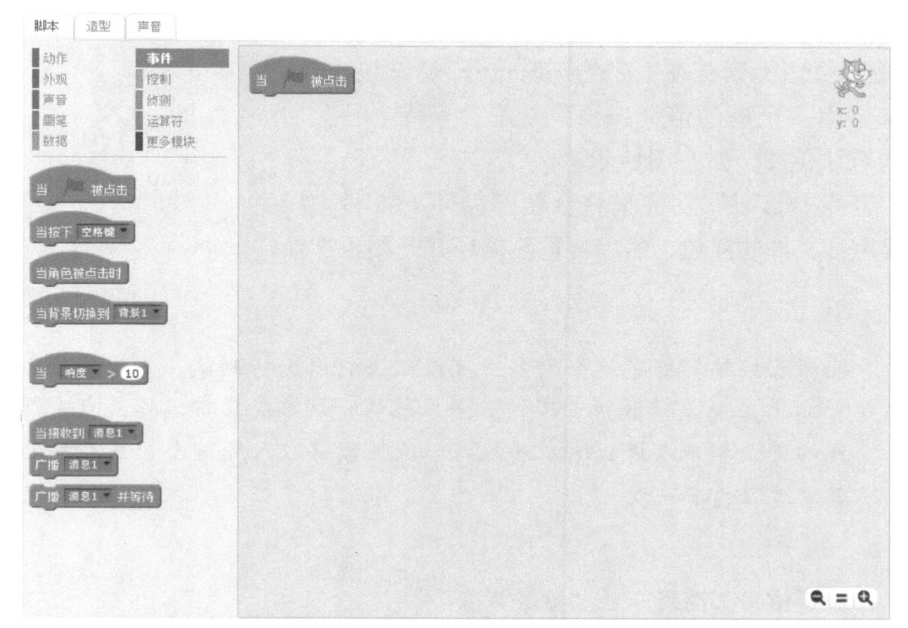

图 4.15　这个功能块用于当点击绿色旗帜按钮的时候自动执行脚本

由于假设只要应用程序运行，其背景音乐就会一次又一次重复地播放，我们需要设置一个循环来重复地播放该声音文件。要进行这一设置，在功能块列表中的“控制”分类上点击，并且将“重复执行”功能块的一个实例拖动到脚本区域，将其连接到“当绿色旗帜按钮被点击”功能块的底部，如右图所示。

现在，设置好了循环，在功能块列表上点击“声音”分类，然后将“播放声音”功能块的一个实例拖动到脚本区域，将其嵌入到“重复执行”功能块之中。注意，“播放声音”功能块已经配置为“播放 eggs 声音”文件了，因为这是当前分配给舞台的唯一的声音。此时，脚本应该如左图所示。

注意　Scratch 自动使用之前添加到舞台的所有声音文件的一个列表来填充“播放声音”功能块，这使得我们在使用声音功能块的时候，可以很容易地访问这些文件。

此时，只需要给脚本添加最后一个功能块就可以完成它了。要做到这一点，在功能块列表的“控制”分类上点击，然后将“等待 1 秒”功能块的一个实例拖放到脚本区域，将其插入到“重复执行”功能块之中，紧接在“播放声音 eggs”功能块之后。接下来，用一个新的值“15.2”覆盖“等待 1 秒”功能块的默认值 1，如右图所示。

“等待 15.2 秒”功能块将会暂停循环 15.2 秒，以便完成声音文件的播放，然后再重复循环并开始再次播放它。

注意 既然已经编写好了这个脚本，可以双击它以进行测试。作为响应，Scratch 会重复播放声音文件。一旦确认一切都能正常工作，点击红色的停止按钮来停止脚本的执行，以便能够进入到这个应用程序的开发过程的下一步。

注意 除了使用上图所示的“播放声音”和“等待 1 秒”功能块的组合来播放一个音频文件，也可以使用如右图所示的功能块，它所做的事情和这两个功能块相同。

4.2.6 步骤 6：让 Wiggly 先生跳舞

现在，我们已经完成了舞台脚本的工作，该来编写脚本让 Wiggly 先生跳舞了。要做到这一点，点击表示 Wiggly 先生的角色的缩略图（在角色区域）。作为响应，Scratch 会清理好脚本区域，以便能够开始为该角色编写脚本。

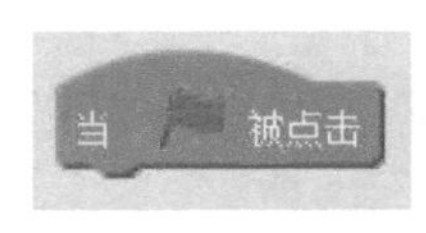

开发的第一步是在功能块列表中点击“事件”分类，然后拖动“当绿色旗帜按钮被点击”功能块的一个实例到脚本区域，如左图所示。

无论何时，当点击绿色旗帜按钮的时候，包含这个启动功能块的脚本都将会自动执行。

在这个应用程序中，假设 Wiggly 先生一次又一次不停地跳舞（直到用户停止运行该应用程序）。要进行这一设置，将“重复执行”功能块的一个实例拖放到脚本区域，并且将它连接到“当绿色旗帜按钮被点击”功能块的底部，如右图所示。

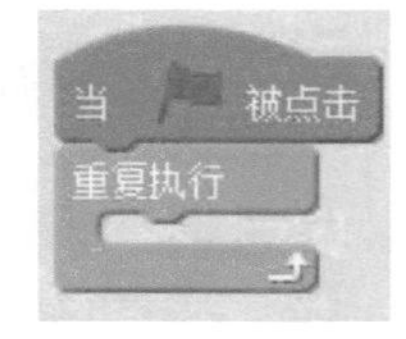

接下来，添加一对功能块，将 Wiggly 先生向右移动 25 步，然后暂停 2 秒。将“移动 25 步”和“等待 2 秒”功能块拖放到脚本区域，将其嵌入到“重复执行”功能块中，如下图所示。

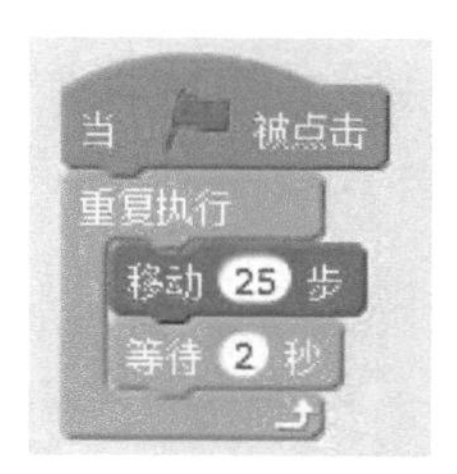

注意，默认情况下，“移动 25 步”功能块的值设置为 10。需要用 25 来替代它。还应该把“等待 2 秒”的默认值 1 修改为 2。接下来，需要添加一系列的“移动 25 步”和“等待 2 秒”功能块，当执行它们的时候，会将 Wiggly 先生向右移动 2 次，每次移动 25 步，然后向左移动 4 次每次移动 25 步，然后在向右移动 2 次，每次移动 25 步。这通过添加和配置 8 组功能块来完成，如下图所示。

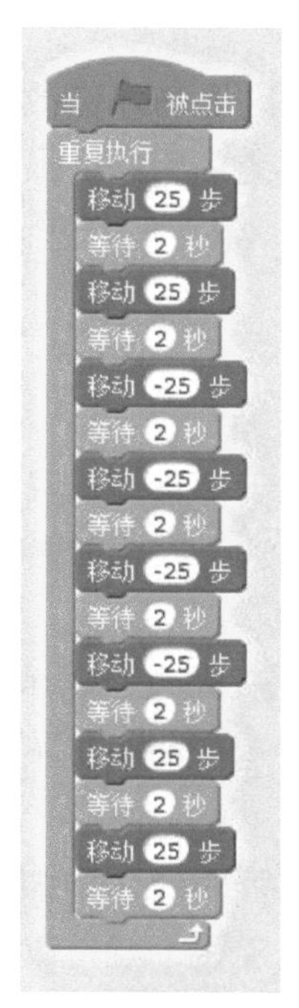

要完成这段脚本的开发，需要添加两个“外观”功能块，如下图所示。

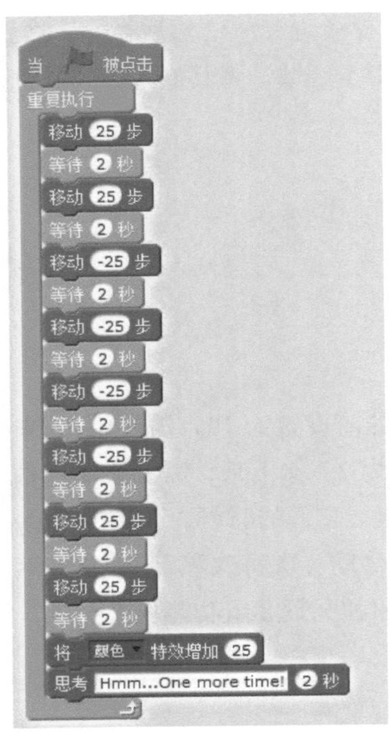

“将颜色特效增加 25” 功能块负责在每次循环完成其迭代的时候修改 Wiggly 先生的颜色，以模拟 Wiggly 先生跳舞的时候所表现出害羞的情绪。最后，“思考 Hmm…One more time! 2 秒”功能块在对话气泡中显示一条文本消息，表示 Wiggly 先生思考后决定继续跳舞。

4.2.7 步骤 7：测试新项目的运行

此时，“Wiggly 先生的舞蹈” 应用程序已经完成了。在位于项目编辑器左上边的文本字段中点击，并且输入 Mr. Wiggly's Dance 作为这个新项目的名称。

本书之前的版本会提醒你此时要保存自己的工作。然而，Scratch 2.0 现在是在 Web 浏览器中运行的，而不是作为桌面上的独立应用程序运行的，你不需要操心保存自己的项目。Scratch 2.0 会自动为你保存。

继续前进，运行新项目并看看它是如何工作的。由于应用程序的两个脚本都配置为当绿色旗帜按钮按下的时候运行，你只需要点击该按钮，就可以坐在那里观看害羞的 Wiggly 在舞台上跳舞来逗你开心了。

第5章 移动物体

本章是本书第一个教你如何使用 Scratch 编程语言的功能块的一章。本章专注于介绍如何使用动作功能块。使用这个功能块，可以创建 Scratch 应用程序以在舞台上移动角色、旋转角色、将角色朝向不同的方向、改变角色的位置、检测角色和舞台边缘的碰撞，以及报告角色的方向和坐标。本章还介绍了 Scratch 卡片，这是学习如何执行不同类型的任务的一种方法。我们还学习了如何创建一个新的虚拟鱼缸应用程序。

本章主要包括以下内容：

- 移动和旋转角色；
- 改变角色的方向和位置；
- 改变角色的位置，并且检测其与舞台边缘的碰撞；
- 获取并报告角色的坐标和方向。

5.1　使用移动代码功能块

要在 Scratch 应用程序执行的时候在舞台上移动角色，需要学习如何使用移动代码功能块。正如前面所介绍的，动作功能块控制角色的放置、方向、旋转和移动。Scratch 一共提供了 17 种不同的动作功能块，可以通过点击功能块列表顶部的“动作”分类，然后将动作功能块拖放到脚本区域，在那里配置它们并且在创建的脚本中使用它们。

如果更进一步看看各种动作功能块，你会注意到 Scratch 将它们分为 6 个子分类，其中的每一个分类都在功能块列表中用一个空白区域隔开。这些子分类包括：

- 移动和旋转角色的动作功能块；
- 将角色指向不同方向或朝向不同物体的动作功能块；
- 修改角色的位置并控制角色是跳动到还是滑动到新的位置的动作功能块；
- 通过设置和修改角色的 X 轴和 Y 轴的坐标值来修改角色位置的动作功能块；
- 控制角色碰到舞台边缘时候的移动，并设置其旋转方式的动作功能块；
- 报告角色的位置和方向的动作功能块。

在本章剩下的内容中，我们给出了使用这些分类中的每一种动作功能块的例子。

5.2　移动和旋转角色

Scratch 2.0 提供了 3 种可用的动作功能块来移动角色并沿着其轴旋转。这些代码功能块如图 5.1 所示。

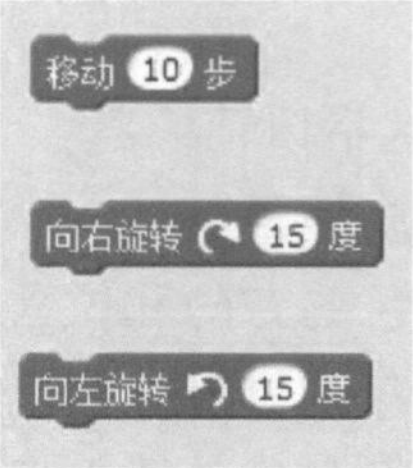

这些功能块中的第一个允许你指定角色应该在舞台上移动的步数（沿着角色当前朝向的方向）。默认情况下，这个代码功能块指定了一个值为 10。然而，你可以根据自己的需要修改这个值。甚至可以输入一个负值，从而让角色朝着它所朝向的方向相反的方向移动。

图 5.1　这些控制功能块设置来使你能够控制角色的相对移动和旋转

此外，当指定一个值的时候，可以将想要的任何基于数值的侦测功能块拖放到功能块的输入字段中。接下来的两个代码功能块提供了沿着角色的轴顺时针和逆时针旋转角色的功能，旋转的方向通过功能块上显示的箭头的方向来表明。

如下的示例脚本展示了如何使用前两个功能块以顺时针方向在舞台上移动角色。

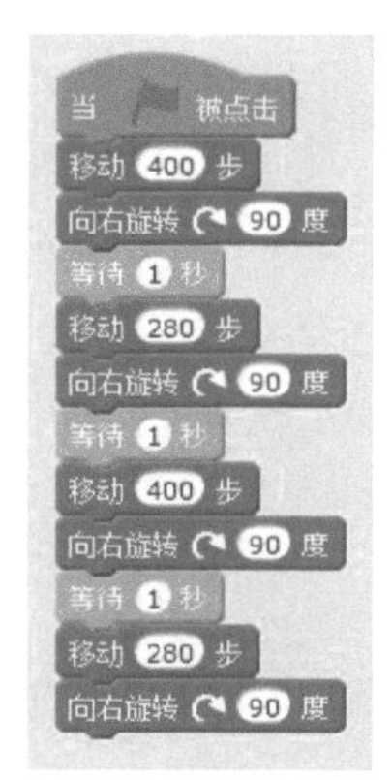

当点击绿色旗帜按钮的时候，就会执行这段脚本。一旦开始执行，脚本就会以 1 ～ 2 秒的时间间隔来执行 4 对动作功能块。这个应用程序默认的小猫角色，是作为每个新的 Scratch 项目的一部分自动提供的。要创建并测试自己的应用程序副本，创建一个新的 Scratch 应用程序，在小猫角色的缩略图上点击，并将其拖放到舞台的左上角。接下来，点击"造型"标签页，然后点击绘制画布中央的小猫的图像。在造型的周围，出现了一个包围的方框。在方块的右下角点击，按下鼠标的左按键，并且向上拖放鼠标，将造型的大小缩小 50%，然后再释放鼠标按键。舞台上的角色的大小也相应地改变。点击"设置造型中心"按钮，然后，在绘图画布中的造型的中心位置点击，由此确保角色的旋转中心保持在其图像的中心。

脚本中的第一个移动功能块，会将角色移动 400 步。由于小猫默认地朝向 90 度的方向（向右），这会将角色从舞台的左上角向舞台的右上角移动。脚本中的第二个功能块，将角色向右旋转 90 度。接下来的两对功能块，将角色向右下角移动并且将其再旋转 90 度。第三对功能块将角色向舞台的左下角移动并再次旋转。最后，最后一对功能块将角色移动回舞台的左上角，并且将其再旋转 90 度，将角色放置到起始位置。

注意 Scratch 提供的所有角色都有一个预定义的旋转轴。使用 Scratch 的绘图编辑器编辑角色，然后使用该程序的"设置造型中心"按钮来指定一个新的旋转轴，由此可以为这些角色修改旋转轴，并且为创建或导入到 Scratch 中的新角色来设置旋转点。

角色的旋转还会受到所选择的 3 个旋转图标之一的影响，当查看角色属性的时候，可以看到这些图标。要查看这些属性，从角色列表中选择角色，然后点击出现在角色缩略图的左上角的蓝色图标。一旦显示了角色属性，可以查看并修改角色的旋转设置。默认情况下，将会看到角色配置为：当角色的朝向方向修改的时候，它会允许总共旋转 360 度。结果，当脚本将角色的旋转修改 90 度的时候，小猫也会旋转。

图 5.2 展示了小猫沿着顺时针的方向出现在舞台的各个角落。

图 5.2　小猫在每一次移动之后，方向立即改变 90 度，为下一次移动做好准备

如果你愿意，可以修改脚本，将角色沿着逆时针的方向在舞台上移动，如下所示。

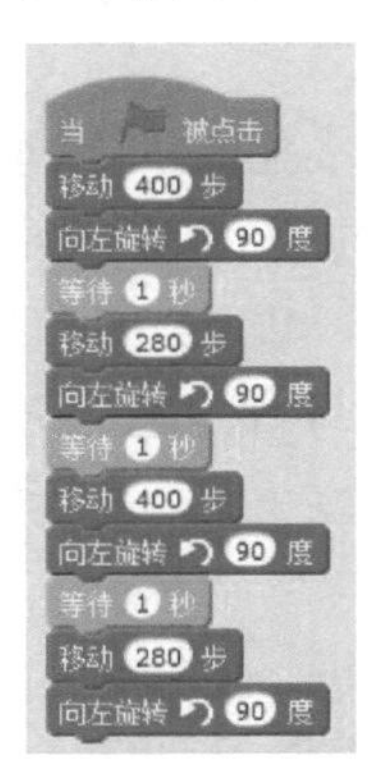

在测试这个项目的执行之前，将角色从舞台的左上角拖动到右上角。然后，点击绿色旗帜图标，并且看看小猫在舞台上以相反的方式移动的样子。

5.3　设置角色方向

Scratch 提供了两个改变角色朝向的功能块，一个用来控制角色朝向指定的方向，另外一个用来控制角色朝向鼠标或指定的角色。这两个功能块如图 5.3 所示。

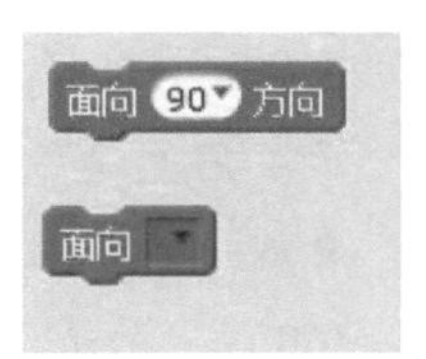

图 5.3　可以使用这些代码功能块让一个角色朝向一个特定的方向或对象

第一个功能块可以控制角色朝向指定的方向，用一个数值来表示角色应该转向的角度。可以从该功能块的下拉列表选择 0= 向上、90= 向

右、-90= 向左和 180= 向下中的一个值，或者，可以输入 0 到 360 之间的一个整数值。例如，下面的脚本展示了如何将角色一共旋转 360 度，每次旋转 90 度，旋转之间间隔 1 秒。

这个例子使用了默认的小猫角色。图 5.4 所示就是程序执行时角色朝着 4 个方向旋转的例子。注意，要运行此程序，角色必须设置为允许360度旋转的“任意”模式。

图 5.3 所示的第二个移动功能块，允许我们将角色朝向鼠标指针或另一个角色，如下面的脚本所示。

图 5.4　代码功能块能够将角色指向 4 个可能的方向的一个示例

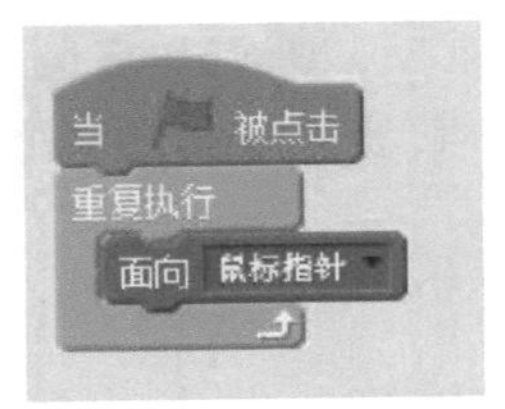

在这个例子中，角色不断地调整位置，以便能够指向鼠标指针。因此，无论何时，只要鼠标指针在舞台上移动，小猫的图像就会跟着动，如图 5.5 所示。

图 5.5 小猫进行必要的旋转以不断地朝向鼠标指针

注意 为了能够使图 5.5 中的角色不断地改变方向，需要将动作功能块嵌入到设置了循环的一个控制功能块中。必须重复地执行该动作功能块，才能使得小猫在每次鼠标指针移动的时候都做出反应。

5.4 重定位角色

Scratch 提供了 3 个能够移动角色到指定位置的功能块。第 1 个功能块可以将角色移动到舞台的指定坐标上，第 2 个功能块可以将角色移动到鼠标指针的当前位置或另一个角色的位置，第 3 个功能块可以令角色在指定的秒数内移动到指定坐标。这些代码功能块如图 5.6 所示。

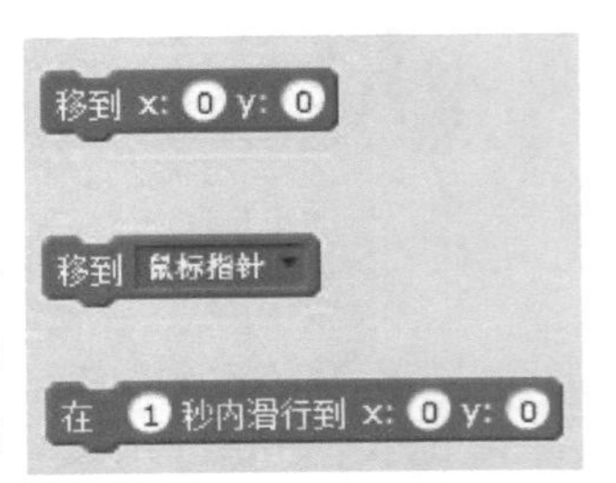

图 5.6 可以使用这些代码功能块将一个角色移动到指定的位置

这 3 个功能块中的第一个功能块，允许将一个角色移动到 X 轴坐标和 Y 轴坐标所指定的舞台上的任何位置上。例如，如下的脚本展示了如何将角色移动到舞台的中央，使其朝向 90 度的方向。在街机类的游戏中，当玩家的飞船和另一个物体发生碰撞并被销毁时，需要在游戏区域的中心放置一个新的飞船实例，以开始新一轮的游戏，此时，这种移动角色的功能会很方便。

如下的脚本展示了如何将一个角色移动到鼠标指针当前所在的舞台位置。

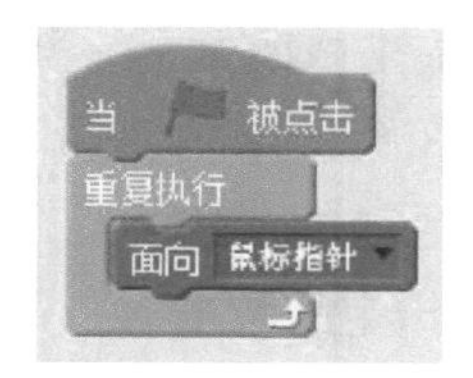

图 5.7 展示了当这段脚本运行的时候所产生的输出的例子。如果仔细地看一下，会看到在这 3 个示例的每一个之中，不管鼠标指针移动到哪里，小猫角色都保持直接移动到其下方。

图 5.7　角色自动地跟随鼠标指针在舞台上移动

下一段脚本展示了如何将角色移动到舞台上的一个指定的位置。这段脚本可以将角色以平滑运动的方式移动或滑动到其新位置，而不是直接让角色出现在指定的位置。

```
当 被点击
重复执行
  在 1 秒内滑行到 x: -200 y: 140
  等待 2 秒
  在 1 秒内滑行到 x: 200 y: -140
```

5.5 修改角色的坐标

Scratch 提供了 4 个功能块来修改角色在舞台上的位置，这 4 个功能块修改坐标的方式分为两类：要么直接给角色新的坐标，要么将角色的坐标增加或减少（要减少的话，就输入负数）指定的数值。这些代码功能块如图 5.8 所示。

图 5.8 这些代码功能块提供了通过修改角色的坐标来改变角色位置的功能

下面的脚本演示了如何在舞台上分 8 步来移动角色。脚本最开始的时候，将角色向舞台的左边缘移动，然后，使用一个循环，每次将角色的 X 轴坐标增加 50 并将角色的 Y 轴坐标减少 10。结果，角色重复地调整位置，并斜穿过舞台（在 8 秒的时间内，沿着向下的对角线穿过）。

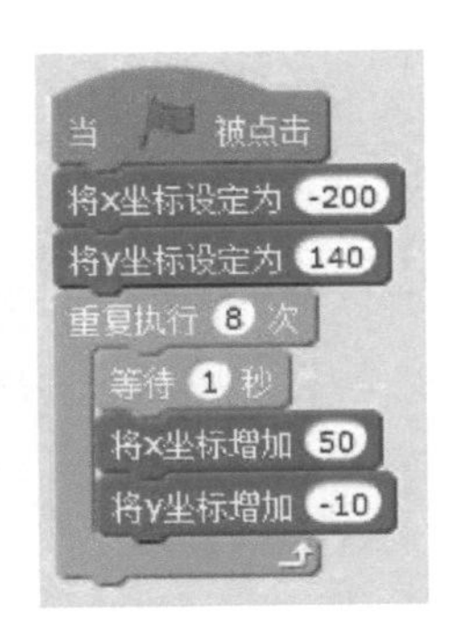

5.6 在舞台上弹回角色并控制旋转角度

当角色在舞台内移动时，很可能会接触到舞台的某个边缘。使用下面的功能块，可以让角色在碰到舞台边缘后反弹。

下面的脚本演示了如何使用这一功能块让角色在舞台上弹跳。

碰到边缘就反弹

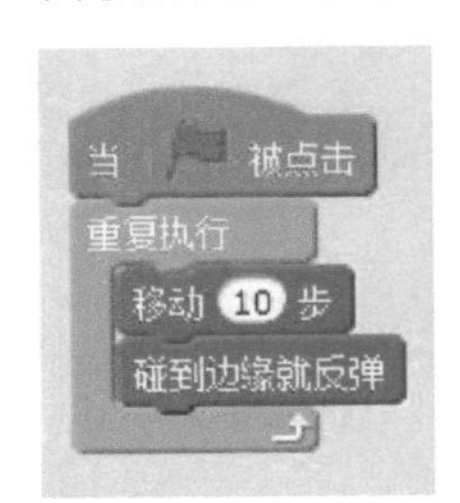

当角色一旦碰到舞台的边缘，就将角色的方向改为与其当前移动相反的方向。如果在一个新的应用程序中给小猫角色添加这段脚本，就能看到小猫

在舞台上从一边走到另一边，直到你停止执行该应用程序。

当角色在舞台上移动的时候，你可能会发现自己想要控制角色在从舞台的边缘弹跳开的时候如何进行旋转。使用下面左图所示的移动功能块，就可以让 Scratch 左—右翻转角色、上—下翻转角色或者不旋转角色。

如下的示例展示如何将角色限定为在和舞台边缘接触的时候从左向右地翻转。

将旋转模式设定为 左-右翻转

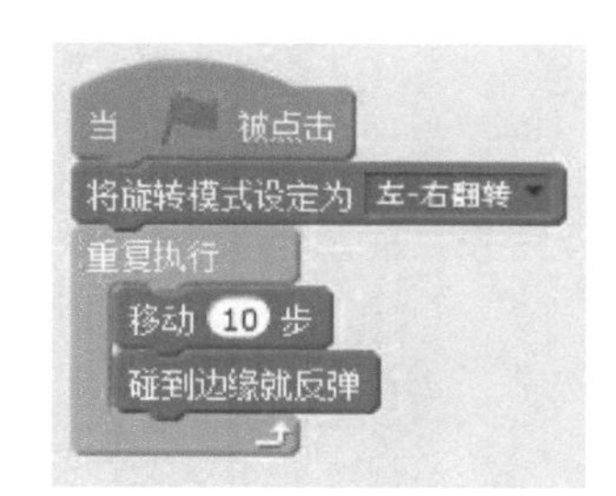

5.7 记录角色的坐标和方向

Scratch 提供了 3 个动作（侦测）功能块，用来获得并显示和角色的 X 轴坐标、Y 轴坐标和以及方向相关的信息。这些功能块如图 5.9 所示。

图 5.9 这些功能块可以获取并显示角色的坐标和方向

注意 Scratch 的舞台坐标系统允许的 X 轴坐标范围是 -240 至 240，Y 轴坐标的范围是 -180 至 180。

为了通过一个示例来了解这 3 个功能块如何工作，我们首先创建一个新的作品，然后为默认的小猫角色添加如下脚本：

当执行这段脚本的时候，小猫角色跟随鼠标指针移动并在接触到舞台边缘后改变朝向。添加完脚本后，在功能块列表中，单击每个侦测功能块左侧的复选框，选中这些侦测功能块。一旦完成此操作，这 3 个侦测功能块就应该在舞台上可见了，如图 5.10 所示。

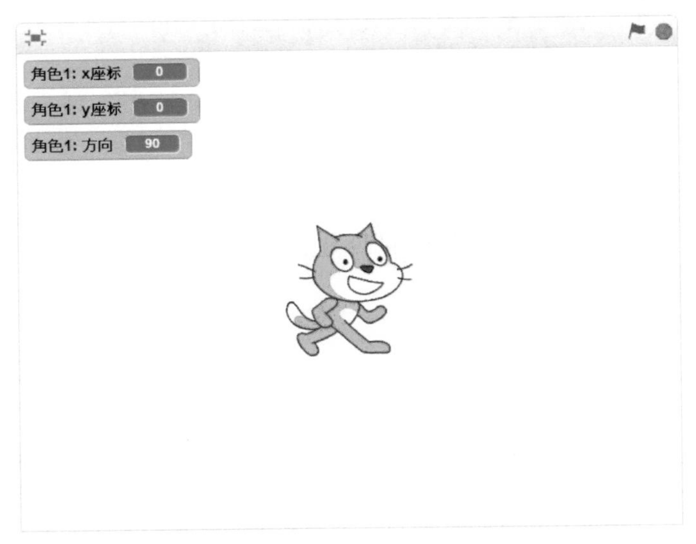

图 5.10　显示角色的坐标和方向

设定好应用程序的监视器后，运行该应用脚本，然后移动鼠标并观察监视器的数值变化。

5.8　Scratch 卡片

Scratch 卡片是可供 Scratch 程序员使用的一种资源。Scratch 卡片都是 PDF 文件，可以打印、剪切、组合，然后将其用做执行某些任务的一个快速参考。可以从 http://scratch.mit.edu/help/cards/ 的免费下载 Scratch 卡片，如图 5.11 所示。

每张卡片的封面表明了这张卡片的类型，即它是设计来展示完成何种任务的，卡片封底则给出了完成任务的详细说明。在编写本书的时候，网站上有十多张卡片可用。每一张 Scratch 卡片的 PDF 文件都有一个有意义的名字，表明了该卡片要教授你完成的任务。可用的 Scratch 卡片包括：

- Change Color
- Move to a Beat
- Key Moves
- Say Something

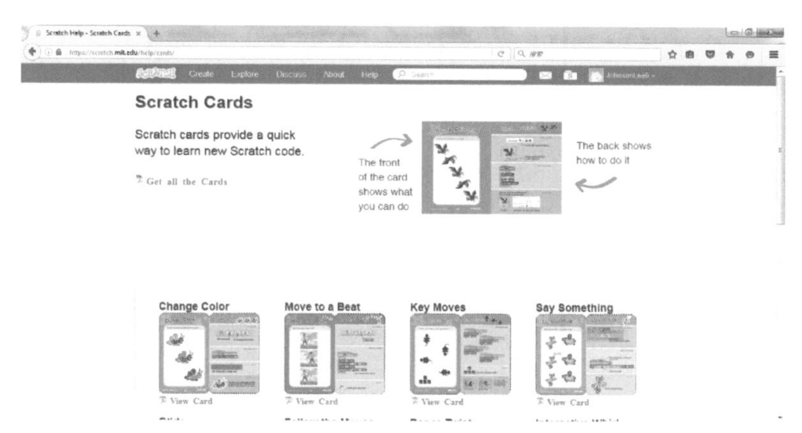

图 5.11　Scratch 卡片提供了执行特定类型的任务的快速参考

- Glide
- Follow the Mouse
- Dance Twist
- Interactive Whirl
- Animate It
- Moving Animation
- Surprise Button
- Keep Score

图 5.12 展示了 Key Moves 卡片的外观。可以看到，这个 Scratch 卡片的左边展示了角色的移动，右边显示了在给出的 4 个方向上移动角色所需的功能块的示例。此外，每张 Scratch 卡片都包含一个额外的提示，可以帮助你更进一步扩展所要执行的任务。

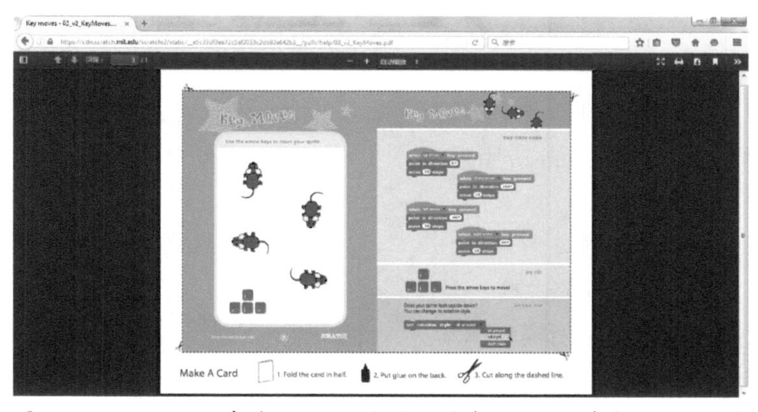

图 5.12　Key Moves 卡片说明了如何使用键盘的方向键在舞台上移动角色

注意 有5张Scratch卡片提供了关于在舞台上移动角色的信息。这些Scratch卡片简单介绍如下：

- Key Moves。说明如何使用键盘按键在舞台上移动角色。
- Move to a Beat。说明如何创建一个动画的跳舞序列，让角色随着鼓点移动。
- Moving Animation。说明如何使用一系列交替的造型来产生角色移动的动画。
- Glide。说明如何将一个角色从一个位置平滑地移动到另一个位置。
- Follow the Mouse。说明如何编写脚本让角色跟随鼠标指针在舞台上移动。

5.9 创建一个Scratch虚拟鱼缸

在本章后续的内容中，我们将介绍如何创建一个虚拟的Scratch鱼缸。在这个Scratch应用程序中，有5个角色：4条色彩斑斓的小鱼和一只章鱼，它们代表了各种水底生物，将在漂亮的虚拟鱼缸里游来游去，而鱼缸也有着漂亮的背景，如图5.13所示。

图5.13 虚拟鱼缸应用程序的运行示例

制作虚拟鱼缸需要按照以下7个步骤来完成：

步骤1：创建一个新的Scratch应用程序；

步骤2：添加舞台背景；

步骤3：从项目中添加并删除角色；

步骤4：给应用程序添加声音文件；

步骤5：编写播放背景音乐所需的脚本；

步骤6：编写让小鱼游泳的所需的脚本；

步骤7：保存并运行。

5.9.1　步骤 1：创建一个新的 Scratch 应用程序

首先，在 Web 浏览器中启动 Scratch 项目编辑器，然后，点击 Create 以创建一个新的 Scratch 应用程序项目。或者，如果你已经启动了 Scratch，可以点击“文件”菜单，然后选择“新建项目”命令。

5.9.2　步骤 2：添加舞台背景

当创建了新的应用程序项目之后，首先为应用程序挑选一个合适的背景，以营造出鱼缸的氛围。要进行这一设置，点击角色区域表示舞台的空白缩略图，然后点击脚本区域顶端的“背景”标签页。接下来单击“从背景库中选择背景”图标，此时会打开“背景库”窗口。双击“户外”文件夹，向下拖动滚动条并选择“underwater3”文件，最后单击“确定”按钮。一旦添加了新背景，还要删除原有的空白背景。

5.9.3　步骤 3：添加、删除角色

接下来将要为虚拟鱼缸应用程序添加几个不同的角色，以表示不同的海底生物。在此之前，先要删除不再需要的小猫角色。按住 Shift 键并用鼠标左键单击小猫角色，然后在弹出菜单中选择“删除”。

我们一共需要添加 5 个新的角色。要添加第一个角色，首先从角色区域右上角的“从角色库中选取角色”按钮。这会打开“角色库”窗口。选择“动物”分类，向下拖动滚动条选择“starfish”文件，然后单击“确定”按钮。接下来，在角色区域单击其缩略图，然后将角色的名字改为“violet”。

按照上面所述的相同的步骤，把如下角色列表中的角色依次添加到应用程序项目中，按照表 5.1 重新命名角色。

表 5.1　鱼缸项目中用到的其他角色

角色文件名	角色在应用程序中的名称
fish1	Purple
fish2	Yellow
fish3	Spotted
octopus	Squid

添加全部 5 个角色后，将这 5 个角色放置到舞台上的随机位置。接下来，每次选择一个角色，然后在其“i”图标上点击，以访问角色的属性并改变每个角色的方向。在这里，拖动表示角色朝向的小圆圈上的蓝色线段，来改变

角色的方向。将每一个角色的“旋转模式”设置为“左—右翻转”。

提示　为了让虚拟鱼缸项目更有趣，对鱼和章鱼进行设置，以便它们中的每一个都按照不同的方向和角度游动。

最后，从项目中删除默认的角色（如果还没有这么做的话）。毕竟，鱼缸不是小猫呆的地方。

5.9.4　步骤 4：给舞台添加合适的声音文件

在添加舞台背景和角色后，接下来要为项目添加声音文件，以便给虚拟鱼缸一种真实感。具体来说，我们要添加了一个发出水泡声音的文件。要实现这一目的，首先单击角色区域的舞台的缩略图，然后单击脚本区域顶端的“声音”标签页。接着单击“从声音库中选取声音”按钮，在打开的“声音库”窗口中双击“效果”文件夹，在选择“bubble”文件后单击“确定”按钮。

提示　为了尽可能减少应用程序的大小，删除不再需要的“pop”声音文件。

5.9.5　步骤 5：播放声音文件

接下来需要添加程序逻辑以便让应用程序运行。我们一共需要给项目添加 6 段脚本：1 段舞台的脚本，5 个角色各有 1 段脚本。

添加到舞台的脚本负责播放背景音效以增加虚拟鱼缸的真实感。要编写该脚本，首先单击角色列表中舞台的缩略图，然后选择脚本区域顶端的“脚本”标签页，接下来添加并配置功能块，如右图所示。

这段脚本包含了一个启动功能块，任何时候，当用户单击绿色旗帜按钮，就会执行该功能块。当发生这种情况的时候，该脚本重复执行循环功能块中所嵌入的两个功能块。第一个功能块是声音功能块，播放我们之前添加到舞台中的声音文件。第二个功能块暂停脚本 4 秒，以便在下次循环执行之前播放完声音文件。

5.9.6　步骤 6：实现小鱼游泳动画

在完成播放背景音效的脚本后，接下来需要编写脚本让每个角色在鱼缸里游动。为了做到这一点，需要为每个角色添加一小段脚本，以提供控制该角色在鱼缸中的游动所需的程序逻辑。

编写海星的游动脚本

首先让名为 violet 小鱼自动游动。点击该角色的缩略图，然后为其编写如右图所示的脚本。

当用户点击绿色旗帜按钮后，这段脚本会自动执行。它包含了一个控制功能块，设置了一个循环，重复执行嵌入到其中的两个动作功能块。第一个动作功能块让角色在每次循环的时候沿着角色的方向移动一步。第二个功能块让角色在碰到舞台边缘后将角色的朝向改变为相反的方向。结果，小鱼看上去在鱼缸中从一端游到另一端，并且，如果你在步骤 3 中改变了小鱼的朝向，它也可能在鱼缸中上下游动。

小紫鱼的游动脚本

接下来，我们编写脚本控制小紫鱼的游动。我们将采用一种快捷方法，而不是从头开始编写脚本。将属于 violet 小鱼（海星）的脚本，拖放到角色列表中表示小紫鱼的缩略图上。这会给小紫鱼添加当前脚本的一个副本，然后单击角色列表中小紫鱼的缩略图，就可以看到刚刚复制的脚本了。

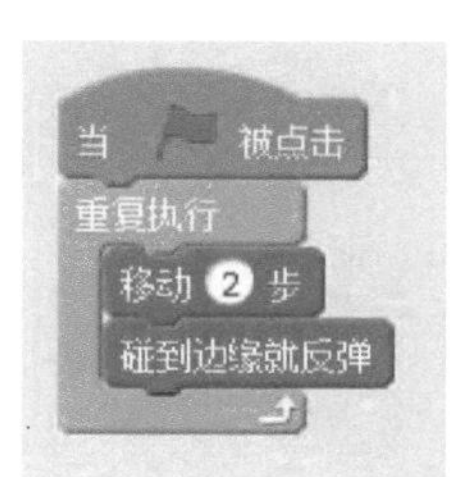

为了提高趣味性，修改第一个动作功能块的数值，将 1 改为 2，如左图所示。

除了小紫鱼游动的速度要比海星快，控制两条鱼游动的程序逻辑是完全一样的。实际上，剩下的其他小鱼和章鱼的程序逻辑都是相同的，只不过不同的鱼游动的速度不一样。

小黄鱼的脚本

通过拖放，将小紫鱼的脚本复制给小黄鱼，然后将脚本修改为如下所示：

如上图所示，小黄鱼的游动速度和海星是相同的。

斑点鱼的脚本

再次通过拖放，将小黄鱼的脚本复制给斑点鱼，然后将脚本修改为如下所示：如下图左所示，该角色被设置为每次移动两步。

小章鱼的脚本

最后，通过拖动，将脚本复制给章鱼，然后将脚本修改为如下所示：

如上图右所示，小章鱼每次移动半步，它比其他的小鱼的游动速度都要慢。

5.9.7 步骤 7：执行新的 Scratch 项目

此时，虚拟鱼缸应用程序应该已经完成了，如图 5.14 所示。

图 5.14 完成后的应用程序包括一个背景、5 个角色和 6 段脚本

点击位于舞台顶部的文本字段，并且为这个新的 Scratch 项目起一个名字（如果还没有这么做的话）。你还可以点击“见项目页”按钮，从而为新的项目添加说明和备注。完成之后，开始运行这个新的项目。

因为所有脚本都配置为在单击绿色旗帜按钮后开始运行，你只需要点击绿色旗帜按钮，就可以欣赏虚拟鱼缸中游动的小鱼了。

第 6 章 感知角色的位置和控制环境设置

在创建众多的交互式计算机应用程序的时候，当某些事情发生的时候，需要具备检测的能力。例如，在赛车游戏中，能够检测两辆汽车（角色）何时彼此相撞是很重要的，还有一些游戏需要使用预定义的按键作为输入，来控制某些游戏功能，当按下这些按键的时候，你需要能够检测到。本章介绍如何使用各种侦测功能块，并教你如何制作一个新的 Scratch 2.0 应用程序：家庭影集。

本章包括以下主要内容：

- 如何获得鼠标指针的位置及鼠标按钮的状态；
- 监测键盘的按键何时按下；
- 判断角色是否与舞台上其他角色碰撞；
- 记录一个角色和其他的对象之间的距离，并且获取不同的角色属性；
- 使用计时器并检测麦克风输入的音量；
- 提示并收集用户输入；
- 收集并处理视频输入；
- 获取有关当前时间和用户名的信息。

6.1 使用侦测功能块

对于使用角色的图形化编程语言来说，监测某些事件的发生是一项重要的功能。例如，基于角色的应用程序通常需要监测角色与其他角色的碰撞以及用户按下某个按键。Scratch 2.0 提供了侦测功能块来实现这一类功能。

侦测功能块还能够获取鼠标指针坐标以及角色之间距离。侦测功能块是天蓝色的。Scratch 2.0 总共提供了 20 个不同的侦测功能块，单击功能块列表上方的“侦测”分组，可以看到这些功能块。

Scratch 2.0 将侦测功能块分为 8 个小类，其中的每一个分类，都通过功能块列表上的一小段空白区分开来。这些分类包括：

- 用于判断一个角色是否已经和鼠标指针、另一个角色或舞台边界发生接触，一个角色或颜色是否和另一个颜色发生接触，或者角色到鼠标指针或另一个角色距离多远的侦测功能块。
- 用于提示用户输入以及获取用户输入的侦测功能块。
- 用于判断指定的按键按下、鼠标按钮按下，以及获取鼠标的 X 坐标和 Y 坐标的侦测功能块。
- 报告计算机麦克风的音频输入音量大小的侦测功能块。
- 用于收集和处理计算机摄像头的输入的侦测功能块。
- 用于访问内建的计时器的侦测功能块，而计时器用来控制应用程序活动的时间。
- 用于获取舞台或一个特定的角色的一个属性值（X 坐标、Y 坐标、方向、造型 #、大小或音量）的侦测功能块。
- 用于获取当前时间、从 2000 年后过去的天数以及用户名称的侦测功能块。

在本章剩下的内容中，我们将给出示例，来展示如何使用上述的每一种功能块。

6.2 检测角色冲突和对象之间的距离

很多计算机游戏的一种关键的编程需求是，当一个角色与另一个角色、屏幕的边缘或者鼠标的指针发生碰撞，或者与其距离接近到某一个程度的时候，要能够进行判断。Scratch 2.0 提供了碰撞检测的能力，并且，可以使用图

6.1 所示的 4 个侦测功能块来判断距离。

可以使用图 6.1 所示的第一个功能块来判断角色是否接触到一个指定的角色、舞台的边缘或鼠标的指针。可以通过这个功能块的下拉列表，来查看它所能够检测的对象的列表。作为使用这个功能块的一个示例，我们来创建一个新的 Scratch 2.0 项目。删除默认的小猫角色，然后，点击位于角色列表右上角的“绘制新角色”图标。然后，创建一个新的角色，它只包括位于画布区域中央的一个点。

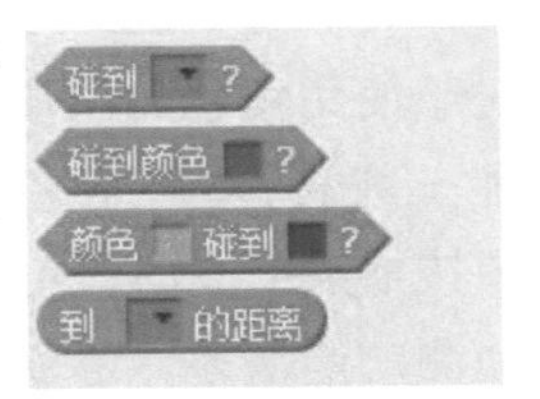

图 6.1　可以使用这些侦测功能块来检查碰撞并确定距离

提示　当绘制这个角色所需的点的时候，只需要在你所看到的显示于画布区域中央的十字标线上点击一次就可以了。

接下来，点击“脚本”标签页，然后，创建如下所示的脚本。

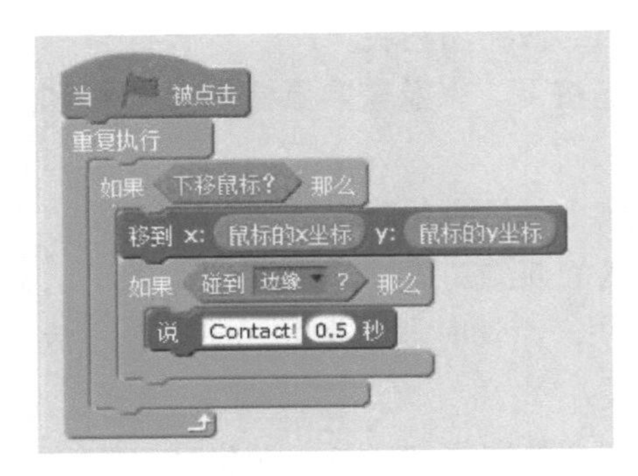

这段脚本展示了如何判断角色和舞台的边缘发生接触。注意，这段脚本包含了 4 个侦测功能块，其中的每一个都嵌入到另一个相应的功能块中。要嵌入侦测功能块，将其从功能块列表中拖动到相应的功能块中。随着将一个侦测功能块拖放到另一个功能块的输入区域，会出现一个边框，表明侦测功能块可以放置到该功能块之上。

当点击绿色旗帜的时候，会执行这段脚本，并且使用一个“重复执行”功能块建立了一个循环，重复地执行所有嵌入的功能块。在这个循环中，可以看到有一个 if 条件功能块，当鼠标的左键按下的时候，它执行嵌入其中的语句。在这种情况下，会通过一个动作功能块让应用程序的角色跟着鼠标指针在舞台上移动。第 2 个侦测功能块用于另一个条件 if 功能块中，用来检测角色何时与舞台边缘发生接触。当发生这种情况的时候，执行一个外观功能块，在对话气泡中显示一条文本消息。

图 6.2 给出了运行这段新的脚本并将鼠标移动到舞台边缘的时候的输出。

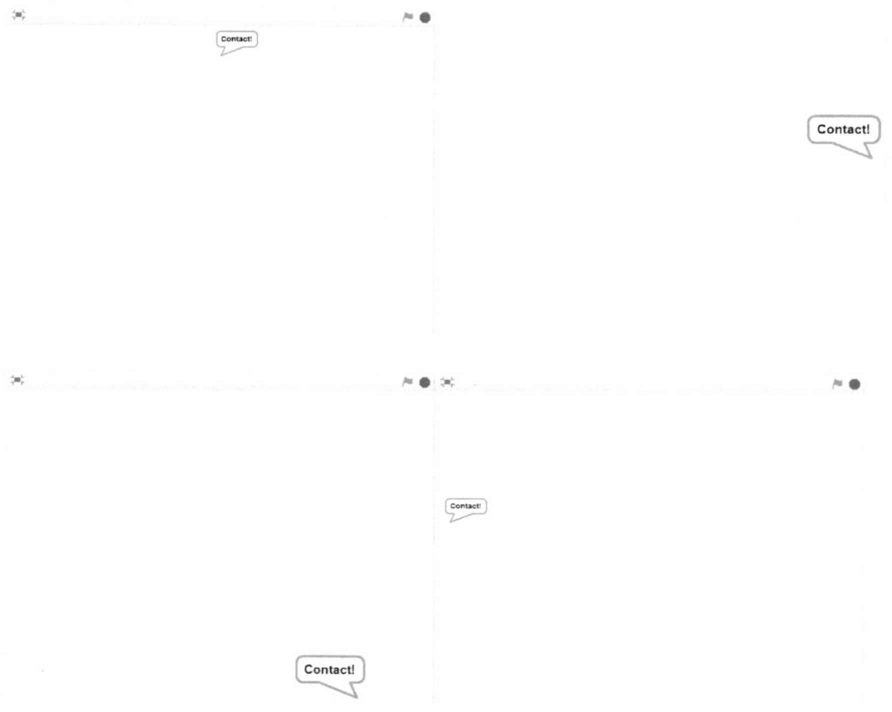

图 6.2 当角色和舞台边缘发生接触的时候显示文本的一个示例

接下来，我们通过例子看看如何使用图 6.1 中的第 2 个侦测功能块。可以使用这个功能块来检测角色何时与舞台上的一种特定的颜色发生接触。为了查看使用这个功能块的一个示例，我们来创建一个新的 Scratch 2.0 应用程序。从项目中删除默认的角色，然后，(使用绘图编辑器)创建并添加一个新的角色，即一个红色的矩形，将其放置到舞台的中央。接下来，通过点击“从角色库中选取角色”图标，打开“角色库”窗口。选择“奇幻”分类，找到并选择“Dragon”角色，然后点击“确定”按钮。新的应用程序的舞台应该如图 6.3 所示。

点击龙的角色的缩略图，然后点击“声音”标签页。点击“从声音库中选取声音”图标，然后，向下滚动，在“screech”上双击，将其添加给角色。为表示龙的角色添加如下的脚本。接下来，在“如果碰到颜色 X？那么”功能块之中的方块颜色区域上点击，然后点击红色的矩形角色。这会把功能块中的方块颜色设置为与红色矩形角色的颜色完全一致。当执行这段脚本的时候，只要角色移动并接触到舞台中央的红色矩形，就会播放一个声音文件。

图 6.3　红色的矩形展示了检测与舞台上的一种特定颜色碰撞的能力

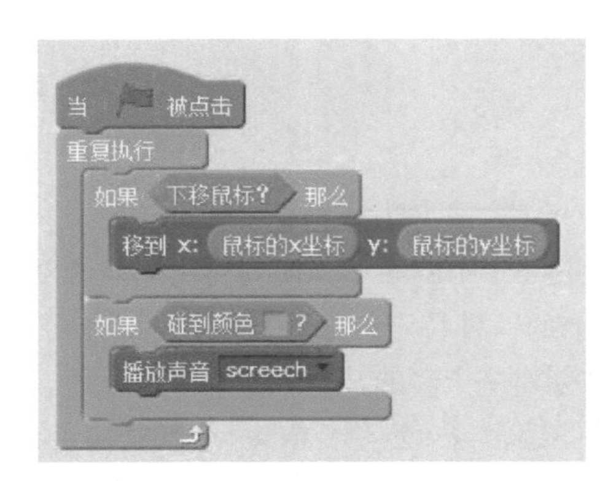

此时，你应该已经准备好一切并可以运行了。继续前进并运行该应用程序。然后，按下并按住鼠标左键，并且将鼠标指针移动到舞台中央上的红色矩形上，再移开，听听所播放的声音文件。

使用前面的功能块，我们创建了一个应用程序来检测角色的任何部位与舞台上一种指定的颜色发生碰撞的情况。在前面的示例中，只要龙的任何部位（脑袋、尾巴、翅膀等）碰到了红色矩形，都可以检测出来。

当然也可以使用图 6.1 所示的第 3 个功能块来进行一种更为特殊的碰撞检测。特别是，该功能块允许检测角色上的一种颜色与舞台上的任何其他颜色的接触。为了更好地了解该功能块和前面的侦测功能块的区别，我们来看一下如右图所示的脚本，当角色中的一种指定的颜色与舞台上的一种指定的颜色发生接触的时候，它播放一个声音文件。

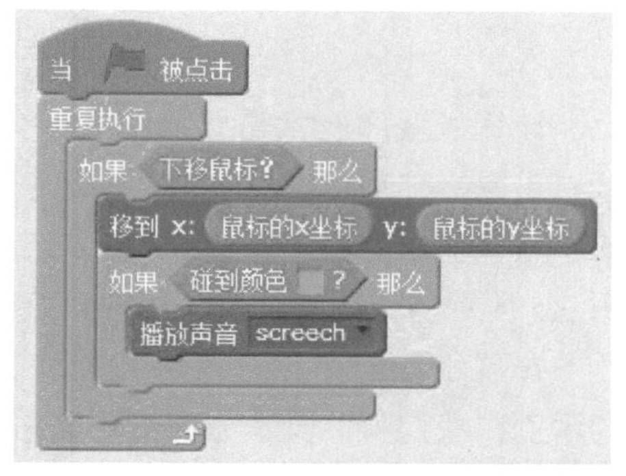

在这个示例中，侦测功能块已经进行了替换。新的侦测功能块设置为必须是龙角色中的黄色区域与红色矩形碰撞，才算是发生了碰撞。如果用这段脚本替换前面的应用程序中的脚本，那么，只有当龙的黄色的肚子部分或翅膀部分接触红色矩形角色的时候，才会发生碰撞，如图 6.4 所示。

图 6.4　为碰撞检测设置一个额外的限制

作为检测一个角色何时与其他角色碰撞的一种替代方案，你可能想要检测一个角色何时与另一个角色或鼠标指针达到一定的距离之内。可以使用图 6.1 所示的第 4 个功能块来做到这一点。为了更好地理解这个功能块是如何工作的，我们修改前面的 Scratch 2.0 应用程序，用如左图所示的脚本来替代龙角色的脚本。

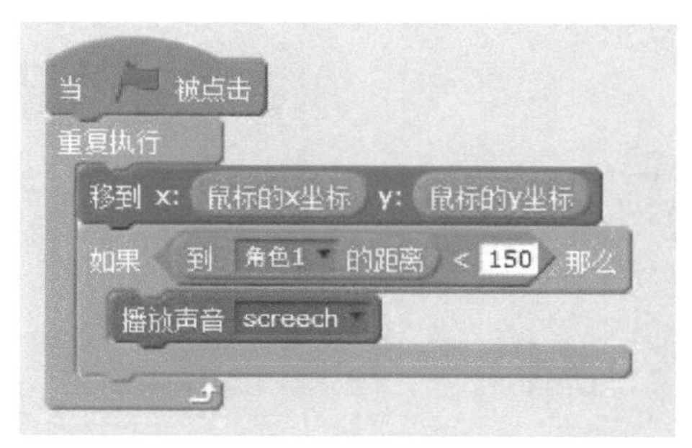

注意，这段脚本使用一个绿色的运算符功能块来测试一个小于条件。该运算符功能块嵌入到了一个“如果……那么……”功能块之中，并且设置为判断龙和角色 1（红色矩形）之间的距离是否小于 150 个像素。一旦更新了脚本，运行该应用程序，然后在舞台上移动鼠标指针。当你这么做的时候，龙角色会跟着鼠标指针移动，只要它移动到距离红色矩形 150 像素以内，就会重复播放一个声音文件。

6.3 提示并收集用户输入

计算机程序经常需要能够进行交互，并收集用户提供的输入，用户输入可以是鼠标移动或键盘输入，例如，按下空格键。除了这些基本的输入，Scratch 2.0 还允许使用如图 6.5 所示的侦测功能块与用户直接交互。

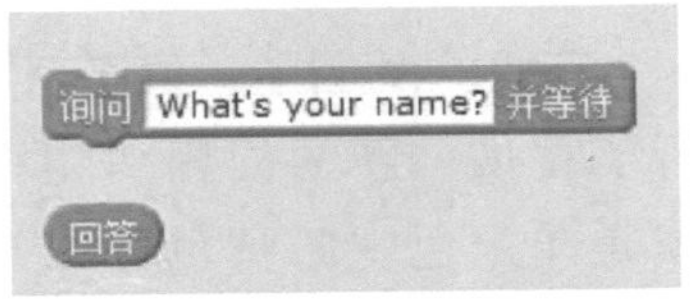

图 6.5 用于收集用户输入的侦测功能块

要展示如何使用这两种功能块，考虑如下的示例，我们将该脚本分配给小猫角色。

当用户点击小猫角色的时候，将会执行该脚本。这段脚本所做的第一件事情是，在一个对话气泡中显示"What's your name?"，并且在舞台的底部显示一个输入字段控件。然后，脚本等待用户输入想要输入的任意文本，用户按下回车键或者点击位于输入字段末尾的对号图标，告知脚本输入完毕，如图 6.6 所示。

图 6.6 提示用户输入自己的名称

一旦提交了输入，可以通过“回答”功能块来访问用户输入，而用户输入的内容将会显示在一个对话气泡中。

6.4 获取键盘输入、鼠标按键和坐标状态

在很多应用程序中，鼠标指针可以用来控制角色的移动或者以很多其他的方式来影响程序的运行过程。图 6.7 所示的侦测功能块可以用来访问鼠标指针的相关数据。

图 6.7 这些侦测功能块报告鼠标指针的坐标和按键状态

第 1 个功能块用来获得鼠标指针的 X 轴坐标位置。正如第 2 章所述，Scratch 2.0 支持的 X 轴的坐标范围是 -240 至 240。第 2 个功能块用来获得鼠标指针的 Y 轴坐标位置，Y 轴的坐标范围是 -180 至 180。第 3 个功能块返回的是一个布尔值（要么是真，要么是假），当鼠标按下时返回真，否则会返回假。下面的脚本是一个绘图程序的一部分，它展示了如何使用这 3 个侦测功能块。

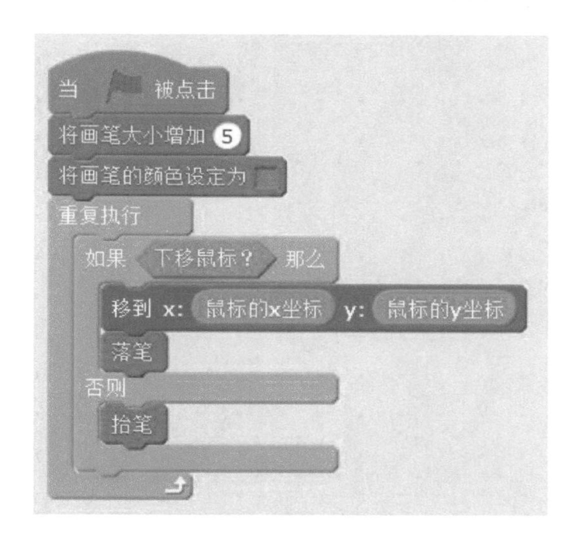

要创建这个绘图程序，首先创建一个 Scratch 2.0 应用程序项目，然后删除默认的小猫角色。创建并添加只有一个小黑点的一个角色。接下来，选择表示这个点的缩略图，然后为其添加上面的脚本。

这个应用程序的运行依赖于 Scratch 2.0 提供的画笔功能块，第 12 章详细介绍了该功能块，通过该功能块，可以使用一个虚拟的画笔对象。该应用程序的整体运行是通过脚本来控制的，当用户点击绿色旗帜按钮后，脚本自动

开始执行。一旦脚本开始执行，两个画笔功能块用来设置绘图时使用的画笔的大小和颜色，接下来是一个“重复执行”功能块，用于反复执行其中嵌套的所有功能块。

在循环内部，是一个“如果……那么……”功能块，该功能块控制了3个条件语句的执行。这个“如果……那么……”功能块，是通过查看一个侦测功能块的返回值来控制的，当用户按下鼠标的左键，这个侦测功能块返回真，否则，该侦测功能块返回假。

当用户按下了鼠标左键，位于“如果……那么……”功能块之下的两个功能块将会执行。第一个功能块将角色移动到和鼠标指针相同的位置，第二个功能块将 Scratch 2.0 虚拟画笔设置为落笔状态，允许开始绘制。此时按下鼠标并移动鼠标就能绘制出一个蓝色的线条。当用户释放鼠标左键的时候，将会执行位于“否则”部分的功能块，抬起虚拟画笔并且停止任何绘制操作。

图 6.8 展示了这个绘图应用程序的运行效果。

图 6.8 绘图应用程序运行的示例

这个绘图程序存在这样一个缺陷：当绘图的时候，如果画错了，无法清除已经绘制的内容并重新开始。可以使用如图 6.9 所示的侦测功能块来解决这个缺陷，该功能块根据是否按下一个指定的键而获取真或假的值。

按键 空格键 是否按下？

图 6.9　可以使用这个侦测功能块来检测用户是否按下一个特定的键盘按键

为了通过示例看看这个功能块是如何工作的，我们来修改前面的绘图应用程序，将应用程序角色的脚本修改为如下所示：

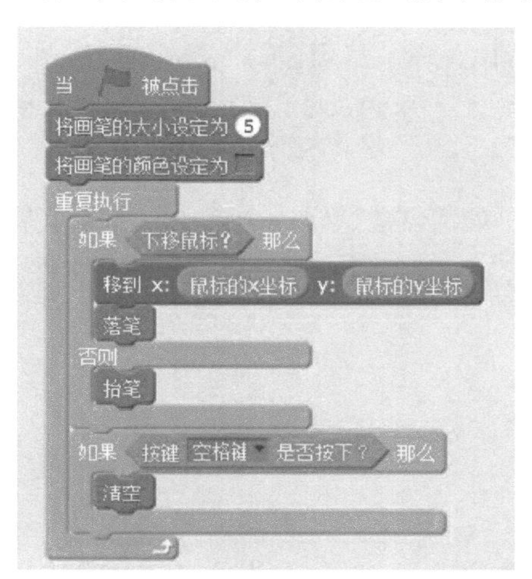

可以看到，添加了 3 个新的功能块，当按下空格键的时候，就会清除舞台。图 6.10 展示了修改后的绘图应用程序运行的示例。这里，使用该应用程序在舞台上绘制了一个名称 Lee。接着，按下了空格键，清除了整个舞台，然后绘制了一棵树的样子。

图 6.10　可以使用这个增强版的绘图程序来绘制和擦除

除了使用侦测功能块检测按键，还可以使用如图 6.11 所示的事件功能块。这两个功能块之间的区别在于，侦测功能块可以在循环中使用，以持续地判断指定的键是否按下。另一方面，事件功能块则只执行一次（当指定的按键初次按下的时候），因此，它适合于启动一个单独的动作而不适用于重复执行一个动作。我们将在第 9 章中更详细地学习事件功能块。

图 6.11　当指定的按键被按下的时候，这个功能块启动一个操作

6.5 获取音频数据

除了侦测鼠标指针和键盘数据、碰撞检测、判断距离、侦测其他舞台和脚本的属性，以及操作计时器，Scratch 2.0 还提供了如图 6.12 所示的侦测功能块，它允许你感知计算机的麦克风（如果有麦克风的话）输入的声音，并且在 Scratch 2.0 应用程序中使用该输入。

响度

图 6.12　这个侦测功能块报告以多大的音量播放一个声音

这个侦测功能块得到从 1 到 100 的一个数字，表示计算机麦克风的音量。如下的示例展示了如何创建这样一个脚本，当从计算机的麦克风检测到一个大于 50 的响度的时候，就播放一个名为“pop”的声音文件。

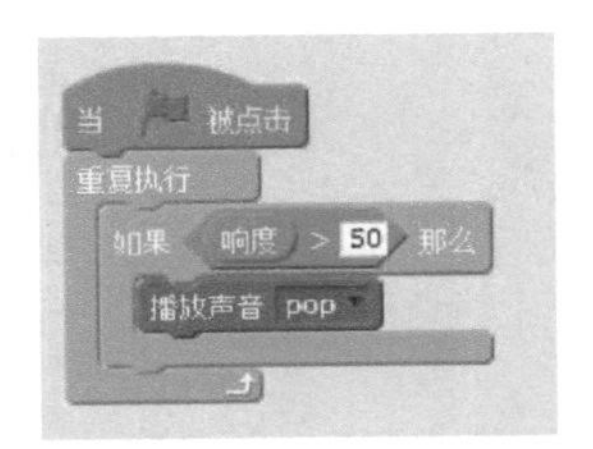

在这里，只要从计算机的麦克风检测到一个大于 50 的响度，就播放一个声音文件。由于“响度”声音模块是一个监视器，我们可以在舞台上显示其结果，如图 6.13 所示。

图 6.13　使用一个监视器来记录声音播放和输入的响度

6.6 收集和处理视频输入

除了声音输入，如果计算机有视频摄像头的话，Scratch 2.0 还可以捕获和处理视频输入。Scratch 2.0 提供了如图 6.14 所示的侦测功能块，它允许侦测视频输入并且在 Scratch 2.0 应用程序中使用该输入。

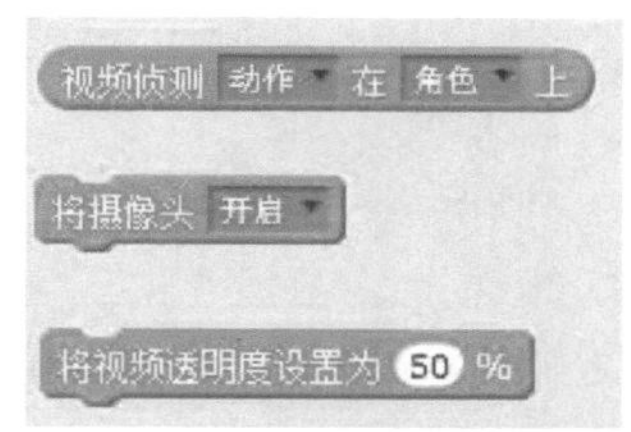

图 6.14 这些功能块将视频输入加入到 Scratch 2.0 应用程序中

为了展示如何将视频侦测数据加入到一个 Scratch 2.0 程序中，我们来创建一个 Scratch 程序，当你离开房间之后，如果它检测到房间中有移动的物体，它就会给出一个警告。这个项目包含了 3 个声音文件和 3 段脚本，并且要求计算机有一个视频摄像头。

首先创建一个新的 Scratch 2.0 项目，然后，删除默认的角色。接下来，选择舞台缩略图并且在“声音”标签页上点击。使用声音编辑器，录制 3 个新的声音文件。对于第 1 个声音，录下“Alarm armed! You have five seconds to leave the room（注意！你已经离开房间 5 秒了）”，将其命名为 Alarm Armed。对于第 2 个声音文件，录制下“Intruder alert! Intruder alert! Intruder alert!（有入侵者，请注意）”，将其命名为 Intruder Alert。对于第 3 个声音，录制下“Error. Incorrect passcode had been entered. Alarm not activated（错误。输入的密码不正确。警告功能未激活）”，将其命名为 Error。

接下来，点击“脚本”标签页，并且在舞台的脚本区域添加如下的功能块，从而添加 3 段脚本中的第 1 段。这段脚本使得用户能够收集来自视频摄像头的输入。

当用户按下键盘上的向上箭头键（上移键）的时候，会执行这段脚本，此时，第 1 个侦测模块会打开 Scratch 视频支持。这意味着，只要有一个视频摄像头是接通电源并且连接到计算机的，该摄像头所捕获的内容都应该能够作为舞台的背景显示。然后，第 2 个侦测功能块设置了摄像头的视频以哪一个透明层级来显示。

现在，给舞台添加如下的脚本。这段脚本提示用户输入一个密码，一旦用户提供了密码，将会触发视频输入的采集。如果在脚本执行过程中，摄像头捕获到任何显著的移动，将会播放“Intruder Alert”声音文件，警告用户，有入侵者进入了房间。

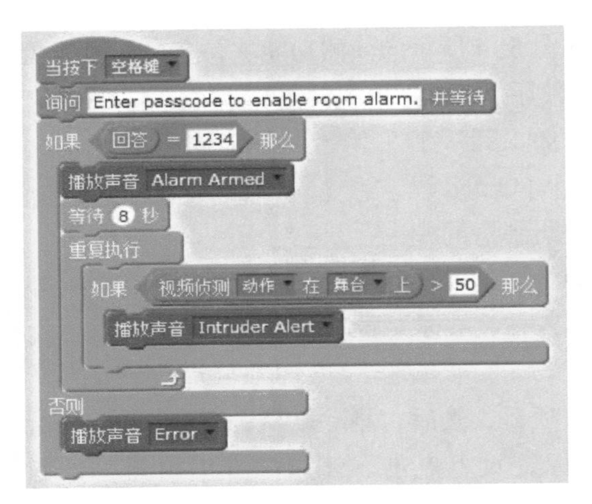

当用户按下空格键的时候，就会执行这段脚本，此时，会显示一条消息，告诉用户要输入密码以启动警报。然后，一个控制功能块将会分析用户输入，这个控制功能块包含了一个运算符功能块，在其中，使用“回答”功能块来获取用户输入，并检查它是否等于 1234。如果用户输入了正确的密码，一个声音功能块将会播放“Alarm Armed”声音。然后，脚本执行将暂停 8 秒钟的时间，以给你足够的时间离开房屋，然后，另外一个控制功能块用来重复获取视频输入，并且如果视频输入超过了给定的阈值，就播放“Intruder Alert”声音。如果用户没有能够提供有效的密码，将会播放“Error”声音并且脚本执行到此结束。

最后，给舞台添加如下的脚本。这段脚本允许用户停止 Scratch 通过计算机的视频摄像头来收集视频输入，从而关闭警报功能。

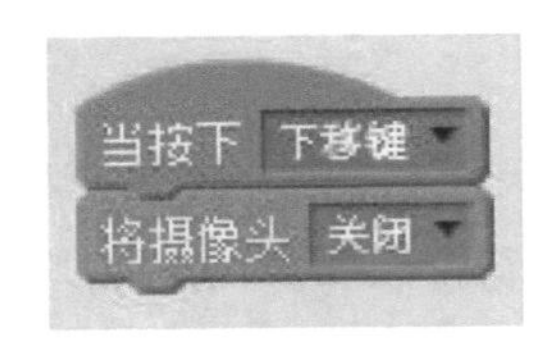

当用户按下向下方向键（下移键）的时候，将会执行这段脚本，此时，第 1 个侦测功能块会关闭 Scratch 摄像头支持。图 6.15 展示了一旦开始并打开警报系统后，该 Scratch 程序的样子。

图 6.15　开启警报系统，并开始捕获视频

6.7　使用计时器

还需要熟悉如图 6.16 所示的两个侦测功能块。这些功能块允许你操作 Scratch 2.0 内置的计时器。

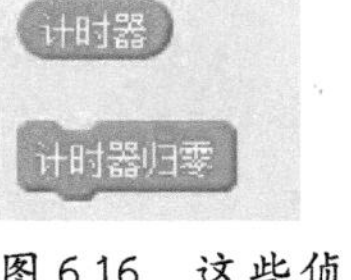

图 6.16　这些侦测功能块允许在 Scratch 2.0 应用程序中打开并使用计时器

第 1 个功能块将计时器重置为默认值 0，第 2 个功能块获取一个数值，它指定了从计时器开始运行已经过去了多少秒。使用 Scratch 2.0 的计时器，可以控制动画的频率以及 Scratch 2.0 应用程序的运行过程。例如，当给定玩家一定的时间来进行一次移动的时候，需要使用这些功能块来记录时间。

如下示例展示了如何使用这些计时器功能块来创建一段脚本，它重复播放一个声音文件达到 5 秒。

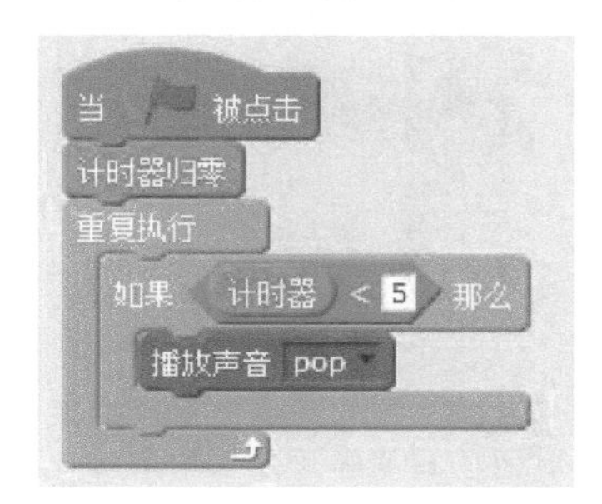

6.8 获取舞台和角色的数据

除了判断鼠标的状态、判断角色碰撞，以及确定角色之间的距离，还可以使用如图 6.17 所示的功能块来获取角色和舞台的信息。

该功能块可以获得多个信息，包括：

- X 坐标；
- Y 坐标；
- 角色朝向；
- 造型编号；
- 大小；
- 音量。

图 6.17　可以使用这个侦测功能块来获取多个对象属性的相关信息

作为展示该功能块如何工作的一个示例，看一下如下的脚本，它获取了一个名为 Sprite1 的角色的 X 坐标，并且只要该角色移动到舞台的右边（X 坐标在 1 到 240 之间），就播放一个声音文件。

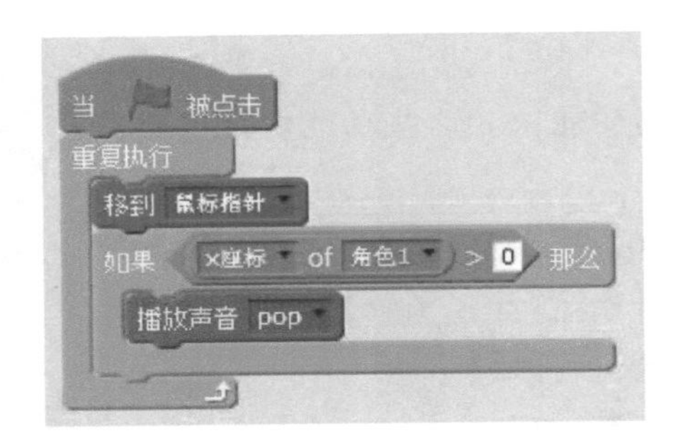

6.9 获取日期、时间数据和用户名称

除了允许收集关于鼠标、键盘、视频、声音、角色的数据并进行碰撞检测，还有 3 个额外的侦测功能块可以用来获取当前日期和时间、从 2000 年以后所经过的天数，以及登录到 Scratch 2.0 网站并运行你的 Scratch 程序的任何人的用户名。提供所有这些功能的 3 个侦测功能块，如图 6.18 所示。

图 6.18　这些功能块可以获取时间、日期和用户名信息

图 6.18 中的第 1 个功能块允许你从该功能块的下拉列表中选择，以收集如下的任何信息：

- 年；

- 月；
- 日期；
- 星期几；
- 分；
- 秒。

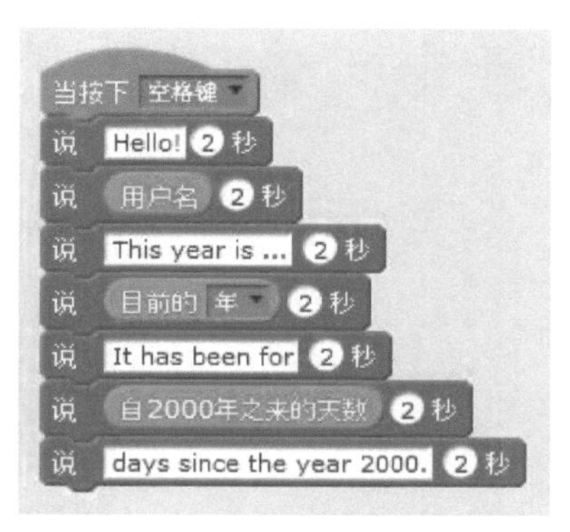

另外两个功能块也是一目了然的。作为展示如何使用这些功能块获取侦测数据的示例，我们来创建一个新的 Scratch 项目，并且给默认的角色添加如下的功能块。

当执行这段脚本的时候，小猫会根据你的名字和你打招呼（说声 Hello），然后告诉你当前的年份，后面跟着从 2000 年开始到现在已经经过了多少天。

6.10 创建家庭影集应用程序

本章剩下的内容将带领你开发下一个 Scratch 2.0 应用程序，这是一个电子的家庭影集。总的来说，这个应用程序包括 1 个角色、一个空白的舞台和 3 段脚本。一旦创建了该应用程序，可以使用它在一个自动化的影集中显示任意多张电子照片，每张照片显示 3 秒钟的时间。应用程序中的每一张照片，实际上都只是给应用程序的角色添加的一个造型。图 6.19 和图 6.20 展示了当影集显示两张照片时应用程序的样子。

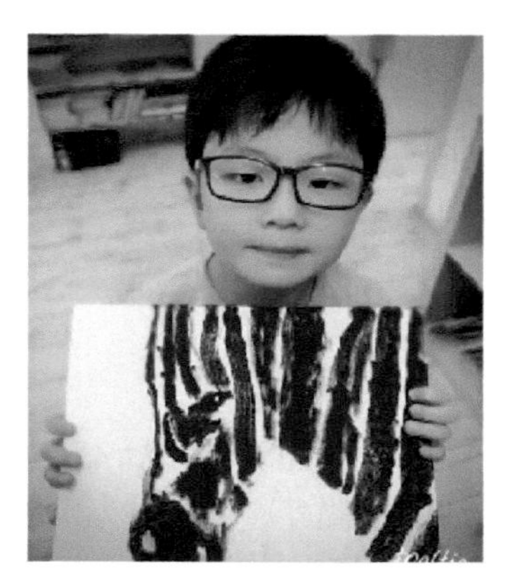

图 6.19　角色的一个造型的示例

图 6.20　角色的造型的另一个示例

开发这个应用程序项目的大概步骤如下。

步骤 1：创建一个新的 Scratch 2.0 应用程序项目；

步骤 2：添加并删除角色和造型；

步骤 3：将声音文件导入到应用程序中；

步骤 4：添加播放背景音乐所需的编程逻辑；

步骤 5：添加管理照片显示所需的编程逻辑；

步骤 6：测试新项目的执行。

6.10.1　步骤 1：创建一个新的 Scratch 2.0 项目

家庭影集项目的第 1 步是创建一个新的 Scratch 2.0 项目。打开 Scratch 2.0，并创建一个新的 Scratch 2.0 应用程序项目，或者在“文件”菜单上点击，然后选择“新建项目”，从而完成这一步。

6.10.2　步骤 2：添加并删除角色和造型

这个应用程序只包括一个角色，它用于显示所有的应用程序照片（作为造型显示）。因此，不需要默认的小猫角色，应该删除掉它。在删除了小猫角色之后，点击“从本地文件中上传角色”图标，打开选择文件对话框窗口。

使用这个窗口，导航到包含了你想要显示的电子图像文件（照片）的文件夹，从这些文件中选择一个用做应用程序的角色，然后点击“打开”按钮。

图 6.21　可以把任意多张照片添加到角色的造型列表中

在表示新的角色的缩略图上点击（在角色列表中），然后，在位于程序编辑器顶部的“造型”标签页上点击。接下来，点击“从本地文件中上传造型”图标，并且使用所显示的对话窗口给应用程序添加另一张照片。重复这个过程多次，直到添加了你想要将其作为家庭影集的一部分的所有的照片，如图 6.21 所示。

6.10.3　步骤 3：给舞台添加合适的声音文件

为了让家庭影集应用程序更加温馨，让我们来添加一些背景音乐以增添气氛。要添加音乐文件，从角色列表中选择舞台缩略图，然后点击位于脚本区域顶部的“声音”选项卡。接下来，点击“从声音库中选取声音”图标。然后，选择“循环音乐”文件夹，找到并选择“guitar chords1”声音文件。点击“确定”按钮，将该声音文件添加到应用程序项目中，如图 6.22 所示。

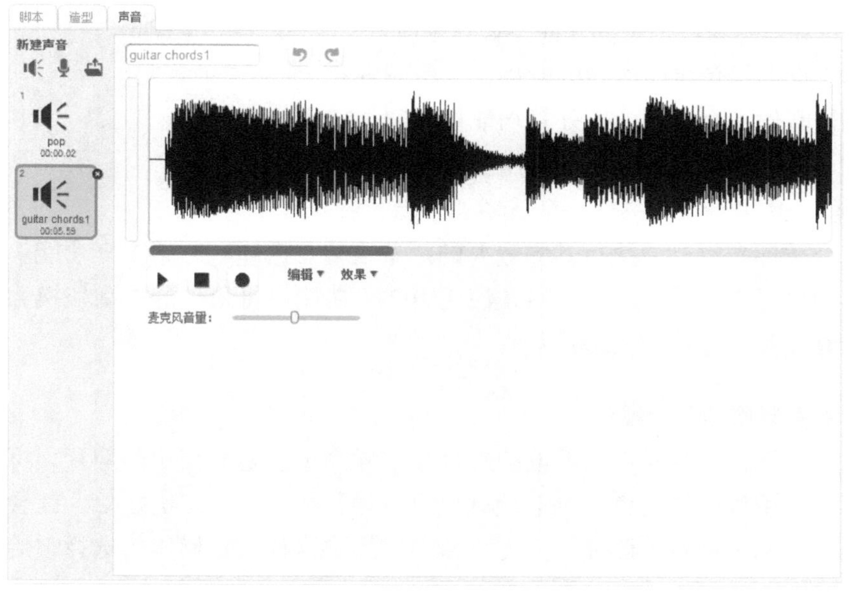

图 6.22　添加当应用程序执行时需要播放的背景音乐

6.10.4　步骤 4：播放声音文件

这个应用项目开发的下一步是开始添加编程逻辑。一共需要给该项目添加 3 段脚本：一段脚本用于舞台，另外两段脚本用于应用程序角色。

添加给舞台的脚本负责播放应用程序的背景音乐。要创建这段脚本，点击角色列表中的舞台缩略图，然后选择位于脚本区域顶部的“脚本”标签页。接下来，添加如下的功能块：

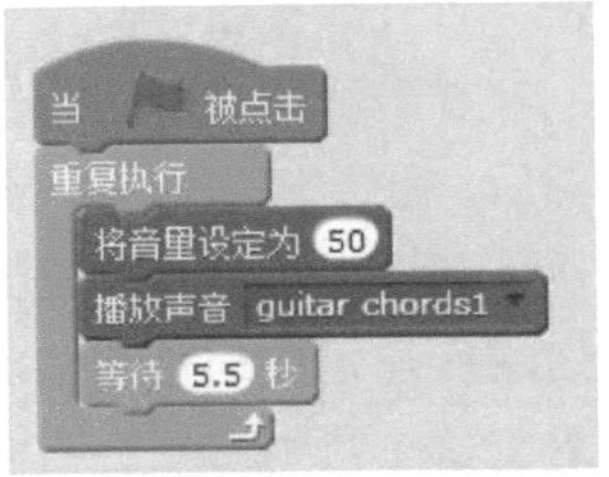

这段脚本负责重复播放应用程序的声音文件，只要应用程序在运行，就会持续播放。声音文件播放是使用一对声音功能块来执行的，我们将在第 11 章中学习声音功能块。

6.10.5　步骤 5：添加显示照片所需的编程逻辑

现在，是时候来添加负责显示构成家庭影集项目的所有照片的编程逻辑了。要做到这一点，需要给应用程序的角色添加一小段脚本，这段脚本负责确定以 3 秒钟的时间间隔显示所有应用程序照片所需的编程逻辑。此外，还需要给应用程序添加另一段脚本，以允许用户手动地控制应用程序的照片显示。

运行家庭影集的脚本

负责自动运行家庭影集的功能块如右图所示。

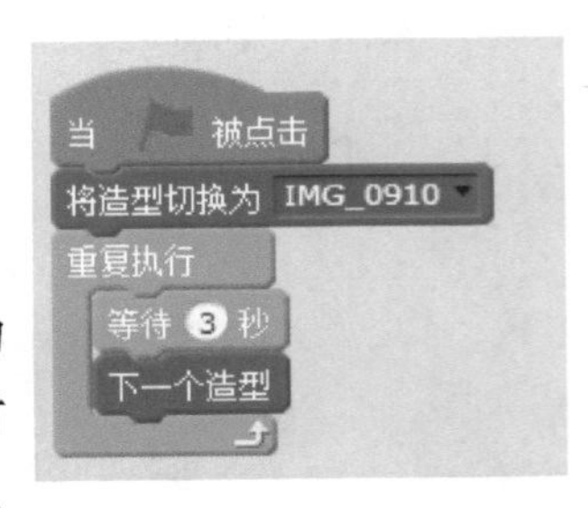

当用户点击绿色旗帜按钮的时候，这段脚本自动运行。这时候，会执行一个外观功能块。这个功能块指定了一个具体的造型，在应用程序启动的时候显示（就是造型列表中的第一个造型）。接下来，设置了一个循环来重复地执行其中嵌入的两条语句。循环中的第 1 个功能块暂停脚本的执行 3 秒种时间，然后，使用第 2 个功能块将角色的造型切换为角色的造型列表中的下一个造型。

考虑家庭影集的手动操作

如果用户不想像观看自动播放的幻灯片那样浏览家庭影集中的照片，可以通过点击应用程序的角色来手动地浏览家庭影集的内容，点击之后，就会切换为显示下一个造型（照片）。为了给用户提供这种手动操作的选择，给应用程序的角色添加如下的脚本：

6.10.6 步骤 6：保存并执行新的 Scratch 2.0 项目

好了，假设你已经在阅读本章的过程中按照这些步骤创建了自己的家庭影集应用程序的副本，那么，你的应用程序副本应该如图 6.23 所示。

图 6.23 完成后的应用程序包含一个空白的舞台、一个角色和两段脚本，这个角色拥有 11 个造型

给新的项目起一个名字（如果还没有命名的话），然后，切换到全屏模式，点击绿色旗帜按钮，坐下来听听音乐，享受一下家庭影集应用程序。或者，开始点击应用程序的角色并按照自己的节奏手动浏览家庭影集。

第 7 章 存储和访问数据

所有的计算机程序在执行的时候，都需要使用某种数据，即便是最简单的程序也不例外。有些供应用程序处理的数据可能是嵌入到应用程序之中的。而数据也可以是在应用程序执行的时候随机生成的或者从用户那里收集的。为了使用和操作这些数据，程序员必须掌握存储、读取和修改这些数据的功能。在 Scratch 2.0 应用程序中，我们使用变量或列表来操作数据。本章的目标是，介绍开发能够收集、存储和处理应用程序数据所需的一切知识。

本章包括以下主要内容：

- 如何创建局部、全局变量和云变量；
- 如何使用变量存储和访问变量；
- 如何删除不再使用的变量；
- 如何访问属于其他角色的局部变量；
- 如何使用列表[1]管理和处理数据的集合。

[1] 译者注：Scratch 2.0 中文版的功能块中，大多译为列表，只有一两处为链表。本书选择更符合含义的列表。

7.1 学习如何操作应用程序数据

和所有的编程语言相同，Scratch 2.0 应用程序也需要处理和存储数据。数据是指在 Scratch 2.0 应用程序执行期间收集、处理和存储的各种类型的信息。当用户使用键盘或鼠标和应用程序交互的时候，也可以搜集数据。

数据也可能是程序自己生成的，例如当你创建一个 Scratch 2.0 项目生成随机数（我们将在第 8 章中介绍）并随后使用它的时候。数据也可以直接编写到 Scratch 2.0 应用程序项目中。例如，可以使用如图 7.1 所示的功能块，在脚本中存储并显示一个文本字符串。

说 Hello!

图 7.1 在外观功能块中嵌入文本的一个示例

执行的时候，包含这个外观功能块的脚本会在气泡对话框中显示直接编写的文本。和大多数编程语言一样，Scratch 2.0 允许操作几种不同类型的数据。Scratch 2.0 所能够处理的不同的数据类型，如下所示：

- 字符串类型；
- 布尔类型；
- 整数类型；
- 实数类型。

字符串是一段文本数据，通常使用各种不同类型的外观功能块，来直接编码到 Scratch 2.0 应用程序中，我们将在第 10 章中学习外观功能块。布尔类型的数据是在使用不同类型的运算符功能块（我们将在第 8 章中学习）的时候，Scratch 2.0 自动生成的数据。布尔类型的值所表示的数据，分配了一个真或假的值。例如，当比较两个数字值看它们是否相等的时候，Scratch 2.0 会返回一个布尔值。根据这一分析的结果，可以使用控制功能块来改变 Scratch 2.0 应用程序执行的方式，我们将在第 9 章中介绍控制功能块。

整数类型是没有小数部分的数值。在 Scratch 中，很多功能块都允许输入一个整数值。也可以在程序执行时将整数保存于变量中，以便在需要时进行存储、访问和操作。实数类型是包含小数部分的一个数值。

Scratch 2.0 处理不同类型的数据的方式不尽相同。例如，字符串数据只能够通过嵌入到外观功能块中而进行显示。整数和实数类型的数据也可以嵌入到功能块或显示到监视器上，此外整数和实数类型数据可以进行加法、减法或任何可以对数值数据进行的计算。Scratch 2.0 还允许整数和实数之间相互转换。

注意　像 C++ 和 MicrosoftVisualBasic 这样的工业强度语言，则支持更多的数据类型，但是它们也都支持 Scratch 2.0 所支持的这几种基本数据类型。

7.2　在变量中保存数据

如前所述，我们可以把数值数据嵌入到各种类型的功能块中，并用这些数据来控制脚本的执行。也可以将程序执行过程中所产生的数据存储到变量之中。在 Scratch 2.0 中，还允许使用变量来存储、读取和修改数值数据。

注意　Scratch 2.0 可以在变量中存储字符串或数值数据，但是，不支持用变量来存储布尔类型数据。

7.2.1　创建 Scratch 2.0 变量

在 Scratch 2.0 程序中，存储、读取和修改数据都需要使用变量。要在 Scratch 2.0 中使用变量，首先要定义变量并将其添加到应用程序项目中。可以在功能块列表中选择“数据”功能块，然后点击功能块列表顶部的“新建变量”按钮，如图 7.2 所示。

单击此按钮后，将会出现如图 7.3 所示的“新建变量”窗口，允许给变量指定一个名称。

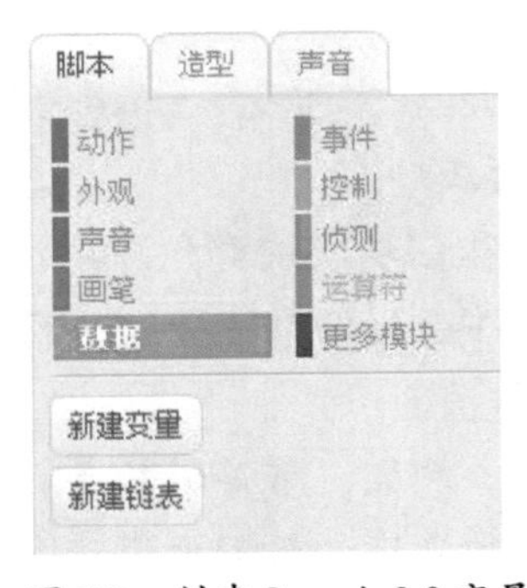

图 7.2　创建 Scratch 2.0 变量

图 7.3　为一个新的 Scratch 2.0 变量指定名称

在给变量指定名称之后，将会有 5 个新的功能块添加到你的项目之中，如图 7.4 所示。

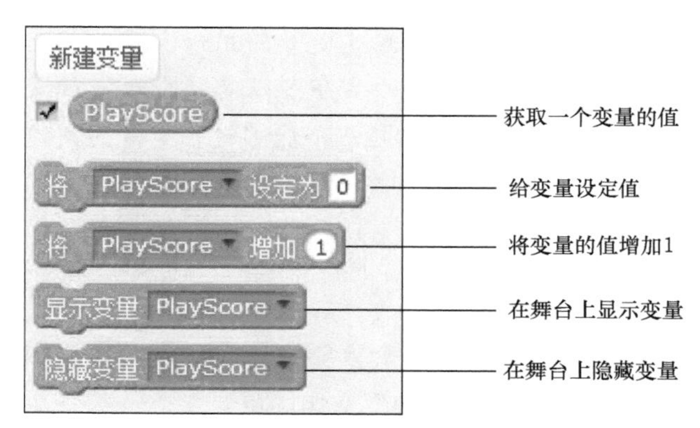

图 7.4　Scratch 2.0 针对所创建的变量，增加了 5 个功能块

此外，还会在舞台上显示一个监视器，用来显示变量的值，如图 7.5 所示。

图 7.5　每个新的变量都支持一个监视器，以显示其值

使用这 5 个变量功能块可以改变变量的初始值，也可以在应用程序运行期间改变变量的值，还可以控制是否在舞台上显示监视器以显示该变量的值。

7.2.2　将变量赋值给角色和舞台

Scratch 2.0 应用程序中的变量属于定义它们的角色（或舞台）。因此，当给应用程序添加新的变量的时候，选择变量所属的角色（或舞台）的缩略图，这一点很重要。例如，需要供属于不同角色的不同脚本访问的变量，最好是添加到舞台上，而只需要供一个特定的脚本访问的变量，则应该添加给该角色。

7.2.3　变量名的命名规则

与其他编程语言不同，Scratch 2.0 对变量的命名要求非常宽松。变量名字可长可短，可以包含：

- 字母；
- 数字；
- 特殊字符；
- 空格。

由于 Scratch 2.0 为你所定义的每一个变量都创建了一组完整的功能块，这就消除了区分大小写的必要，使得更容易搞清楚情况。

提示　在为变量起名时尽量使其有含义，能够描述变量的用途，这使得变量能够一目了然。尽管 Scratch 2.0 变量的名字可以起得很长，但是最好限制在 30 个字符之内。这足够让你起一个能够说明变量的用途且便于使用的变量名了。

7.2.4 变量的作用域

变量的作用域是在使用变量时必须掌握的一个重要概念。变量的作用域决定了可以访问变量的范围。Scratch 2.0 支持 3 种变量作用域。

- **局部变量**（Local）：局部变量只能够在定义了该变量的角色中进行修改。定义变量名的时候，通过选择"仅适用于当前角色"来创建局部变量。
- **全局变量**（Global）：全局变量可以由应用程序中的任何脚本修改。定义变量名的时候，通过选择"适用于所有角色"来创建全局变量。
- **云变量**（cloud）。这种变量存储在 Scratch 服务器上，在应用项目的多次不同的执行中都持久地存在。在创建变量的时候，通过选择"Cloud variable (stored on server)"选项来创建。

注意　尽管局部变量只能在定义它的角色的内部修改，但是属于其他角色的脚本仍然可以读取（但不能修改）该变量的值。我们将在本章稍后介绍这一点。

创建局部变量

局部变量在哪个角色中定义，就只能由该角色中的脚本修改。下面的过程介绍了如何创建局部变量：

（1）选择要新建变量的角色（或舞台）。

（2）点击位于功能块列表顶端的"数据"分组。

（3）点击"新建变量"按钮。

（4）在如图 7.6 所示的窗口中输入变量的名字，然后选择"仅适用于当前角色"选项，然后单击"确定"按钮。

图 7.6　创建一个名为 Counter 的局部变量

由于局部变量只能够在它所添加到的角色之中进行修改，属于其他角色的脚本是不能修改一个局部变量的。如果需要一个变量，它要可供应用程序中的任何脚本修改，那就按照下面介绍的步骤来创建一个全局变量。

提示　如果想要修改给一个变量指定的名称，在功能块列表中，按下 Shift 键并在该变量功能块上点击鼠标左键，从弹出的菜单中选择“重命名变量”，然后修改变量的名称并点击“确定”按钮。一旦重命名了变量，应该检查项目中引用了该变量的所有功能块，因为你必须在这些功能块的下拉列表中选择该变量的新名字，以更新与该变量相关的功能块。

创建全局变量

和局部变量不同，全局变量的值可以由定义它的应用程序中的任何脚本来修改。我们采用和创建局部变量相同的步骤来创建全局变量，唯一的区别在于，在命名变量的时候，只需要保留默认的“适用于所有角色”选项就好了，如图 7.7 所示。

图 7.7　创建一个名为 TotalScore 的全局变量

提示　尽可能地将所有变量的作用域限制为局部的，这是一种好的做法。这使得应用程序更容易维护，并且避免了使用属于其他角色的脚本来意外地修改变量的值。

创建云变量

云变量存储在服务器上，该服务器作为 Scratch 2.0 网站的一部分进行维护。可以跨越程序多次重复的执行过程来访问云变量。因此，对于存储诸如一款游戏的所有玩家的最高得分这样的数据，云变量很有用。一旦创建了云变量，在 Scratch 2.0 中，云变量可以通过在变量功能块左边的一个小小的云标记来识别，如下图所示。

在编写本书的时候，只有数值数据可以存储到云变量中，并且 Scratchers 也受到限制，一共能使用 10 个云变量。只有当你成为 Scratchers 状态时，才能够使用云变量。然而，云变量最终还将提供存储字符串数据的功能。创建云变量的过程，和创建局部变量、全局变量的过程相同，只需要保留默认的“适用于所有角色”选项，并且选择“Cloud variable (stored on server)”，如图 7.8 所示。

图 7.8　创建一个名为 PlayerHighScores 的云变量

提示　和局部变量与全局变量一样，也可以通过按下 Shift 键并且在云变量上点击鼠标左键，从弹出的菜单中选择“重命名变量”或“删除变量”，来重命名或删除云变量。

7.3　删除变量

随着时间的流逝，你可能会发现自己对 Scratch 2.0 项目做了很多的修改。在此过程中，可能会发现某些变量已经不再需要了，遇到这种情况，可以删除那些不再被使用的变量以进一步清理应用程序。删除变量非常简单，首先要确定已经从应用程序中删除了引用该变量的所有功能块，然后按下 Shift 键并在变量（在功能块列表中）点击鼠标左键，从弹出的菜单中选择“删除变量”。作为响应，

图 7.9　删除一个不再需要的变量

Scratch 2.0 将会从变量所属的角色中删除它。

小心 如果在删除变量之前没有从角色的脚本中删除引用该变量的所有功能块，Scratch 2.0 将会删除变量而保留引用了该变量的那些功能块不动，这将会导致应用程序运行不正常。

7.4 访问属于其他角色的变量

局部变量中存储的数据，只能够由该变量所属的角色的脚本来修改。然而，Scratch 2.0 确实允许属于同一个项目中的角色的脚本查看属于其他角色的变量中的数据。要查看其他角色的局部变量中的数据，需要使用侦测功能块，如图 7.10 所示。

图 7.10 使用这个功能块，可以创建一段脚本来查看其他的角色的局部变量中存储的值

该功能块允许角色访问其他角色的 X 坐标、Y 坐标、方向、造型编号、大小和音量，还可以访问其他角色的局部变量的值。要访问其他角色的局部变量，首先单击该功能块右侧的下拉列表，在该下拉列表中列出了该 Scratch 2.0 应用程序所包含的所有舞台和角色，如图 7.11 所示。

在选择了舞台或角色之后，可以使用位于功能块左边的下拉列表，来选择并获取所列出的具体项目的信息。在显示角色的变量列表的最底部，有一个灰色的水平分隔栏，它将该列表和其他可用的数据分隔开来，如图 7.12 所示。

图 7.11 指定想要访问的变量属于哪一个角色（或舞台）

图 7.12 选择要访问哪一个变量的数据

7.5 变量功能块的使用示例

下面通过两个例子来帮助了解变量功能块的使用方法。第一个例子如下图所示，该脚本执行时将在舞台上显示变量 Counter 的值。在默认情况下，对于所创建的每个变量，Scratch 2.0 都会在舞台通过一个相关联的监视器来显示其值。

注意　要运行这个示例，必须先创建一个新的应用程序，给它添加名为 Counter 的一个变量，然后再添加该脚本。

上面的例子在点击绿色旗帜按钮后开始运行。它使用了一个控制功能块来建立一个循环，将两个嵌入的功能块重复执行 10 次。每次执行循环的时候，赋给 Counter 变量的值都会增加 1。接下来的一条语句让循环暂停 1 秒钟，然后再继续运行。

默认情况下，Scratch 2.0 会将所有新的变量的初始值都设置为 0，这就是为什么在第一次执行脚本时变量的值会从 1 数到 10。然而，如果再次执行脚本，将会注意到它从 11 数到 20。如果你愿意的话，可以通过显式地给 Counter 指定一个初始值，来改变这种行为，如下面的示例所示：

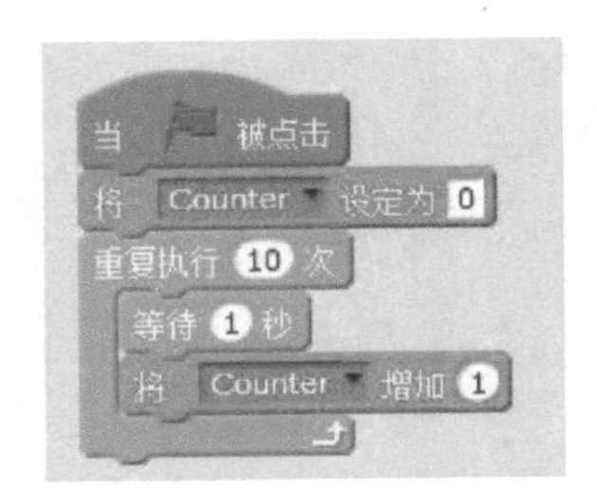

在这里，在脚本的开始处添加一个新的变量功能块，将 Counter 设置为 0。结果，不管脚本执行多少次，它总是从 1 数到 10。

7.6 在列表中存储集合数据

变量用来每次存储一个单个的数据，与之不同的是，列表可以存储多个项，从而允许在程序执行过程中更高效地访问和处理一个较大的项的集合。列表中存储的项，实际上是和变量相同的内容。理论上，列表可以存储的项的数目是不受限制的。列表可以存储 Scratch 2.0 所支持的任何类型的值，包括：

- 字符串；
- 布尔值；
- 整数值；
- 实数值。

当使用列表的时候，必须根据各项在列表中的位置来引用它们（例如，项的数字索引位置）。和变量不同，这里不支持按照名字来引用。可以手动或通过编程来向列表添加项或从列表删除项。

注意 Scratch 2.0 中的列表和其他编程语言中的一维数组是对等的。Scratch 2.0 不支持多维数组。

在程序编辑器其中，通过选择功能块列表顶部的“数据”分类，然后点击“新建链表”来创建一个列表。将会显示如图 7.13 所示的对话框。要完成列表的创建，在“链表名称”字段中输入一个名字，指定链表应该可供所有角色访问还是只能由它所属的角色访问，然后点击“确定”按钮。

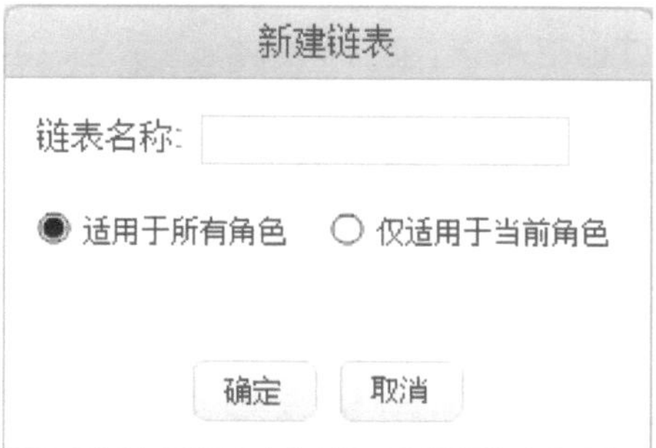

新建链表

链表名称:

适用于所有角色　仅适用于当前角色

确定　取消

图 7.13　以创建变量相同的方式来创建列表

注意 在编写本书第 2 版的时候，Scratch 2.0 支持将变量存储到云中。然而，Scratch 的开发者已经开始预期，列表也会很快在云中得到支持。

一旦创建了列表，Scratch 2.0 会在功能块列表区自动添加并创建一系列的功能块，如图 7.14 所示。这些功能块允许通过编程来交互、添加、访问和删除列表项、和列表相关的信息以及列表项的内容。

图 7.15 展示了当你创建一个新的列表的时候，Scratch2.0 监视器会自动显示的舞台监视器，该列表中现在还没有项。

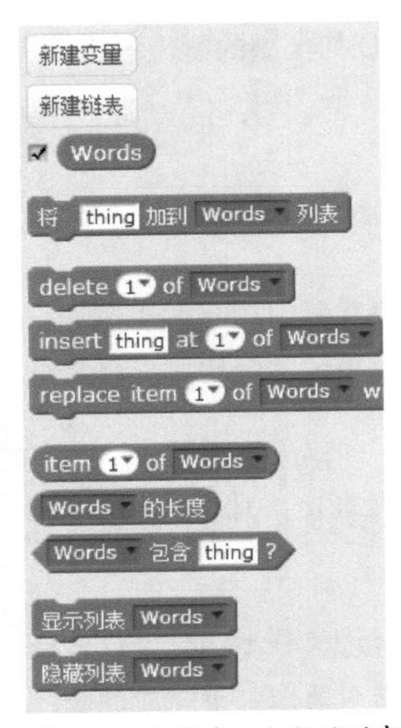

图 7.14 当创建一个新的列表的时候，Scratch 2.0 生成这样一组功能块

图 7.15 当创建一个新的列表的时候，Scratch 2.0 显示了一个空的舞台监视器

可以通过点击列表左下角的 + 图标来手动地给列表添加项（如图 7.16 所示）。可以通过选中某一项的内容，然后按下 Delete 键来删除一项，这会在列表中留下一个空白项。可以用一个新的值来覆盖，从而替换一项。在列表监视器的底部，有一个计数显示出列表的长度。每次向列表中添加一项，或者从列表删除一项，列表的长度都会自动更新。如果给列表添加的项超出了舞台监视器所能够显示的项，监视器中将会自动添加一个滚动条，允许你上下滚动并查看其内容。

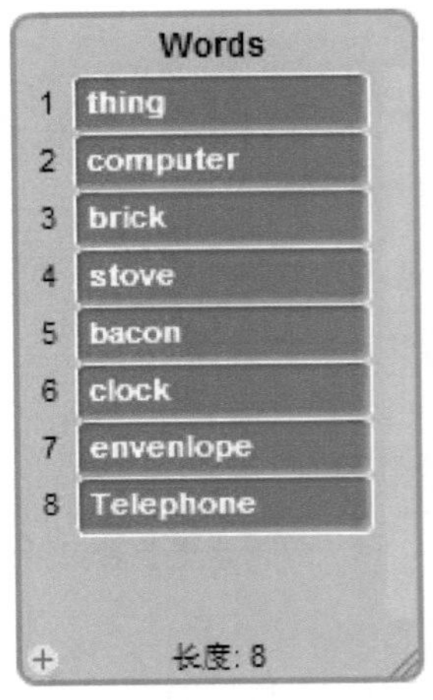

图 7.16 已经添加了 8 个项的一个列表的示例

为了更好地理解如何编程与列表交互，我们来创建如图 7.16 所示的一个新的 Scratch 2.0 项目。首先，

创建一个新的 Scratch 应用程序，并且删除默认的角色。接下来，添加一个新的列表，并且手动将其填充为如图 7.17 所示的样子。

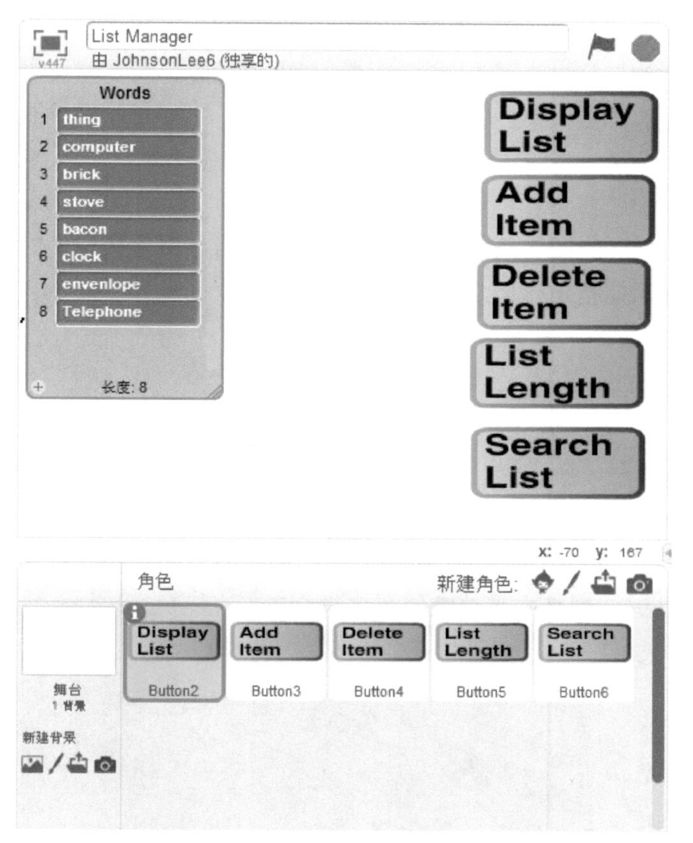

图 7.17　完整组合的 List Manager 应用程序项目

一旦添加并填充了项，给舞台添加 4 个角色（使用角色库的“物品”分类中存储的“Button3”角色），然后使用绘图编辑器来修改这 4 个角色中的每一个，为其添加文本标签，如图 7.17 所示。当点击这些按钮角色的时候，每个按钮都用来处理列表中的项。给最上面的、标签为“Display List”的按钮角色添加如下的脚本。当点击这个按钮的时候，它会显示出列表中当前存储的所有项。

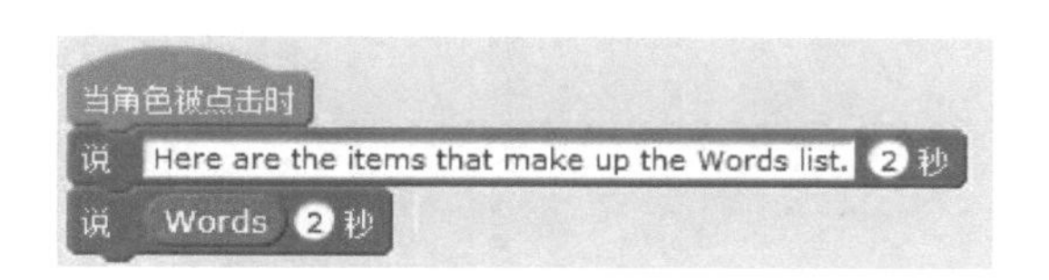

接下来，为标签为“Add Item”的按钮角色添加如下的脚本。当点击该按钮的时候，执行这段脚本，并提示让你为列表输入一个新的条目，并且随后将这个条目作为一个新的项添加到列表的开始处。

为标签为“Delete Item”的按钮角色添加如下的脚本。当点击该按钮的时候，执行这段脚本，并提示你指定想要从列表中删除的项的索引编号。然后，脚本将会从列表中删除该项。

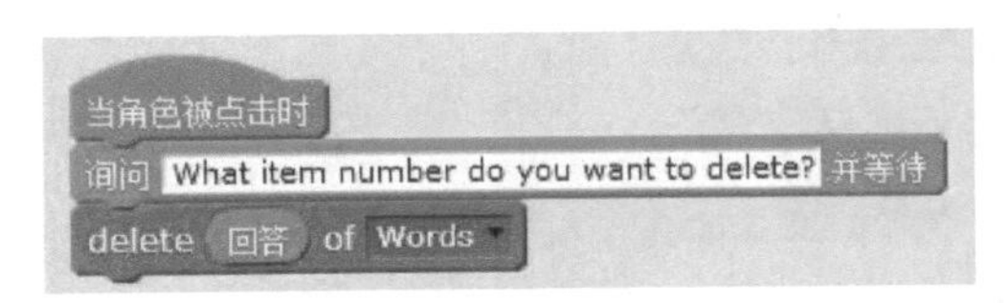

为标签为“List Length”的按钮角色添加如下的脚本。当点击该按钮的时候，执行这段脚本，并告诉你列表中当前存储了多少个项。

为标签为“Search List”的按钮角色添加如下的脚本。当点击该按钮的时候，执行这段脚本，并允许你指定想要搜索的单词的名称，以便在列表中搜索该内容。然后，它告诉你列表中是否存储了这个单词。

7.7 开发一个 NBA 知识问答游戏项目

本章剩下的部分将带领你开发一个 Scratch 2.0 应用：NBA 知识问答。这个应用程序使用了各种变量来存储和获取玩家的输入，并记录玩家的测验结果。总的来说，该应用程序使用了 1 个背景、6 个角色和 6 段脚本。

执行这个程序的时候，应用会对用户进行一次电子测验，共有 5 个问题，这些问题设计来测试用户对 NBA 知识的掌握程度。图 7.18 展示了该游戏初次运行时的样子。要开始玩这个游戏，用户必须点击表示游戏主持人的角色，此时，主持人将开始管理测验过程。

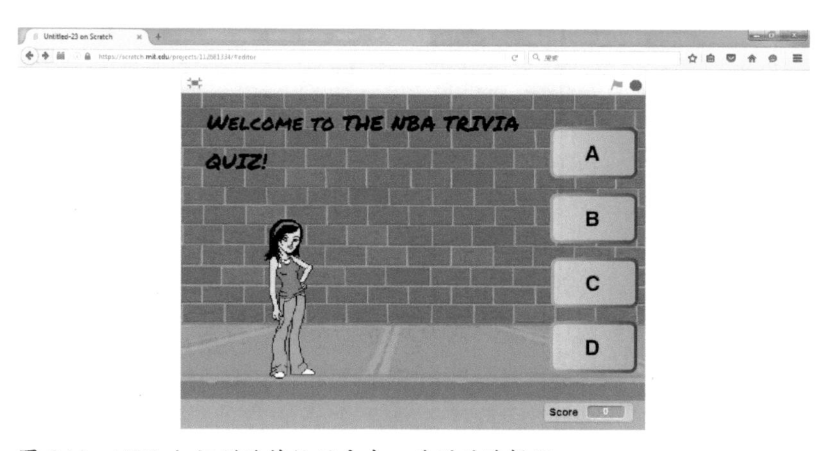

图 7.18　NBA 知识测验将给用户出一系列的选择题

图 7.19 给出了在进行测验的时候主持人和用户交互的示例。

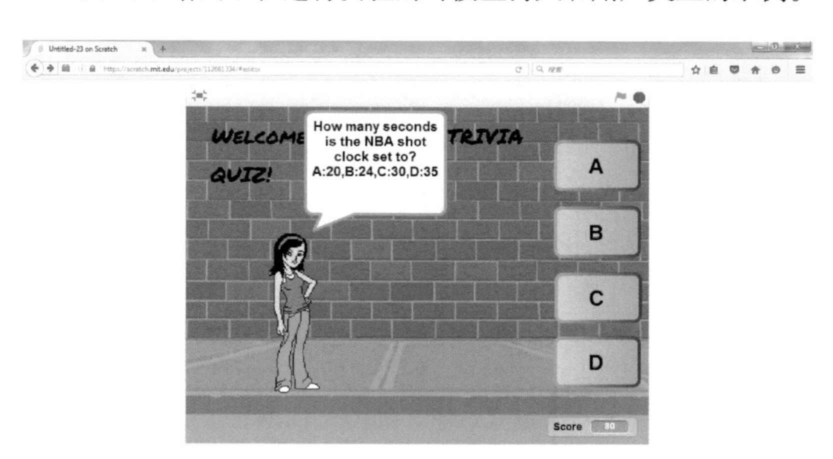

图 7.19　用户通过点击舞台右边的标签为 A、B、C 和 D 的按钮来回答问题

主持人将会在用户回答了问题后立即告知用户的答案是否正确。此外，在评估了每一次回答之后，用户的得分会自动计算，并且会显示在舞台的右下角。

可以按照如下的步骤来开发出这一个应用程序项目：

步骤 1：创建一个新的 Scratch 2.0 应用程序项目；

步骤 2：给舞台添加一个背景；

步骤 3：添加和删除角色和造型；

步骤 4：添加应用程序所需的变量；

步骤 5：为每个按钮角色添加脚本以收集用户答案；

步骤 6：添加主持人主持测验所需的编程逻辑；

步骤 7：保存和运行。

7.7.1 步骤 1：创建一个新的 Scratch 2.0 项目

制作 NBA 知识测验应用程序的第 1 步，就是创建一个新的 Scratch 2.0 项目。要么打开 Scratch 2.0 以自动创建一个新的 Scratch 2.0 应用程序项目，要么点击“文件”菜单然后选择“新建项目”，从而完成这一步。

7.7.2 步骤 2：为舞台选择适合的背景

一旦创建了新的 Scratch 2.0 项目，就该让其开始工作了。首先给舞台添加合适的背景。点击角色列表区域的空白舞台的缩略图。然后，点击脚本区域顶端的“背景”选项卡。要给应用程序添加一个新的背景，点击“从背景库中选择背景”按钮。当打开“背景库”窗口后，点击“户外”文件夹，选择“brick wall1”缩略图，然后点击“确定”按钮。

因为该应用程序只需要一个背景，可以从项目中删除掉默认的名为 backdrop1 的空白背景。

7.7.3 步骤 3：添加和删除角色

该应用程序包含了多个角色，其中包括负责主持测验的女主持人、供用户选择答案的 4 个按钮，以及用来显示欢迎文本信息的一幅图片。在添加任何角色之前，先从应用程序中删除不再需要的小猫角色。

首先添加主持人角色，单击角色列表顶部的“从角色库中选取角色”按钮，打开“角色库”窗口。打开“人物”文件夹，选择“Ruby”角色，然后点击“确定”按钮。将该角色放大并重新放置其位置，如图 7.18 和图 7.19 所示。完成之后，将该角色的名称修改为 host。

继续单击“从角色库中选取角色”按钮，然后在打开的“角色库”窗口中进入“物品”文件夹，选择“Button3”角色，然后单击“确定”按钮。添加按钮角色后，在角色列表中选中它，然后点击位于角色区域顶部的“造型”选项卡，以便在绘图编辑器中打开角色。点击绘图编辑器工具栏上的“文本”按钮，然后在该角色的中央位置点击，并输入一个大写字母 A。接下来，将该角色重命名为 A，将其拖放到舞台的右边，如图 7.18 和图 7.19 所示。

按照上面相同的步骤，为应用程序添加另外 3 个“Button3”角色，将它们的名字改为“B”、“C”和“D”。添加之后，将所有这 3 个按钮角色排列到舞台的右侧，和 A 角色对齐，如图 7.18 和图 7.19 所示。此时，只需要添加最后一个角色了。点击“绘制新角色”按钮，然后在绘图编辑器的工具栏上点击“文本”按钮，从绘图编辑器底部所显示的下拉列表中选择字体，将“字体”设置为“Marker”，然后在调色盘中点击淡蓝色的色块。最后，在绘图区域的左上角点击，并且输入“Welcome to the NBA Trivia Quiz！”，如图 7.20 所示。

图 7.20　创建 NBA Trivia Quiz 所需的一个新的角色

将这个基于文本的角色重命名为“welcome”，然后，将这个新的角色放置到舞台的顶部，如图 7.18 和图 7.19 所示。

7.7.4　步骤 4：添加应用程序所需的变量

要执行该应用程序，它还需要 3 个变量，如图 7.21 所示。要给应用程序添加这 3 个变量，点击功能块列表中的“数据”分类，然后，点击“新建变量”

按钮3次，以创建3个全局变量，分别名为“Answer”、“Clicked”和“Score”。

Answer变量用来保存用户每次回答问题时的答案。Clicked变量用来控制应用程序的执行，确保在出完题目后用于主持的脚本会暂停并等待用户选择答案。Score变量用来保存用户的得分。

默认情况下，Scratch 2.0将会在舞台上显示这3个变量的监视器。然而，这个程序可能只需要显示Score的监视器，所以，我们应该关闭Answer和Clicked这两个变量的监视器。此时，功能块列表中显示的变量功能块应该如图7.21所示。

Score变量的监视器需要移动到舞台的右下角，如图7.18和图7.19所示。

图7.21 NBA知识测验需要添加3个全局变量

7.7.5 步骤5：为收集用户输入的按钮角色添加脚本

控制整个测验过程的编程逻辑，将会添加到主持人角色之上，该脚本负责显示问题、搜集用户的答案并随后记录成绩。要回答问题，在主持人提问之后，用户必须去点击相应的4个角色按钮（A、B、C和D）之一。这4个按钮角色中的每一个，都有一段小脚本，当点击按钮的时候，脚本会设置两个变量的值。如下是当点击A角色的时候将会执行的脚本。

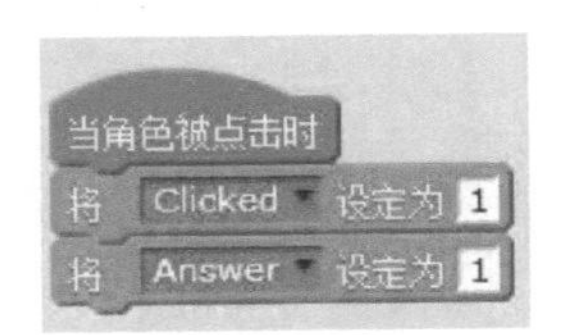

如上图所示，该脚本的启动功能块将在点击角色A之后执行。该脚本执行后，将把Clicked变量的值设定为1，把Answer变量的值也设定为1。

在应用程序中，Clicked变量用来跟踪用户是否回答了问题。当点击了A角色的时候，将该变量设置为1，表示用户已经提交了一个答案。一旦主持人脚本发现该变量为1，会将该变量重新设置为0，以使得应用程序准备好处理一个新的问题。Answer变量用来表示点击了哪一个按钮。给这个变量赋值为1，表示用户点击了A角色。

角色B的所需的程序如下图所示，几乎和角色A的脚本完全一样，当点击按钮的时候，Clicked变量同样设定为1。注意，唯一不同的是Answer变量的值设定为2，用来表示用户点击的是第2个按钮（角色B）。

角色 C 的脚本如下所示，第 3 个功能块用来表示用户点击的是角色 C。

你可能猜到了角色 D 的脚本，如下所示，Answer 变量设定为 4 来表示用户点击的是角色 D。

```
当角色被点击时
将 Clicked 设定为 1
将 Answer 设定为 4
```

7.7.6 步骤 6：为主持人添加脚本

现在，已经为每个按钮角色添加完脚本了，当点击按钮的时候，这些脚本能够表明这一点并且能够唯一地识别出选择了 4 个按钮中的哪一个。现在该为主持人添加两段脚本了。第 1 个脚本如下图所示，它负责启动应用程序并为测验过程做准备。

```
当 [绿旗] 被点击
将 Score 设定为 0
将 Clicked 设定为 0
将 Answer 设定为 0
说 Welcome to the NBA trivia quiz! 2 秒
说 Click on me when you are ready to begin 2 秒
```

该脚本设置为当用户点击绿色旗帜按钮的时候执行。当该脚本执行的时候，脚本的 3 个变量的值都设置为 0（表示用户没有点击按钮回答问题并且得分为 0）。接下来的两个外观功能块用来显示游戏说明，欢迎用户并告诉用户在准备好开始答题之后点击主持人。

主持人角色的第 2 个脚本用来控制整个答题过程，如下所示。这个脚本比较长，并且它由 5 个部分组成，其中一些内容我们还没有学习过。因此，本章只是给出该脚本的一个高度概览。一旦学习完本书第 9 章和第 10 章，你可以回过头来再次回顾这段脚本。

```
当角色被点击时
等待 1 秒
说 On which NBA team did Michael Jordan play? A:Bulls,B:Rockets,C:Celtics,D:Mavericks
在 Clicked = 1 之前一直等待
将 Clicked 设定为 0
如果 Answer = 1 那么
    将 Score 增加 20
    说 Correct! 2 秒
否则
    说 Incorrect! 2 秒
等待 1 秒
说 How many minutes make up a quarter? A:8,B:10,C:12,D:15
在 Clicked = 1 之前一直等待
将 Clicked 设定为 0
如果 Answer = 3 那么
    将 Score 增加 20
    说 Correct! 2 秒
否则
    说 Incorrect! 2 秒
```

```
等待 1 秒
说 In which host city do the wizards play? A: Washington,B:Philadelphia,C:Atlanta,D:Boston
在 Clicked = 1 之前一直等待
将 Clicked 设定为 0
如果 Answer = 1 那么
    将 Score 增加 20
    说 Correct! 2 秒
否则
    说 Incorrect! 2 秒
等待 1 秒
说 How many seconds is the NBA shot clock set to? A:20,B:24,C:30,D:35
在 Clicked = 1 之前一直等待
将 Clicked 设定为 0
如果 Answer = 2 那么
    将 Score 增加 20
    说 Correct! 2 秒
否则
    说 Incorrect! 2 秒
等待 1 秒
说 On whick team does Kobey Bryant play?A:Nets,B:Bistons,C:Celtics,D:Lakers
```

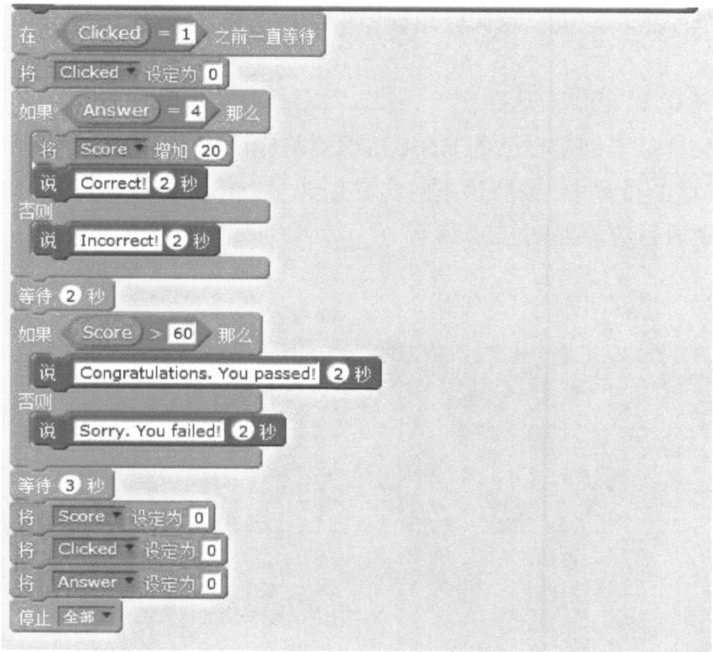

```
在 Clicked = 1 之前一直等待
将 Clicked 设定为 0
如果 Answer = 4 那么
    将 Score 增加 20
    说 Correct! 2 秒
否则
    说 Incorrect! 2 秒
等待 2 秒
如果 Score > 60 那么
    说 Congratulations. You passed! 2 秒
否则
    说 Sorry. You failed! 2 秒
等待 3 秒
将 Score 设定为 0
将 Clicked 设定为 0
将 Answer 设定为 0
停止 全部
```

这段脚本首先是一个启动功能块，当用户在主持人角色上点击的时候，将会执行该功能块。接下来，脚本的执行会暂停 1 秒钟，然后，使用一个外观功能块来显示一条文本消息，向用户提出测验的第 1 个问题。接下来的功能块包含了一对嵌入的功能块，会暂停脚本的执行并等待直到 Clicked 变量的值设置为 1（只有当用户点击 4 个按钮角色之一来指定一个答案的时候，才会发生这种情况）。

然后，Clicked 值重置为 0，以准备好测试下一个问题。接下来，使用一个控制功能块来评估用户给出的测验问题答案。这通过检查用户是否点击了 A 角色来完成，将 Answer 值设置为 1 来表明用户点击了 A 角色。如果是这种情况，将用户的得分增加 20，并且用一个外观功能块来显示一条文本消息，告诉用户他答对了。如果不是这种情况，告诉用户他给出的答案是不对的。

负责剩余 4 个问题的问答过程的编程逻辑，和第 1 个问题的编程逻辑类似，唯一的区别仅仅是给出的问题不同，并且正确的答案不同。最后，一旦处理完最后一个问题，脚本执行会暂停 2 秒钟，然后计算用户的得分（变量 Score 的值）看看是否超过了 60 分。如果超过了 60 分，主持人宣布用户通过了测试。如果没有超过 60 分，主持人宣布用户测试失败。不管是哪种情况，都会暂停 3 秒钟，然后将 3 个变量的值重置为默认值 0，以准备好让下一位用户测试。

最后，执行最后一个控制功能块，确保应用程序中的所有脚本都停止执行。

7.7.7 步骤 7：测试新的应用程序

此时，我们已经具备了创建自己的 NBA 知识测验应用程序所需的所有信息。假设你在阅读本章的过程中，按照这里的步骤创建了自己的应用程序副本，那么，你的应用程序项目应该如图 7.22 所示。

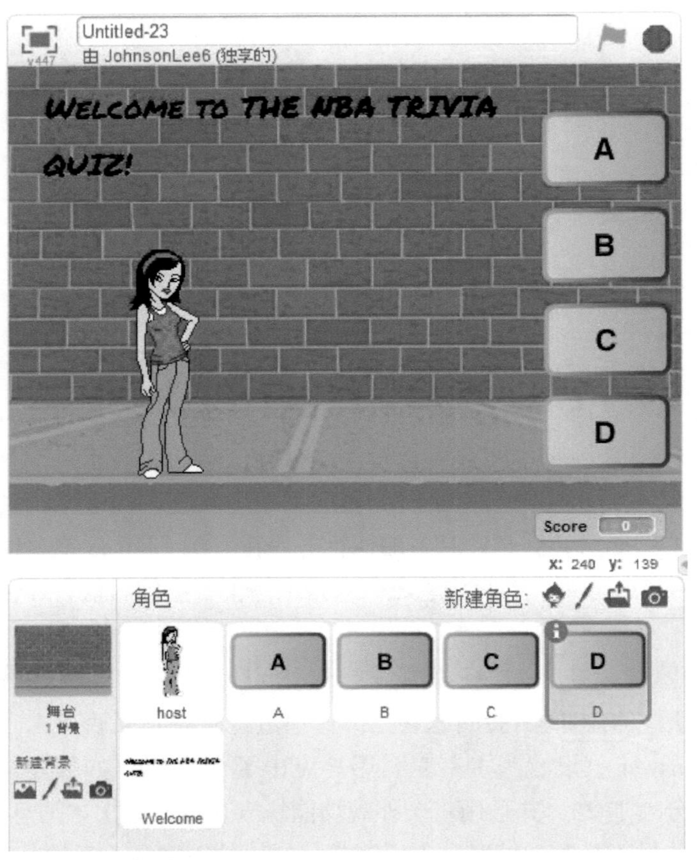

图 7.22 完整的应用程序包括一个舞台背景、6 个角色和 6 段脚本

给你的新的应用程序起一个名字，切换到全屏模式，并且开始进行 NBA 知识测验。在测试应用程序的时候，确保主持人在每次回答之后所提供的反馈是正确的。此外，注意 Score 监视器以确保游戏正确地计算了你的得分。

第 8 章 数学运算

Scratch 2.0 提供了强大的数学计算功能，这将允许用户开发能够以各种方式操作数值数据的应用程序。Scratch 2.0 通过运算符功能块来提供这一功能。运算符功能块是一种侦测功能块，所以，只能将它们和栈功能块组合起来使用。本章将介绍每一种运算符功能块，并展示如何创建一个新的 Scratch 2.0 应用程序——猜数字游戏。

本章包括以下主要内容：

- 如何通过编程进行加减乘除四则运算；
- 如何生成指定范围内的随机数；
- 执行不同类型的数值的比较；
- 连接字符串值、从字符串中获取字符以及获取字符串值的长度；
- 如何使用大量内建的数学函数。

8.1 加减乘除四则运算

与所有的现代编程语言相同，Scratch 2.0 允许程序员进行加法、减法、乘法和除法运算。这些运算功能由图 8.1 所示的功能块来提供。

这些功能块的使用方法非常直观，每个功能块都清晰地说明了自己所能实现的功能。这些功能块都能够嵌入到其他任何能够接受数值输入的功能块中（能接受数值输入的功能块，其中都有一个方形或圆形的孔）。例如，下面的脚本演示了如何使用这些功能块来修改变量 Count 的值。

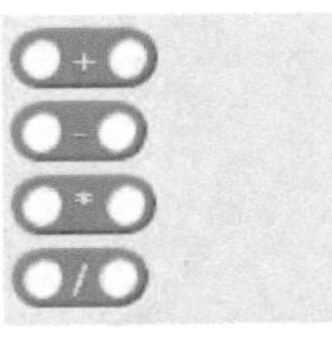

图 8.1 这些功能块允许 Scratch 2.0 程序员进行算术运算

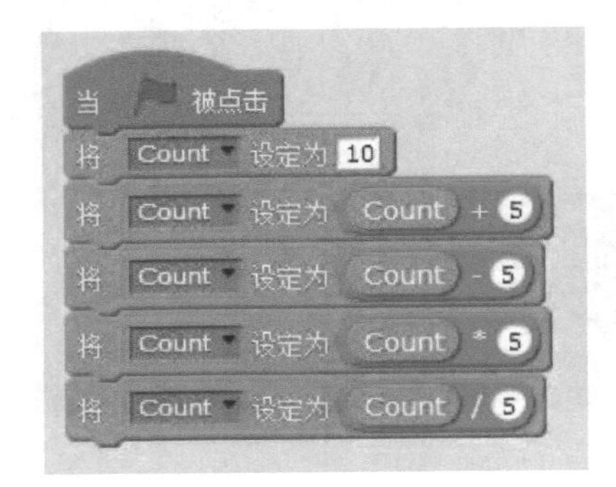

这里，脚本首先给 Count 赋了一个初始值 10。接下来执行 4 个功能块，每个功能块都包含一个栈功能块和两个侦测功能块。第 1 组语句将 Count 的值设置为 Count 的当前赋值加上 5，使得 Count 等于 15。第 2 组功能块将 Count 设置为当前的赋值减去 5，使得 Count 等于 10。第 3 组功能块将 Count 设置为当前值乘以 5，使得 Count 等于 50。最后一组功能块将 Count 的值修改为 Count 的当前值除以 5，使得 Count 等于 10。

8.2 理解运算优先级

与其他编程语言一样，Scratch 2.0 允许将运算功能块以各种形式组合到一起，以创建更为复杂的运算。例如，看看下面的脚本。

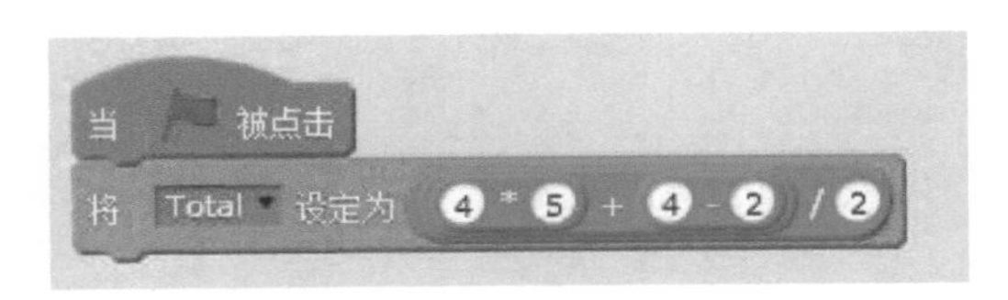

这里创建了一小段脚本来计算一个数值表达式，并且将结果赋值给一个名为 Total 的变量。这个表达式是通过将一系列的运算符功能块彼此嵌套而创建的，具体嵌套过程如图 8.2 所示。

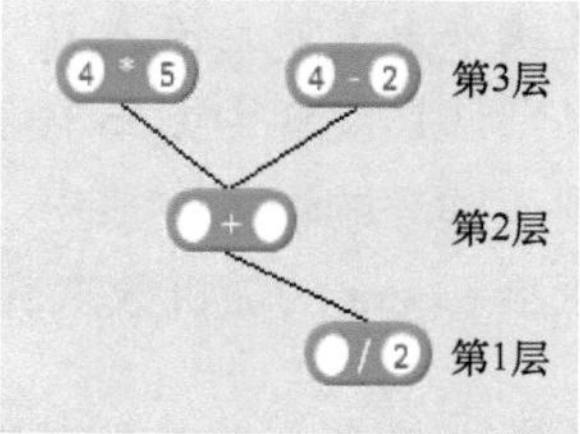

首先通过将变量嵌入到一个除法功能块中，来组合这个算式。然后将加法功能块嵌入到除法功能块左边的圆形空白中。接下来再分别将乘法功能块和减法功能块嵌入到加法功能块的左侧和右侧的圆形空白中。

图 8.2　通过功能块的不同组合来创建复杂的表达式

与其他编程语言相同，Scratch 2.0 按照某种特定的顺序来执行这些运算，这种顺序叫做运算优先级。具体来说，Scratch 2.0 采用自上向下的顺序进行运算。对于图 8.2 所示的例子，Scratch 2.0 的运算顺序如下：

（1）首先计算最上面的两个功能块，4 乘以 5 的结果是 20，4 减去 2 的结果是 2。此时，表达式变为：20+2 / 2 。

（2）然后计算第 2 层的运算功能块（加法功能块），20 加上 2 的结果为 22。此时，表达式变为：22/2。

（3）最后计算最下面的功能块，22 除以 2 等于 11，所以最终的结果值是 11。

8.3　生成随机数

在计算机游戏之类的程序中，经常需要随机性和概率性事件。例如，在游戏里模拟掷骰子就需要生成一个 1 到 6 之间的随机数。Scratch 2.0 通过图 8.3 所示的功能块来实现生成随机数的功能。

这个功能块可以生成指定范围内的一个随机整数。默认的范围是 1 到 10，但是可以修改输入字段以满足程序的要求。如果需要，也可以生成负数。除了可以将取值范围直接编写到脚本中，还可以将变量功能块拖放到该功能块的输入字段中。

图 8.3　默认情况下，这个功能块设置为生成 1 到 10 之间的一个数

为了理解该功能块是如何工作的，我们来看看下面的例子：

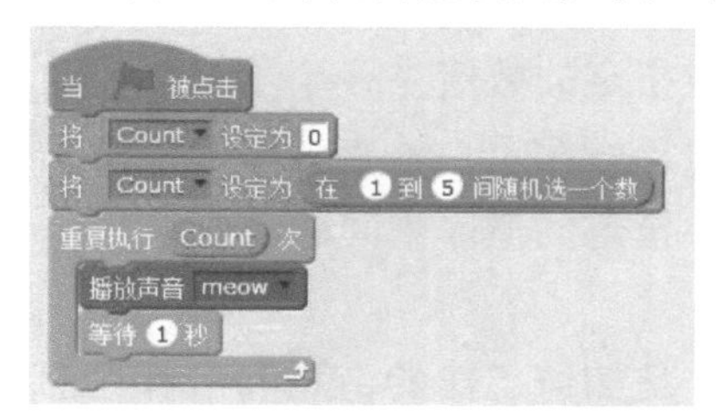

这段脚本首先给 Count 变量赋值为 0。接下来，选取范围 1 到 5 之间的一个随机数，将其赋值给 Count 以改变 Count 的值。然后，设置了一个循环功能块来重复执行嵌入其中的两个功能块。该循环设计为重复指定的次数，并且默认是设置为循环 10 次。然而，通过将 Count 变量功能块的一个实例拖放到该循环的输入字段中，可以使循环执行的次数变为随机确定的，即将根据赋给 Count 的随机数来确定。

注意　每次循环都会播放“喵”的叫声，为了能让声音文件播放完，需要添加一个等待 1 秒钟的延迟。为了看看这段脚本的执行，我们来创建一个新的 Scratch 2.0 应用程序，并且给默认的小猫角色添加脚本。

8.4　比较运算

要操作数据，经常需要对它们进行数学计算，正如前面的小节所介绍的那些计算。进行这些数学计算，最终会得到一个结果。通常，一旦计算出这些结果，我们想要对这些结果做一些事情。对于一个简单的应用程序来说，需要做的可能就是显示这个结果值。然而，在很多情况下，最终还要使用这个结果值来引导应用程序以某种方式执行。例如，假设我们要编写一个猜数字的游戏，它自动地生成一个随机数，然后让用户来猜测这个数字。把产生的随机数存储到变量中之后，需要提示用户猜出这个随机数（例如通过点击 10 个按钮中的 1 个，而每个按钮上都显示出相应的数字）。一旦得到用户的猜测，应用程序需要将用户所猜的数字与游戏存储在变量中的随机数进行比较，以判断用户的猜测是否正确。为了实现这种类型的比较运算，Scratch 2.0 提供了如图 8.4 所示的 3 个功能块。

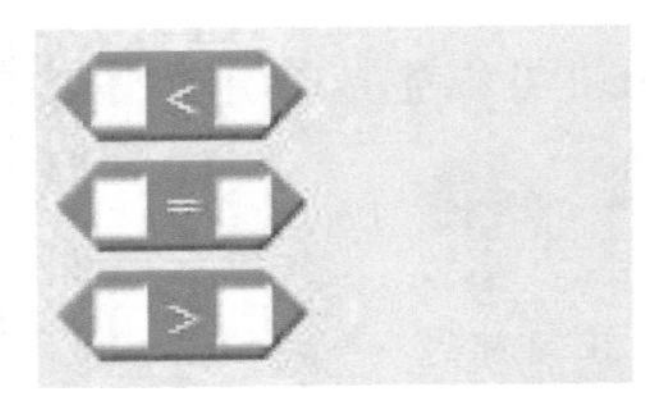

图 8.4　这些功能块允许比较任意两个数值

图 8.4 中的第 1 个功能块和最后一个功能块允许将一个值和一个范围进行比较。第 1 个功能块检查其第 1 个输入字段中指定的数值是否小于第 2 个输入字段中指定的值。第 3 个功能块所做的事情正好相反，检查其第 1 个输入字段中指定的数值是否大于第 2 个输入字段中指定的值。中间的功能块用于判断两个值是否相等。

为了更好地理解这 3 个功能块中的每一个是如何工作的，我们来看几个例子。在如右所示的第一个例子中，当点击了绿色旗帜按钮后，该脚本开始执行。此时，将值 Count 设置为 0。接下来一个运算符功能块嵌入到了一个条件功能块之中，该条件功能块所设置的条件会测试 Count 中的值，如果测试条件为真（例如 Count 的值符合条件），就执行控制功能块中嵌套的功能块。由于该条件为真，脚本会在对话气泡中显示一个文本字符串“Hello!”。

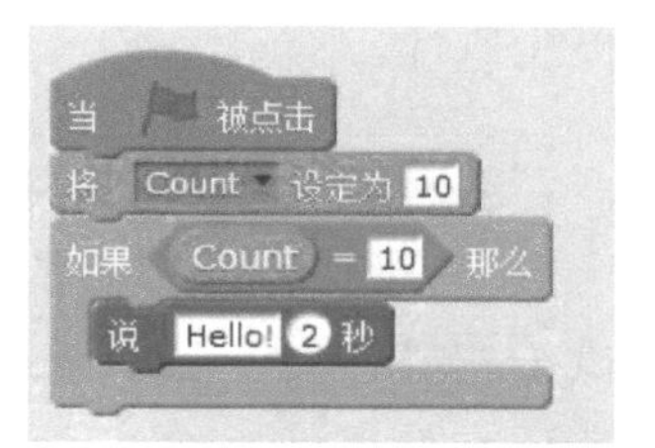

注意　为了证实嵌套的运算符功能块能够像预期的那样工作，可以将 Count 变量设置为 10 以外的数值并再次运行该示例。由于这一次 Count 的值不再等于 10，测试条件为假，并且不会在对话气泡中显示文本。

在下面这个示例中，使用了测试大于条件的运算符功能块。同样，这个脚本仍然是在用户点击了绿色旗帜按钮后开始执行。赋给 Count 的值设置为 0，然后使用了一个控制功能块来设置一个持续运行的循环（直到提供一种方法来停止其执行）。循环中嵌入了多个功能块。第 1 个功能块播放一个声音文件，第 3 个功能块用来建立一个条件测试，它会计算赋给 Count 变量的值看它是否大于 2，如果是的，使用另一个控制功能块来结束脚本的执行。如果赋给 Count 变量的值并不大于 2，会执行位于循环底部的最后一个功能块，将 Count 的值增加 1。然后，循环重复并再次执行。

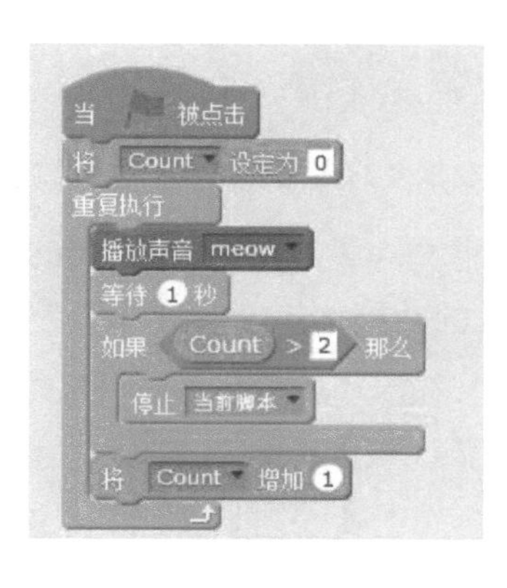

上面例子中的循环第一次执行时，Count 变量的值为 0。循环必须迭代两次，然后 Count 的值才会变为 3，并导致脚本最终停止执行。因此，声音文件会播放 3 次。

如下所示的最后一个例子演示了如何使用测试小于条件的功能块。与前面的两个例子一样，这段脚本在用户点击绿色旗帜按钮后开始执行。执行的时候，Count 变量的值设置为 1。接下来，构建了一个循环，只要 Count 变量的值小于 5，循环就会重复。每当这个测试为真的时候，嵌套的 3 个功能块就会执行。第 1 个功能块将角色移动 25 步。下一个功能块将 Count 的值增加 1，最后的功能块将脚本执行暂停 1 秒钟。

根据脚本的编写方式，循环会执行 4 次，当 Count 变量的值达到 5 的时候，停止执行。

创建不同类型的条件测试

Scratch 2.0 只提供了 3 个功能块，用于比较测试（相等、大于和小于），但是，大多数程序语言还支持另外 3 种条件测试，允许执行如下的比较操作：

- 大于或等于；
- 小于或等于；
- 不等于。

虽然 Scratch 2.0 并不提供相对应的功能块，但我们可以通过组合前面介绍的 Scratch 2.0 逻辑比较功能块，很容易地设置对应的比较测试，如图 8.5 所示。

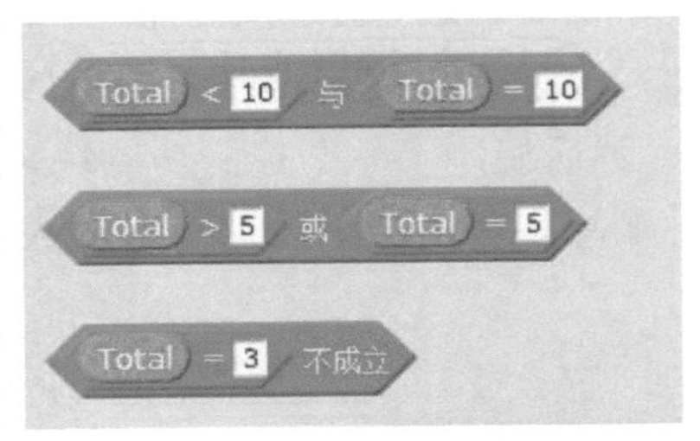

图 8.5　创建定制的逻辑比较

图 8.5 中的第 1 个组合功能块用来判定 Total 变量的值是否小于或等于 10。这个组合功能块共包含 5 个功能块：两个变量功能块、两个分别用来进行小于和等于比较的运算符功能块，还有一个用于组合整个表达式的功能块。第 2 个组合功能块与第 1 个组合功能块类似，它用来判断 Total 变量的值是否大于等于 5。第 3 个组合功能块由 3 个功能块构成，用来判断 Total 变量的值是否等于 3。下一小节将介绍支持逻辑比较的功能块。

8.5　进行逻辑比较

除了执行算术运算和比较运算的功能块之外，Scratch 2.0 还提供了如下的 3 个支持逻辑比较操作的功能块，如图 8.6 所示。

图 8.6　使用这些功能块，可以执行较为复杂的比较操作

第 1 个功能块用于测试两组不同的值，判断它们是否都为真。第 2 个功能块用来测试两组不同的值，以判断至少有一组为真。最后一个功能块允许计算两个值以判断测试的条件是否为假（不为真）。

为了更好地理解这 3 个功能块是如何工

作的，我们来看几个例子。第 1 个例子如下图所示，当用户点击绿色旗帜按钮的时候，开始执行这段脚本。首先将 Count 变量的值设定为 50。然后使用一个控制功能块来分析给 Count 分配的值。如果 Count 的值小于 100 并大于 10，则执行嵌套到该控制功能块中的语句。然而，如果两个测试条件都为假，将不会执行嵌套的功能块。

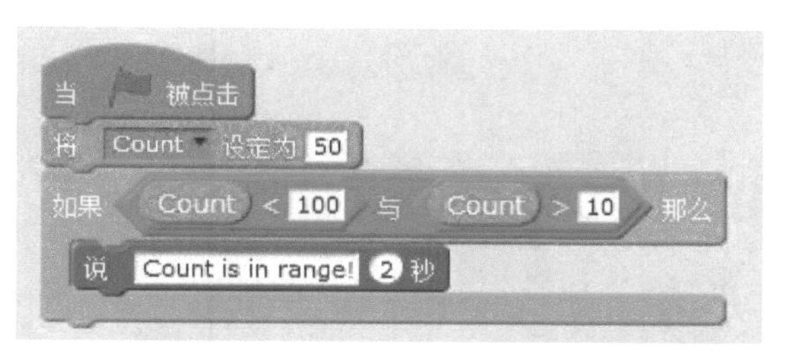

注意　Scratch 2.0 在对运算符功能块的支持方面很灵活。例如，如果你愿意，可以交换嵌套的两个运算符功能块的顺序（例如，先检查 Count 是否大于 10，然后再检查 Count 是否小于 100），所得到的结果将会是相同的。

下面的示例和上一个例子非常相似，唯一区别就是，不再是要保证两个测试条件都为真，这段脚本进行了修改，只需要一个条件为真，嵌套的功能块就会执行。

最后一个例子给出了执行否定测试的一段脚本，它检查两个值是否不相等。最后，如果 Count 的值不等于 50，控制功能块中嵌套的功能块将会执行。

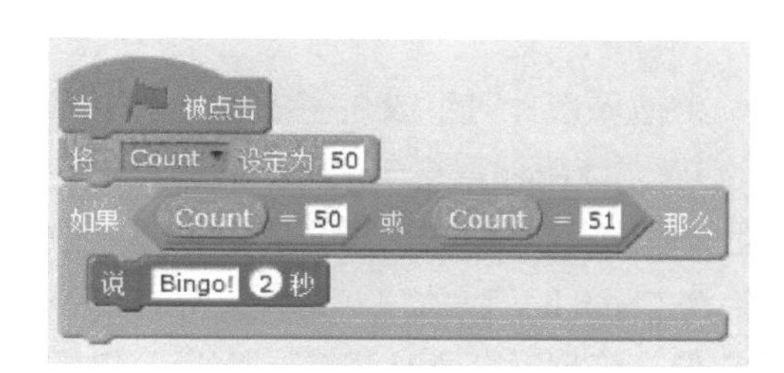

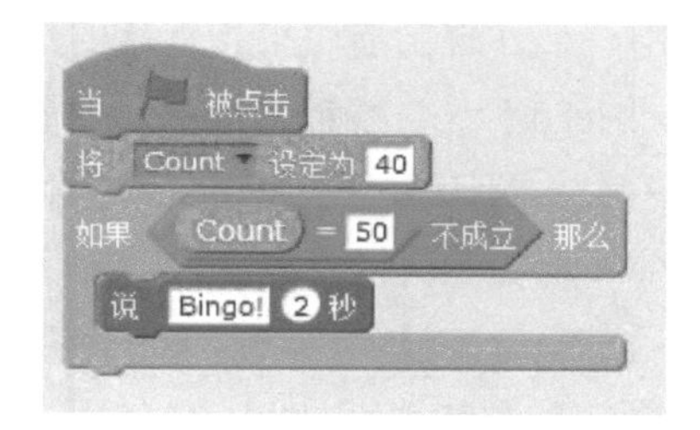

8.6　操作字符串

图 8.7 所示的运算符功能块是 Scratch 2.0 中新增加的，它们可以接受两个字符串并将其连接起来、从字符串中获取一个字符，以及确定字符串的长度。

如下的示例展示了这 3 个功能块是如何工作的。

图 8.7　这些功能块连接字符串、从字符串中提取字符，并且确定字符串的长度

```
当 [绿旗] 被点击
说 (连接 Hello World!) 2 秒
将 Count 设定为 1
将 Name 设定为 William
说 Hello! 2 秒
重复执行 (Name 的长度) 次
    说 (第 (Count) 个字符: (Name)) 1 秒
    将 Count 增加 1
```

当用户点击绿色旗帜按钮的时候，将会执行这个示例，此时，第 2 个功能块包含了一个嵌套的“连接”运算符功能块，它接受文本字符串 Hello 和 World!，并且将它们连接为一个字符串，中间使用一个空格作为分隔符，然后，让角色说出最终的字符串，如图 8.8 所示。

图 8.8　第 2 个功能块连接了字符串，让角色说“Hello World!”

脚本剩下的部分将名为 Count 的变量的值设置为 1，将另一个名为 Name 的变量的值设置为 William，并且使用一个外观功能块来让默认的角色说“Hello！”2 秒钟。然后，设置了一个循环来针对组成名字的每一个字母重复一次（例如，由于 William 包含 7 个字母，该循环重复 7 次）。在循环中，另一个外观功能块带有一个嵌套的字符功能块，用于从 Name 中所存储的单词中获取一个字母并显示出来。下一个功能块将 Count 的值增加 1，以便循环在下一次重复的时候能够获取 Name 的下一个字母。等到循环的次数完成之后，组成 Name 的内容（例如 William）的每一个字母都会被角色依次说出来。

8.7　舍入数字和获取余数

图 8.9　这些功能块获取余数并舍入数字

下一组功能块如图 8.9 所示，它们允许我们获取任何除法操作的余数部分，以及将任何的小数舍入为最近的整数。

图 8.9 中的第一个功能块返回了除法运算的余数部分（这个运算也叫做取模运算），如下面的示例所示，

其中，10 除以 3，然后将余数 1 存储到一个名为 Remainder 的变量中。

图 8.9 中的第 2 个功能块返回一个特定的数值的舍入值，将该数舍入为最近的整数，如下面的示例所示。这两个例子的返回值分别是 4 和 5。

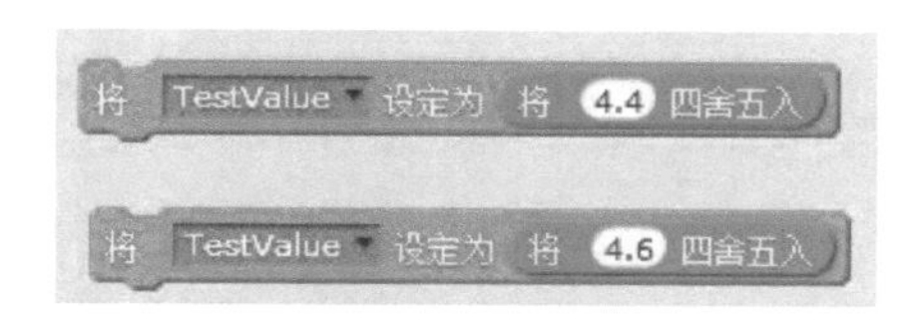

8.8 使用数学函数

除了本章前面所介绍的可以使用运算符功能块组合起来的所有数学运算，Scratch 2.0 还提供了一个额外的多功能的功能块，如图 8.10 所示。

这个功能块设计来执行 14 种不同的数学函数，可以从该功能块的下拉列表中选择这些函数。这个功能块所能够执行的函数如下所示：

图 8.10　这个功能块可以设置复杂的计算

- 绝对值。返回一个数的非负的绝对值。
- 向下取整。返回小于或等于一个特定的值的最大的整数值。
- 向上取整。返回大于或等于一个特定的值的最小的整数值。
- 平方根。返回一个数的平方根。
- sin。返回一个角度的正弦值。
- cos。返回一个角度的余弦值。
- tan。返回一个角度的正切值。
- asin。返回指定的数值的反正弦。
- acos。返回指定的数值的反余弦。
- atan。返回指定的数值的反正切。
- ln。返回一个指定的数值的自然对数（例如，是 e^ 的相反的函数）。
- log。返回指定的值的自然对数。
- e。返回指定的值的自然指数。
- 10^。返回一个数的 10 次方的值。

在开发那些需要用到任何数学函数的功能块的应用程序时，这些功能块真得很节省时间，你不必再费力地自己去实现底层的编程逻辑，就可以得到类似的结果。最终，你不仅可以花较少的时间就开发出应用程序，而且你所必须开发的编程逻辑也进行了简化且易于维护，因为这个功能块为你完成了最累的活儿。

要指定想要使用哪一个函数，只需要从功能块的下拉列表中选择它就行了。例如，如下的示例展示了这个功能模块所提供的两个不同的函数的用法。

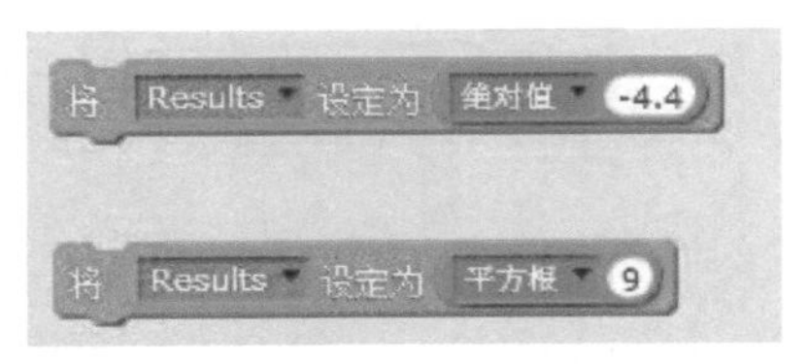

这个示例包含了两组功能块。第 1 组功能块返回了值 -4.4 的绝对值，也就是 4.4，并且将其赋值给名为 Results 的变量。第 2 组功能块返回了 9 的平方根，也就是 3，并且将值赋给了名为 Results 的变量。

8.9 开发猜数字游戏

本章剩下的内容将专注于开发下一个 Scratch 2.0 应用程序——猜数字游戏。这个应用程序使用运算符功能块来生成随机数让玩家猜测，并且将玩家的猜测与游戏随机生成的数字进行比较。

该应用程序一共包括一个背景、11 个角色和 12 段脚本。游戏开始后，玩家要用尽可能少的次数猜到随机产生的数值。图 8.11 展示了游戏的开始界面。

图 8.11　小猫角色主持的猜数字游戏

要输入猜测值，玩家必须点击舞台下方的一个数字按钮。小猫将针对每次猜测立即给出反馈，如图 8.12 所示。

图 8.12　小猫让玩家知道猜的数字太大还是太小

当用户猜中这个神秘数字后，将显示如图 8.13 的界面。

图 8.13　玩家在 5 次之内猜中了神秘数字

此时，游戏再次生成随机数以便挑战用户再进行一轮游戏。开发这个应用程序项目需要以下 8 个步骤：

步骤 1：创建新的 Scratch 2.0 应用程序项目；

步骤 2：给舞台添加背景；

步骤 3：添加和删除角色；

步骤 4：添加应用程序所需的变量；

步骤 5：为应用程序添加声音文件；

步骤 6：为收集玩家猜测的每个按钮添加脚本；

步骤 7：添加处理玩家猜测所需的编程逻辑；

步骤 8：测试程序。

8.9.1 步骤 1：创建新的 Scratch 2.0 应用程序项目

开发猜数字游戏的第一步是创建一个新的 Scratch 2.0 应用程序项目。要么打开 Scratch 2.0 网站并自动创建一个应用程序项目，要么选择“文件”菜单，然后选择“新建项目”。

8.9.2 步骤 2：给舞台添加背景

开发猜数字游戏的下一步是给舞台添加一个背景。首先点击位于角色列表的空白舞台缩略图，然后单击位于脚本区域顶端的“背景”标签页，以修改其背景。接下来，点击“从背景库中选择背景”图标，在打开的“背景库”窗口中选择“户外”文件夹，然后选择“brickwall1”文件，并单击“确定”按钮。由于该应用程序只需要一个背景，将默认的名为 backdrop1 的空白背景删除。

8.9.3 步骤 3：添加和删除角色

猜数字游戏所需要的角色是，默认小猫角色、10 个按钮角色，以及需要显示 10 个数字按钮和一个变量监视器，如图 8.14 所示。

图 8.14 猜数字游戏的不同部分的概览

要添加表示10个输入按钮的角色中的第1个，点击“从角色库中选取角色”按钮，打开“角色库”窗口。点击“物品”分类并且找到“Button1”角色，然后点击“确定”按钮。选择这个角色的缩略图，然后点击“造型”标签页，以便在绘图编辑器中显示该造型。目前，这个角色对于在项目中使用来说有点太大了。点击该图像，直到它变为被橙色的方框包围。选中角色后，点击位于绘图编辑器顶端的菜单栏上的“缩小”按钮，将角色缩小12次以得到所需的大小。将这个角色重命名为Button0。在角色列表中按下Shift键的同时点击鼠标左键，从弹出的菜单中选择“复制”。确保将新的角色命名为Button1。如果不是的话，修改其名称。将Button1复制8次，分别创建Button2到Button9。使用绘图编辑器，选择这10个按钮角色中的每一个，从Button0开始，将数字绘制于按钮之上，以便Button0的标签为0，Button1的标签为1，依次类推。

完成了按钮角色的绘制，将它们从左到右排列于舞台的底部，如图8.14所示。此时，剩下的工作就是设计应用程序的用户界面并重新放置监视器了，这些在下一个步骤中完成。

8.9.4 步骤4：添加应用程序所需的变量

要执行猜数字游戏，它需要3个变量，如图8.15所示。要给应用程序添加这些变量，点击位于功能块列表顶部的“数据”分类，然后点击“新建变量”按钮3次，以分别定义名为Guess、No Of Guesses和RandomNo的3个全局变量。

图8.15 猜数字游戏所需的3个变量

Guess变量用来保存玩家最近做出的猜测。No Of Guesses变量用于记录每次游戏中玩家猜测的次数。RandomNo变量保存了游戏随机生成的神秘数字。一旦添加了这些变量，去掉属于Guess和No Of Guesses变量的复选框，以免在舞台上显示出它们的监视器，将No Of Guesses变量的监视器拖放到舞台的右上角。

8.9.5 步骤5：为应用程序添加声音文件

猜数字游戏需要使用两个声音文件，当玩家猜对了和猜错了的时候，分别作为音效来播放。当玩家输入了错误的猜测的时候，默认的是pop声音，它自动地作为应用程序中的每一个按钮角色的一部分而包含其中。第2个声音文件是fairydust声音，当玩家设法猜对了神秘数字的时候，就会播放它。

要添加fairydust声音文件，从角色列表中选择小猫缩略图，然后点击位于脚本区域顶部的“声音”标签页。接下来，点击“从声音库中选取声音”按钮以显示“声音库”窗口，点击“电子声”文件夹，选择“fairydust”声音并点击“确定”按钮。

8.9.6 步骤6：添加捕获用户输入的脚本

驱动猜数字游戏的编程逻辑，划分为应用程序中的角色所拥有的一系列脚本。具体来说，必须为每个按钮角色添加一小段脚本，来获取并保存用户的猜测。此外，必须为小猫角色添加两段脚本。这两段脚本负责启动游戏和处理猜测，我们将分别在步骤7中介绍。

要开始编写每个按钮角色的脚本，先选择表示0的按钮，然后为其添加如下脚本。

这段脚本以一个启动功能块开始，当用户点击角色后（例如，当玩家点击它作为一次猜测的时候），就会执行该功能块。这时候，脚本中的第2个功能块向其他的角色发布一条“Player has guessed”的广播消息，表示用户已经提交了一次猜测。“Player has guessed”必须正确地输入到该控制功能块中，如上图所示。然后，第3个功能块用来根据玩家的猜测给Guess变量赋值。注意，在这个例子中，将Guess设置为0，表示玩家提交了0作为猜测。脚本中最后一个功能块播放默认的pop声音文件，这让玩家知道其猜测已经处理了。

注意 “广播消息”是在角色之间传递的消息，用来表示在程序执行过程中发生了某种事件。广播消息由各种控制功能块产生，也为各种控制功能块所使用，我们将在第9章中学习控制功能块。现在我们只需要知道，这个应用程序使用广播消息来协调活动并且记录在游戏中发生的事情。

需要添加给其他按钮角色的脚本和这段脚本几乎相同。唯一的区别就是，需要修改第3个功能块中的值，以反映出该脚本所属的按钮角色。为其他的9个按钮添加这些脚本的最容易的方式，就是将第 1 段脚本的一个实例拖放到其他的每一个角色中，然后，分别选中每一个角色，并相应地修改其第 3 个功能块中的值。

8.9.7 步骤 7：处理用户猜测

一旦为每个数字按钮添加了脚本，就该要创建属于小猫角色的两段脚本了。小猫角色的第 1 段脚本如下所示，它负责初始化游戏并准备好开始玩游戏。

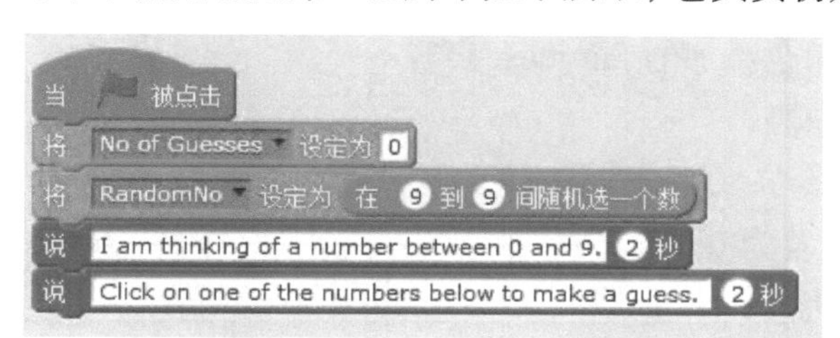

当玩家点击绿色旗帜按钮的时候，开始执行这段脚本。它首先给 No Of Guesses 赋一个初始值 0，然后将随机生成的范围在 0 到 9 之间的一个值赋给 RandomNo 变量。最后，它显示了两条消息，告诉玩家小猫已经想好了一个数字，并且让玩家尝试猜测。

小猫角色的第 2 段脚本也是最后一段脚本，如下所示。当接收到“Player has guessed”广播消息的时候，自动执行该脚本。当玩家点击了 10 个按钮角色中的一个的时候，就会发生这种情况。首先，这段脚本修改了 No Of Guesses 的值，将其增加 1。这使得应用程序能够记录玩家在当前游戏中已经猜测过的次数。

```
当接收到 Player has guessed
将 No of Guesses 增加 1
如果 Guess = RandomNo 那么
    播放声音 Fairydust
    说 Correct. You Win! 2 秒
    等待 1 秒
    将 No of Guesses 设定为 0
    将 RandomNo 设定为 在 0 到 9 间随机选一个数
    说 I am thinking of a new number between 0 and 9. 2 秒
    说 Click on one of the numbers below to make a guess. 2 秒
否则
    如果 Guess < RandomNo 那么
        说 Sorry, your guess was too low. 2 秒
    如果 Guess > RandomNo 那么
        说 Sorry, you guess was too high. 2 秒
```

脚本的剩余部分是嵌套了其他功能块的一个控制功能块。这个控制功能块首先计算 Guess 变量的值，看看它是否与 RandomNo 变量中的值相等。如果相等，就执行控制功能块的上半部分所嵌套的功能块。如果不相等，就执行控制功能块的下半部分中嵌套的功能块。

当玩家猜对了的时候，位于控制功能块的上半部分的功能块将执行如下的动作：

- 播放在步骤 5 中为小猫角色添加的 fairydust 声音；
- 提示玩家已经在游戏中获胜；
- 将脚本执行暂停 1 秒钟；
- 将 No Of Guesses 的值设置为 0；
- 为游戏选取一个新的随机数；
- 向用户发出挑战再来一局。

另一方面，当玩家猜错了的时候，将会执行脚本的下半部分所嵌套的功能块。这部分功能块包含两个控制功能块。第一个控制功能块计算 Guess 的值，看它是否小于 RandomNo。如果是的话，将显示一条消息告诉玩家所猜测的值太小了。第 2 个控制功能块判断 Guess 的值是否大于 RandomNo。如果是的话，将显示一条消息告诉玩家所猜测的值太大了。

8.9.8 步骤 8：保存并运行新的 Scratch 2.0 应用程序

此时，我们已经有了创建猜数字程序的副本所需的所有信息。给新的项目起一个名字（如果还没有这么做的话）。切换到全屏模式，运行程序，开始玩游戏吧。记住，通过点击绿色旗帜按钮开始游戏，并且按照小猫角色给出的提示来进行游戏。

第9章 控制脚本执行

要创建脚本，必须知道如何使用事件和控制功能块。事件功能块允许启动脚本的执行并对其进行协调。控制功能块可以实现循环和条件编程逻辑，这是更为高级和复杂的应用程序的构建部分。控制功能块还可以暂停和停止脚本的执行，还允许控制和管理角色的克隆体。

本章包括以下主要内容：

- 如何使用控制功能块来启动脚本的执行；
- 如何使用广播来协调脚本的执行；
- 如何暂停和停止脚本的执行；
- 如何建立各种类型的循环以及实现条件编程逻辑。

9.1 Scratch 的事件功能块和控制功能块简介

Scratch 的控制功能块为程序员提供了很多不同的功能，这些功能都可以用来控制脚本的执行。没有事件和控制功能块的话，脚本就无法执行。没有它们，也不能暂停、循环或者在计算数据的时候执行条件逻辑。通过事件和控制功能块，Scratch 可以执行如下的所有操作：

- 程序事件；
- 暂停脚本执行；
- 创建循环；
- 通过广播消息发送和接受数据；
- 执行条件式逻辑；
- 停止脚本的执行。

本书前面 8 章中给出的每一个脚本，都可以看到事件功能块和控制功能块的应用。现在，是时候来学习这两种强大的功能块以及它们所提供的编程功能了。

9.2 事件编程

属于“事件”分类的功能块负责启动脚本执行，并且发送和接受广播消息。它们使得你能够开发出这样的脚本，脚本可以作为各种条件的响应来执行，例如，当用户使用鼠标或键盘做一些事情的时候。通过消息广播，事件功能块允许协调和同步脚本的执行。

9.2.1 启动脚本执行

事件功能块可以启动脚本的执行，这对于执行 Scratch 应用程序来说是很关键的。这通过启动功能块来完成，如图 9.1 所示。

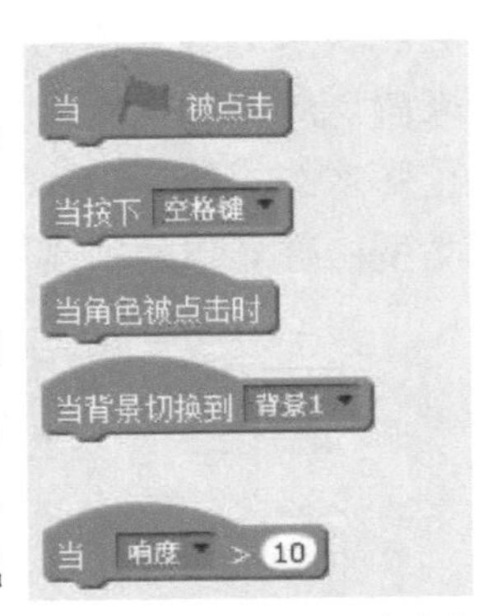

图 9.1 启动功能块将脚本的执行自动化

正如你在本书中的很多示例中看到的，当点击绿色旗帜按钮的时候，图 9.1 所示的第一个功能块会启动脚本的执行，而点击绿色旗帜按钮是启动应用程序执行的最常用的方法。例如，如果你给一个 Scratch 应用程序中的任何脚本或背景添加了如下的脚本，它将会自动地播放一段特定的声音文件（假设该声音文件已经导入了）。

当指定的按键按下的时候，图 9.1 中所示的第 2 个功能块将会执行。这个用做触发器的按键，是在该功能块的下拉列表中选择的，并且可以选择如下的按键之一：

- 上移键、下移键、左移键和右移键；
- 空格键；
- a 到 z；
- 0 到 9。

例如，下面的脚本展示了如何在用户按了空格键后将角色移动 50 步。

当点击了脚本所属的角色的时候，将会开始执行图 9.1 所示的第 3 个功能块。如下的脚本展示了，当点击该脚本所属的角色的时候，如何使用这个功能块在对话气泡中显示文本。

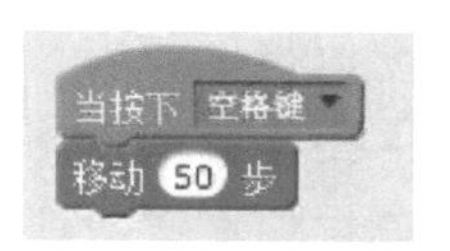

当程序切换为一个特定的背景的时候，图 9.1 中的第 4 个功能块开始执行。如下的脚本展示了当背景切换为背景 1 的时候，如何使用该功能块来播放一个声音。

当计算机的麦克风捕获到的声音超过了数字值所指定的一个响度的时候，图 9.1 所示的第 5 个功能块将会执行，它通过一个对话气泡显示一条消息。

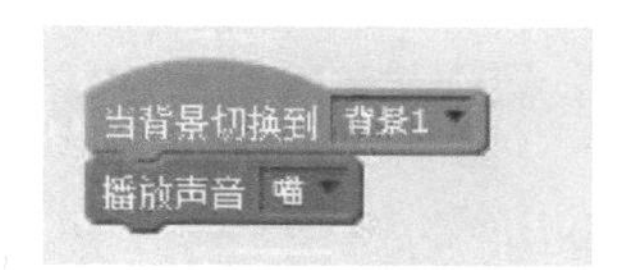

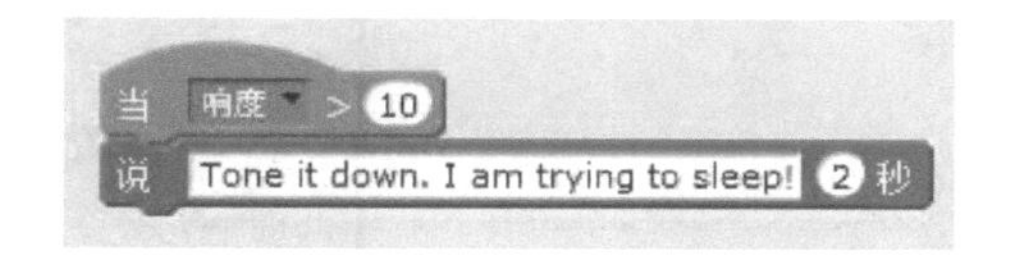

提示 Scratch 还提供了另外一个启动功能块，我们将在本章后面介绍。当接收到广播消息的时候，这个功能块将启动脚本的执行。

9.2.2 发送和接收广播消息

由于 Scratch 程序可以包含很多角色，而每一个角色又可能包含多个不同的脚本，要协调应用程序的不同部分的活动就具有一定的难度。通过使用图 9.2 所示的 3 个功能块，Scratch 允许你把发送和接受广播消息作为协调脚本执行的一种方法。

使用图 9.2 中的第 2 个和第 3 个功能块，可以将消息传递给一个应用程序中以图 9.2 中的第 1 个启动功能块开始的任何脚本。例如，如下的脚本展示了如何向应用程序中的所有脚本发送一条“jump”的广播消息。

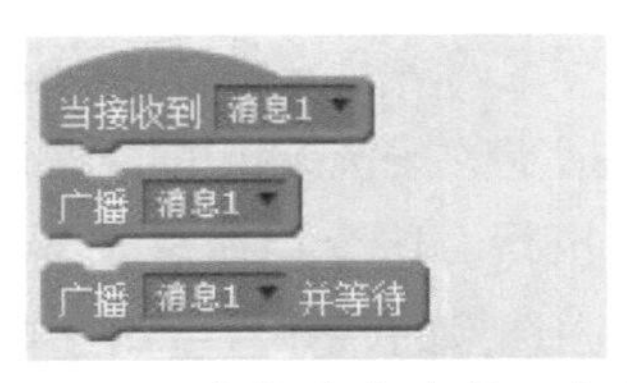

图 9.2 广播消息使得一个脚本来通知其他脚本发生了一个事件

要指定控制功能块所发送消息，只需要点击功能块的下拉列表，就可以选择一条之前已经创建的消息，或者通过在下拉列表中点击“新消息”，然后在“新信息”窗口中输入，如图 9.3 所示。

图 9.3 输入要广播给应用程序中的所有角色的消息

这个特殊的功能块发送其消息，然后允许它所在的脚本继续执行。或者，如下的脚本不仅会发送一条广播消息，还会等待应用程序中的所有脚本完成执行，而这些脚本已经设置为当接收到该消息的时候执行。

使用启动功能块，可以设置一个脚本，让它在接收到一条指定的消息的时候执行。

注意 使用上面的 3 段脚本，可以创建由 2 个按钮控件和默认的小猫角色组成的一个新的应用程序。将第 1 段脚本分配给第 1 个按钮角色，将第 2 段脚本分配给第 2 个按钮角色，将第 3 段脚本分配给小猫角色，当点击其中一个按钮的时候，就可以让小猫角色在舞台上下跳动了。

9.3 控制脚本执行

属于控制分类的功能块提供了对脚本执行的基本控制。可以使用这些功能块来暂停脚本的执行，建立循环来重复且高效地处理大量的信息，或者控制游戏的进行。控制功能块还允许实现条件编程逻辑，以及停止脚本的执行。此外，Scratch 2.0 中的新的控制功能块还允许你在程序执行中创建、删除和克隆角色，以及在开始克隆时触发脚本的执行。

9.3.1 暂停脚本执行

脚本一旦开始执行将不会停止，直至其执行结束。但是有时我们需要暂停脚本执行一段时间。这就需要使用如图 9.4 所示的功能块。

该功能块能够短暂地暂停 Scratch 程序的执行。例如，在游戏中，当用户的分数达到某个分值后，你可能想暂停游戏一两秒钟，以便让用户看到自己的成绩，然后再继续游戏。暂停脚本执行的另一个原因是，帮助管理声音文件的播放，如下面例子所示。

图 9.4　使用这个控制功能块，可以在需要的时候暂停脚本执行

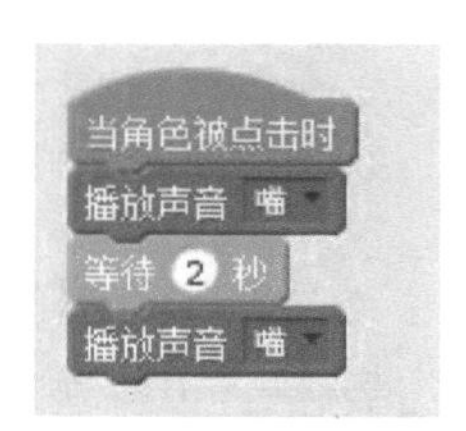

这里可以看到，该脚本中播放了两个声音文件。为了播放第一个声音文件，脚本暂停了两秒钟，然后继续执行，以播放第 2 个声音文件。如果删除了这个示例中暂停脚本的功能块，那么，两个声音文件将会同时播放，相互干扰。

提示　如果想要继续播放一个声音文件而不暂停脚本的执行，可以考虑将负责声音播放的语句放入到单独的脚本中，并将这段脚本添加给舞台。

图 9.5　这个功能块提供了另一种方式，有条件地暂停脚本的执行

图 9.5 所示的功能块也暂停了脚本的执行，等待直到一个具体的条件为真。本章稍后在介绍条件编程逻辑的时候，将会介绍这个功能块。

9.3.2 执行循环

大多数的计算机应用程序和游戏都是交互性的，这就意味着这些程序能够接收用户的输入并对用户的输入做出反应。为了做到这一点，通常需要重复地执行一系列的代码。例如，一款街机风格的游戏通常需要持续不断地播放背景音乐或音效，此时就需要管理声音播放的编程逻辑，以便只要游戏运行就播放声音。为了进行这种类型的交互，就要给应用程序添加循环。在 Scratch 中，循环就是嵌入到一个重复执行的控制功能块中的一个或多个功能块的集合。

如果没有循环，程序员将不得不用完全重复的脚本块来创建一个相当庞大的程序。例如，在没有循环的情况下，要编写让小猫角色在舞台上跳跃 4 次的应用程序，我们不得不给角色添加如下所示的脚本。

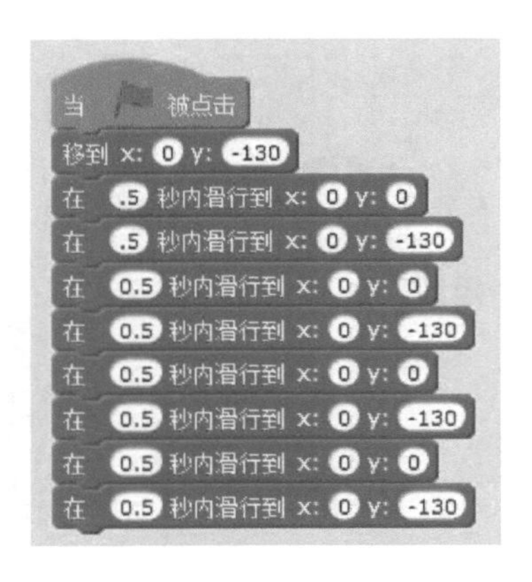

这段脚本首先将角色放置到舞台下方的中央，接下来，需要两个功能块来让角色完成一次跳跃。要实现 4 次跳跃，就需要将这两个功能块重复 4 次。假如要让角色跳跃 10 次、100 次或 1000 次，该怎么办？显然，在这种情况下，我们就需要使用循环来实现。

图 9.6 使用这两个功能块，可以创建循环，以重复执行嵌入到其中的任何功能块

Scratch 提供了两个功能块，可以用来建立循环，如图 9.6 所示

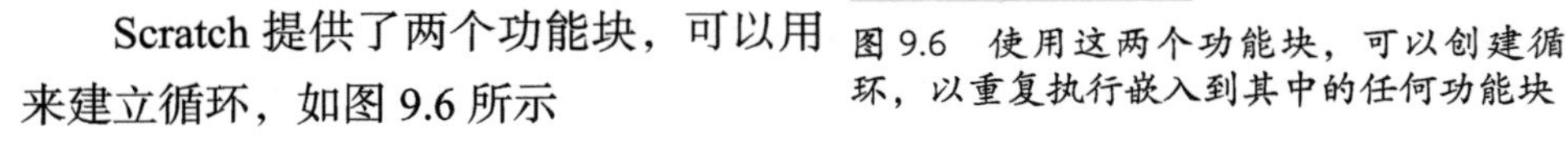

注意 Scratch 还提供了另外两个控制功能块用来实现有条件地循环。在本章后面，介绍条件逻辑的时候，我们将会介绍这两个功能块。

可以将图 9.6 中的第 1 个功能块设置为一个永久循环，它会重复地执行直到其所在的脚本停止。例如，如下的脚本使用这个功能块来创建了一个循环，它一次又一次地让角色跳起，直到点击了红色的“停止”按钮。

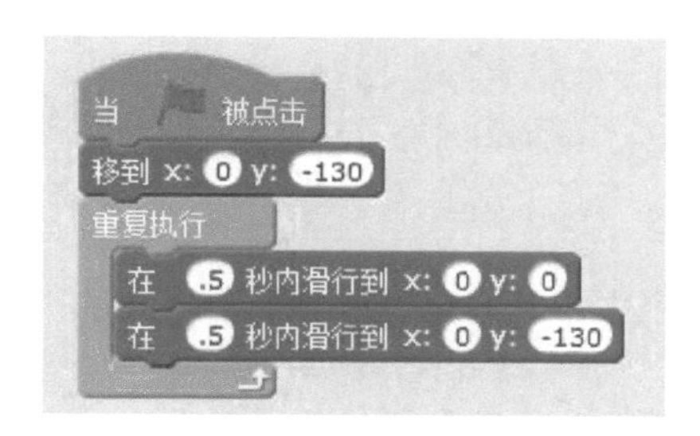

在该示例中，第 1 个功能块将角色移动到舞台下部的中央。循环中的两个功能块用来完成一次角色向舞台中央跳跃的动作。

提示 在 Scratch 中，有两种方法可以立即停止脚本的执行。第 1 种方法就是通过点击红色的“停止”按钮来终止应用程序的执行。然而，这种做法往往有点极端。作为另一种较为温和的方法，Scratch 提供了一个控制功能块，可以选择只是暂停使用了该功能块的脚本、暂停使用了它的脚本以外的所有脚本的执行，或者暂停应用程序中的所有脚本的执行。本章稍后将会介绍这个控制功能块。

我们可以使用图 9.6 所示的模块来执行循环达到预先定义的次数，而不是重复地无限次地执行循环。例如，下面的脚本展示了如何让角色上下跳跃 10 次:

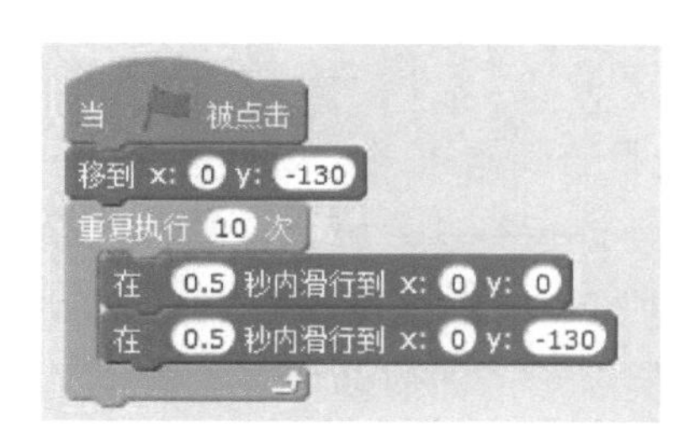

显然，在开发脚本时候使用的功能块越少，程序就越容易理解和维护。循环功能块使得编程容易了很多，并且提供了一个工具，可以尽可能简洁地将代码语句重复执行任意多次。

9.3.3 条件编程逻辑

Scratch 提供的下一组控制功能块如图 9.7 所示。这些功能块允许你对脚本应用条件编程逻辑。

使用这些功能块，我们可以分析应用程序的数据以根据这些分析来做出决策，从而有条件地执行功能块的集合。理解何时使用这些功能块的关键是，求取一个条件是否为真的条件逻辑。如果该条件经过分析后为真，就会执行控制功能块中嵌套的功能块。然而，如果条件经过分析后为假，就不会执行嵌套的功能块。

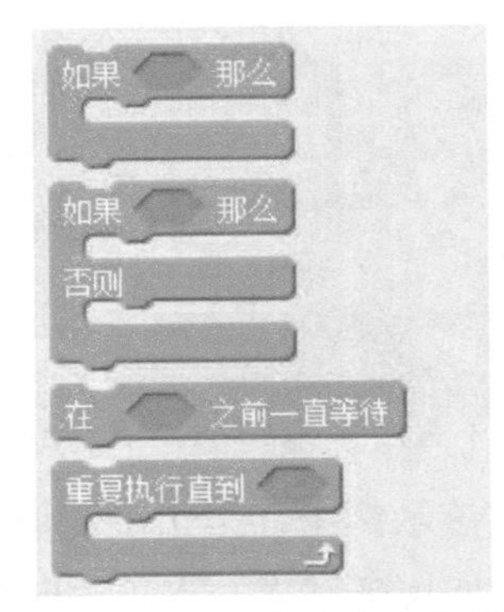

图 9.7　这 4 个功能块允许有条件地执行功能块集合

下面的脚本演示了如何使用图 9.7 所示的第 1 个功能块来创建一个循环，它有条件地执行一个声音文件的播放。这段脚本执行的时候，先查看 Counter 变量的值是否等于 0，如果是的，就播放声音文件。

有时候，我们可能需要根据条件测试的结果来决定执行两组功能块中的一组。可以使用图 9.7 中的第 2 个功能块来做到这一点。

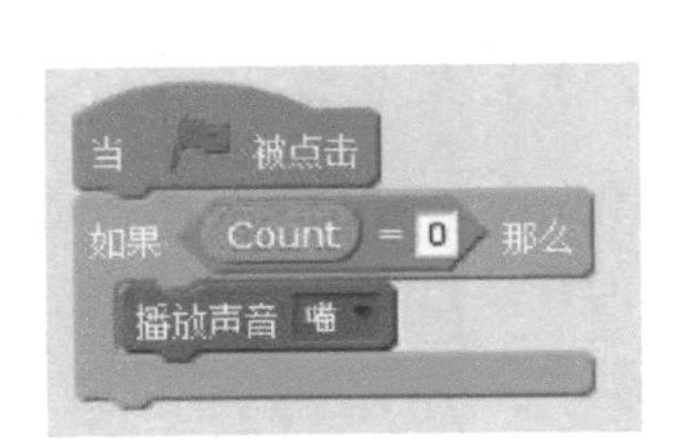

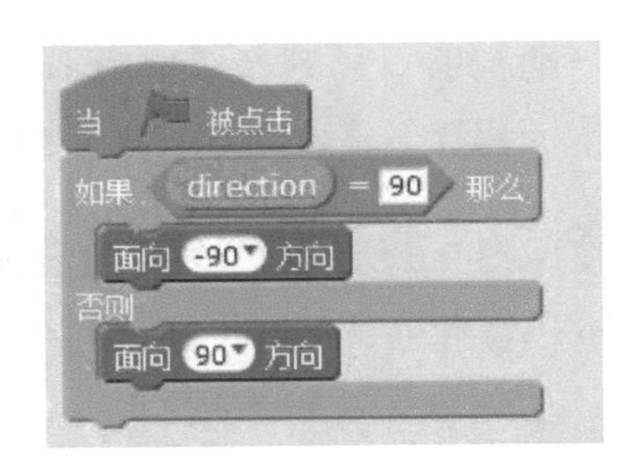

这里，进行了一个条件测试来看看当前角色是否朝向 90 度。如果是 90 度，将角色的朝向设置为 -90 度，即反向。如果重复地运行这段脚本，角色的朝向将会持续地进行反向。

当 被点击
在 Counter > 5 之前一直等待
播放声音 pop

下面的示例展示了如何使用一个控制功能块来暂停脚本的执行，以等待直到一个特定的条件为真。

这里，脚本设置为一旦运行就检查 Counter 的值，看它是否大于 5。如果是，播放一个声音文件。如果 Counter 不大于 5，脚本暂停执行，等待直到 Counter 的值超过 5，然后再继续执行。

下面的示例展示了如何使用图 9.7 所示的最后一个功能块。这里，设置了一个循环来重复执行，直到 Counter 的值等于 3，此时，循环停止运行。

每次循环运行的时候，脚本会让相关的角色在舞台上移动或上下跳跃。

9.3.4 条件功能块的嵌套

尽管强大的控制功能块提供了有条件的执行，但是它们仅限于一次分析一个条件。要开发更为复杂的编程逻辑，可以在一个控制功能块中嵌套另一个控制功能块，参见下面的示例。

这里，在一个控制功能块中嵌套另一个控制功能块，以进一步分析 Counter 的值。如果有必要，可以嵌套多个层级的控制功能块。然而，随着嵌套层级越深，脚本也越来越难以理解和维护。

9.3.5 避免死循环

循环是一个强有力的工具，使得重复执行任务更容易。然而，如果在编写循环时不小心，则很有可能创建死循环。所谓的**死循环**，就是指因为程序员引入的逻辑错误导致循环无法结束的情况。

例如，假设我们要编写播放音乐文件 5 次的一个循环，但是，假设在编写循环的时候你犯了一个错误，导致循环不能结束，如下。

这里，本来我们的意图是执行循环 5 次。该循环设置为只要 Counter 的值小于 5 就会执行。Counter 的初始值是 1，并且其值在每次循环执行的时候都增加 1。然而，在循环末尾，写成了 Counter 值增加 -1（实际上是 Counter 的值减少 1），而不是 Counter 值增加 1。最终，循环不会终结，会永远地重复播放声音文件。为了避免出现死循环，在开发应用程序并编写循环的时候以及测试脚本的时候，一定要特别小心。

9.3.6 停止脚本的执行

图9.8所示的控制功能块可以停止脚本的执行。可以在Scratch应用程序中，使用这个功能块来停止脚本的执行。

这个功能块有一个下拉列表，可以通过它选择如下选项之一：

图 9.8 使用这个功能块，可以在应用程序中停止脚本的执行

- 全部。停止应用程序中的所有脚本的执行。
- 当前脚本。停止包含了这个功能块的脚本的执行。
- 角色的其他脚本。停止属于该角色的各个脚本中、除了包含该功能块的脚本之外的其他所有脚本的执行。

使用这个功能块，可以停止包含该功能块的脚本的执行，如下面的示例所示。

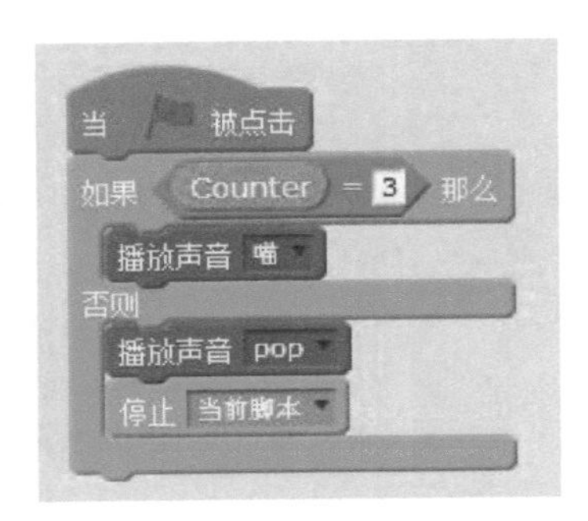

该脚本检查 Counter 变量是否等于 3，如果等于 3 则播放一个声音文件。如果 Counter 不等于 3，则播放另一个声音文件，并且停止脚本的执行。采用这种方式停止的脚本，会立刻终止，即便该脚本包含了还没有执行的其他功能块。

下一个示例展示了如何使用这个功能块，不仅停止当前脚本的执行，而且停止应用程序中的所有脚本的执行。例如，如下的脚本执行一个循环 3 次，然后，停止功能块所在的应用程序中的所有脚本的执行。

9.3.7 克隆角色

克隆是 Scratch 2.0 提供的新功能。克隆使得我们可以为 Scratch 2.0 项目中的任何角色生成一个完全相同的副本。克隆可以大大地简化程序开发过程。例如，假设你想要创建一个游戏，其中有 10 只绵羊跟着牧羊人在舞台上转悠。在设计这个项目的时候，我们不必创建第 1 只绵羊然后重复地复制它，并且在需要让绵羊出现在舞台之前将它们隐藏起来；相反，我们可以创建和编写单个绵羊的程序，然后在程序执行的过程中临时地复制或克隆绵羊。

图 9.9 所示的 3 个功能块用来创建、删除和启动克隆体。

图 9.9 这些控制功能块允许通过编程来使用角色克隆

要理解如何使用这 3 个功能块，我们来创建一个名为“Butterfly Clones”的 Scratch 项目。首先，创建一个新的项目并删除其默认的角色，使用角色库中的“Butterfly2”角色来替代默认的角色。将这个新的角色放到舞台的中央。现在，给该角色添加如下的脚本。

当 被点击
重复执行 12 次
克隆 自己
在 1 秒内滑行到 x: 在 -200 到 200 间随机选一个数 y: 在 -140 到 40 间随机选一个数

当用户点击绿色旗帜按钮的时候，会执行这个脚本，这时候，它执行循环 12 次，在舞台上的随机的位置创建了 Butterfly2 角色的 12 个副本。完成之后，舞台上的不同位置将会有 13 个蝴蝶角色。

接下来，给 Butterfly2 角色添加如下的一段脚本。当执行的时候，它会从舞台上删除 Butterfly2 的所有的克隆的实例，而只保留下最初的那个角色。

给这个项目起一个名字为“Butterfly Clones”（如果还没有这么做的话）。图 9.10 展示了给舞台添加了 12 个克隆的角色之后的样子。

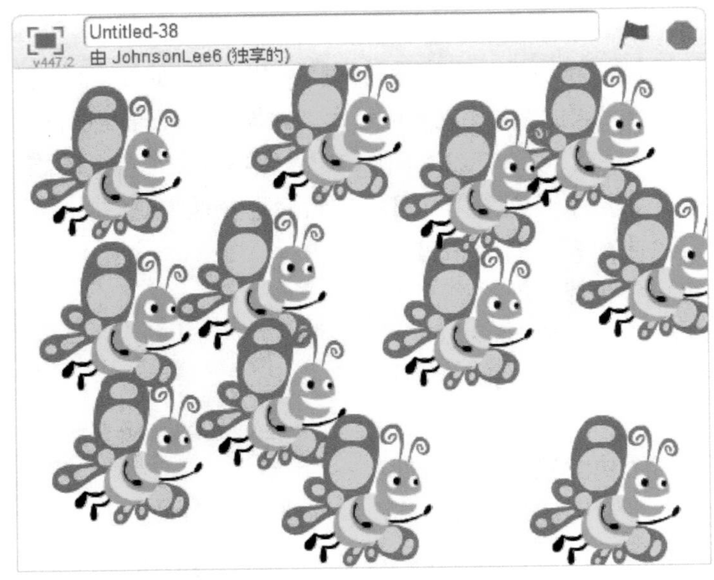

图 9.10　添加了 12 个克隆角色后舞台的样子

任何时候，按下空格键将会从舞台上删除或清除克隆角色。

9.4　开发一个小猫追球游戏

本章剩余部分将介绍如何制作小猫追球游戏。这个程序将大量使用各种控制功能块来控制球的移动以及小猫在舞台上的追球行为。该应用程序包含 4 个角色和 9 段脚本。游戏的目标就是阻止小猫抓到舞台上的小球。如果能够坚持 30 秒钟则获胜，否则失败。游戏启动之后如图 9.11 所示。

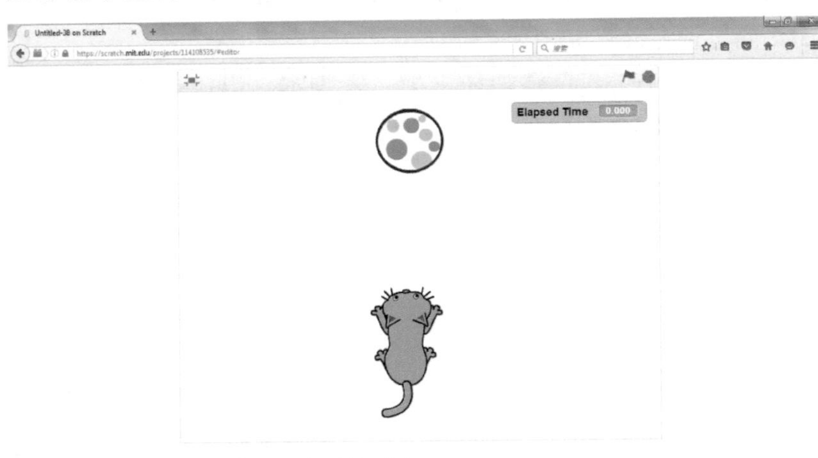

图 9.11　游戏的目标是阻止小猫抓到球

要玩这个游戏，只需要在舞台上移动鼠标，小球将会自动跟随鼠标指针而移动。如果小猫在30秒钟之内抓到了小球，则游戏结束，并显示游戏结果（如图9.12所示）。

图 9.12　如果小猫抓到了球，游戏结束

当玩家成功地躲避小猫达到 30 秒以上，则玩家胜利，此时的游戏界面如图 9.13 所示。

图 9.13　如果小球能够躲开小猫达到 30 秒，则玩家获胜

要完成这个应用程序的开发过程，需要如下的 8 个步骤：

步骤 1：创建一个新的 Scratch 项目；

步骤 2：添加和删除角色；

步骤 3：添加应用程序所需的变量；

步骤 4：给应用程序添加声音文件；

步骤 5：添加控制小球移动的脚本；

步骤 6：添加显示游戏结束消息的脚本；

步骤 7：添加控制和协调游戏运行所需的脚本；

步骤 8：保存并运行测试。

9.4.1 步骤 1：创建一个新的 Scratch 项目

开发小猫追球游戏的第一步，是创建一个新的 Scratch 项目。要么打开 Scratch 2.0 网站由此自动创建一个新的应用程序项目，或者点击“文件”菜单，然后选择“新建项目”。

9.4.2 步骤 2：添加和删除角色

小猫追球游戏包含默认的小猫角色和 3 个其他的角色，还有一个变量监视器，如图 9.14 所示。

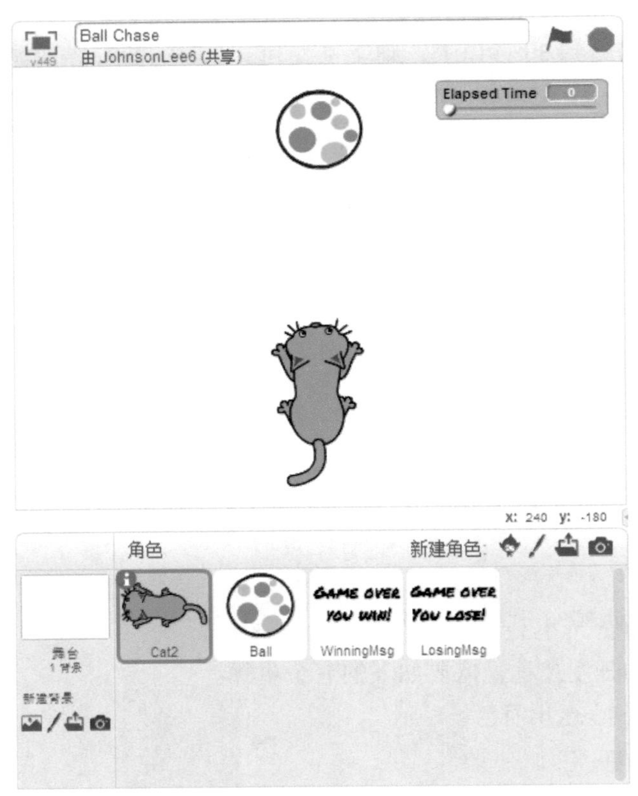

图 9.14 小猫追球游戏的不同部分的概览

由于这个应用程序中不需要默认的小猫角色，将其删除掉。在它的位置，需要添加一个不同的角色，来表示俯瞰视角下的一个不同的小猫角色。要添加这个角色，在角色区域点击“从角色库中选取角色”图标，从打开的“角色库”目录中点击“动物”分类，选择“Cat2”角色，然后点击“确认”按钮。默认情况下，这个角色会放置在舞台中央，并且保持 90 度的朝向。保持该角色位于舞台中央的默认位置不变，将其原本 90 度的朝向改为 0 度（向上），并将该角色的名字改为“Cat”。接下来，找到并添加 Ball 角色（找到“物品”分类中的“Beachball”角色）。将该角色的名称修改为“Ball”，并且将其放置到舞台的中央。

要添加应用程序的另外两个角色，只需要将文本字符串保存为角色就可以了，但必须使用 Scratch 内建的绘图编辑器程序来创建它们。这两个角色都包含文本消息。对于第 1 个角色，分两行输入文本“Game over，You lose!”。对于第 2 个角色，分两行输入文本“Game over，You win!”。将第 1 个角色命名为“LosingMsg”，将第 2 个角色命名为“WinningMsg”。

9.4.3 步骤 3：添加应用程序所需的变量

小猫追球游戏需要一个变量，如图 9.15 所示。要给应用程序添加这个变量，点击功能块列表顶部的“数据”分类，然后点击“新建变量”按钮，定义一个名为“Elapsed Time”的变量。

这个变量用来显示玩家坚持的时间。确保将该变量前的复选框选中，并且将该变量对应的监视器放置在舞台的右上角。

图 9.15 小猫追球游戏需要一个变量

9.4.4 步骤 4：给应用程序添加声音文件

小猫追球游戏需要播放一个音效文件，以模拟小猫在舞台上追球的时候发出的喵喵的声音。要添加这个声音文件，从角色列表中选择“Cat”角色的缩略图，然后在脚本区域点击“声音”标签页。接下来，点击“从声音库中选取声音”图标，以显示“声音库”窗口，在“动物”分类上点击，选择“meow”声音文件，并且点击“确定”按钮将声音文件添加给该角色。

9.4.5 步骤 5：添加控制小球移动的脚本

游戏的目标是试图阻止小猫碰到球并坚持 30 秒钟。给 Ball 角色添加如下的脚本，以控制小球在舞台上的移动。

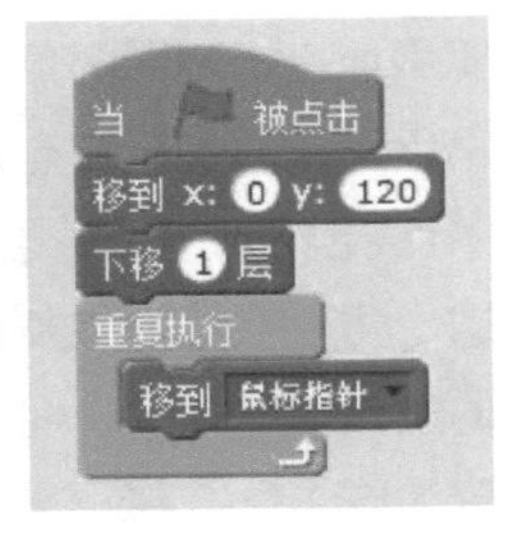

该脚本以启动功能块开始，接下来，使用一个动作功能块将小球移动到舞台顶部的中央。然后，一个外观功能块将小球向下移动一层，确保如果 Ball 角色碰到了 Cat 角色的话，Ball 角色将显示于 Cat 角色的下面而不是上面（我们将在第 10 章中学习外观功能块）。

脚本剩余的部分是一个循环，它不断地重复执行另一个动作功能块。这个动作功能块负责在舞台上把小球移动到鼠标指针所在的位置。

9.4.6 步骤 6：添加显示游戏结束消息的脚本

在添加控制小猫移动的脚本之前，先要给“WinningMsg”角色添加如下的两段脚本。这两段脚本负责显示和隐藏游戏的获胜消息。

第 1 段脚本负责隐藏它所属的角色，另一方面，第 2 段脚本负责在接受到广播消息“You win”时显示该角色。注意，这段脚本包含了一个外观功能块，它将该角色放置到任何其他的角色之上，以防止发生角色重叠的情况。这就保证了一旦显示消息的话，它是完全可见的。

给“WinningMsg”角色创建并添加完这两段脚本之后，向“LosingMsg”角色添加类似的两段脚本，然后编辑第 2 段脚本，以便当接受到广播消息“You lose”时执行它。

9.4.7 步骤 7：添加控制和协调游戏运行所需的脚本

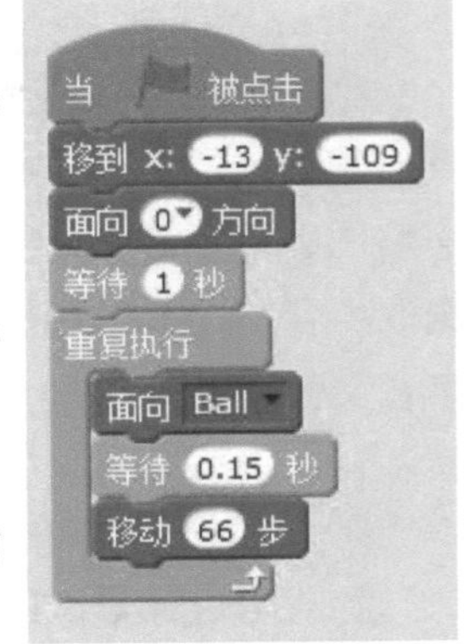

要完成游戏的开发工作，最后还需要为“Cat”角色添加 4 段脚本。第 1 段脚本如右图所示，它负责保证小猫在舞台上不停地追逐小球。

在执行该脚本后，它首先将小猫角色移动到舞台的中央并默认地朝向上方。在等待 1 秒钟后，开始执行一个循环。该循环反复执行嵌入其中的 3 个功能块，第 1 个功能块将 Cat 角色的朝向修改为朝着 Ball 角色，第 2 个功能块用来将循环执行暂停 0.15 秒，第 3 个功能块将 Cat 角色朝向 Ball 角色的方向移动 66 步。

注意 在脚本的循环中暂停 0.15 秒，原因是要降低小猫的移动速度，以便玩家有足够的时间把球移开。如果从循环中删除掉这个小小的延迟，即便是反应最快的玩家，以小猫移动的速度，它可能也会很容易地抓到小球。

小猫角色的第 2 段脚本如下所示，该脚本设置为当点击绿色旗帜按钮启动游戏的时候执行。该脚本首先将播放音量调节至计算机当前系统音量的 50%。该脚本的剩下部分是由一个循环来控制的，它重复地运行两个嵌入的功能块。第 1 个功能块将脚本的执行暂停 5 秒钟。第 2 个功能块播放 meow 声音文件。结果是，小猫在舞台上追逐小球的时候，每 5 秒钟都会喵喵地叫一次。

小猫角色的第 3 段脚本负责在小猫抓到球后停止应用程序中的所有的脚本的执行。这段脚本如下所示。

当用户点击绿色旗帜按钮后，开始执行这段脚本。该脚本整体上由一个循环控制。在循环中，首先检测 Cat 角色是否碰到了 Ball 角色。如果 Cat 角色碰到了 Ball 角色，发送一条“You lose”广播消息。一旦应用程序中的其他脚本接受并处理了这条“You lose”消息，循环中最后的一个功能块将会执行，并且它会停止所有脚本的执行。

添加给小猫角色的最后一段脚本如下所示。这段脚本负责记录应用程序执行的时间，并且在这个时间达到 30 秒时停止游戏。玩家已经设法躲开小猫达到了足够长的时间了。

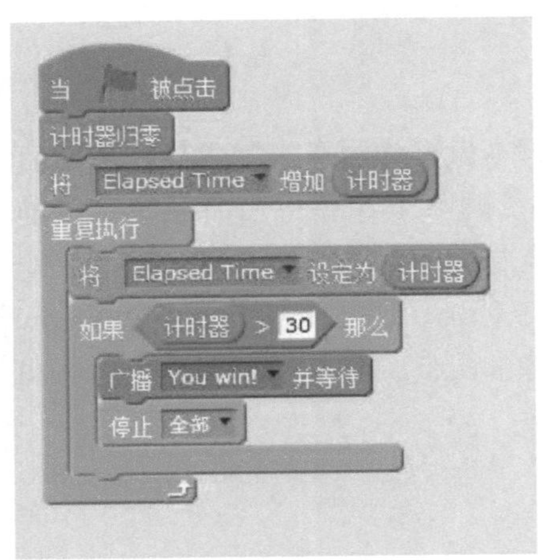

当开始执行的时候，这段脚本首先重置 Scratch 的内部计时器，然后将计时器的当前值（例如，0.0）赋值给一个名为 Elapsed Time 的变量。

剩下的脚本由一个循环来控制，它更新赋给 Elapsed Time 变量的值以反映出计时器的当前值。接下来，进行一次检查，看看计时器的值是否已经达到30秒，如果是的，将会发送一条"You win"的消息（也就是说，小猫没有在 30 秒之内抓到球）。一旦应用程序中的其他脚本处理了该消息，应用程序中的所有的脚本都将停止执行。另一方面，如果计时器的时间小于30秒，循环直接再次运行。

9.4.8 步骤 8：保存并运行测试

好了。如果你已经按照本章介绍的每一个步骤进行，那么，你自己的小猫追球游戏的副本应该已经准备好可以运行了。给这个新的 Scratch 项目起一个名字（如果还没有命名的话）。切换到全屏模式，并执行游戏。记住，当点击了绿色旗帜按钮后，就可以开始玩游戏了。你的目标是移动鼠标阻止小猫追上小球并持续 30 秒的时间。

第 10 章 改变角色的外观和行为

Scratch 2.0 适合于开发基于图形化的应用程序，这些应用程序通常需要操作其中的角色。这包括采取一些动作而影响到角色和舞台的外观和行为。我们使用外观功能块来影响角色和舞台背景的外观效果。外观功能块可以通过一些特殊效果来影响角色的外观，还可以在程序执行时显示或隐藏角色，甚至可以改变角色的造型和舞台的背景。本章将给出 Scratch 2.0 的外观功能块的概览，并且引导你创建下一个 Scratch 2.0 项目——疯狂的 8 号球游戏。

本章包括以下主要内容：

- 如何在气泡框中显示文本；
- 如何在程序执行过程中显示或隐藏角色；
- 如何通过编程来改变角色的造型和舞台的背景；
- 如何对角色和舞台的背景应用一系列特殊效果；
- 如何改变角色的大小；
- 说明如何让角色显示的时候彼此重叠；
- 学习如何获取一个造型的编号和大小，以及一个背景的名称和编号。

10.1　影响角色和舞台的外观功能块

外观功能块影响到角色和舞台的显示方式。根据你在角色列表中选择的角色缩略图或舞台缩略图的不同，功能块列表中所显示的外观功能块也不同，如图 10.1 所示。

图 10.1　当你操作角色的时候，所显示的外观功能块如左图所示；当你操作舞台的时候，外观功能块如右图所示

10.2　让角色说话和思考

图 10.2 所示的两组外观功能块，只是适用于角色，并且用来让角色在对话气泡或者思考气泡中显示文本，使得角色看上去像是在说话或思考。

图 10.3 给出了对话气泡和思考气泡的示例。

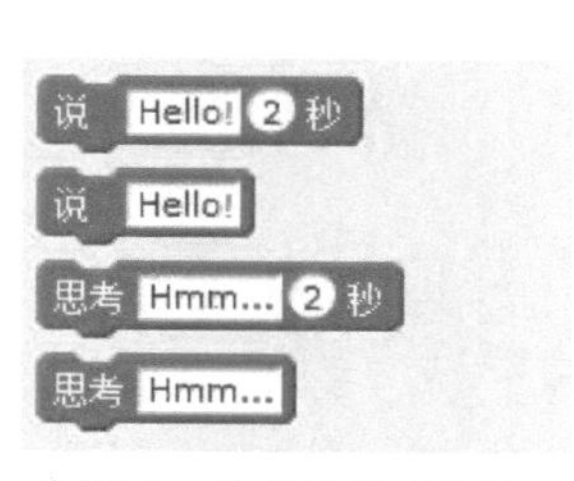

图 10.2　使用这些功能块，可以在对话气泡或思考气泡中显示文本

图 10.3　对话气泡和思考气泡的外形是类似的，用于显示动画的文本，这在很多流行的报纸漫画栏目中是很常见的

图 10.2 所示的前两个功能块用于在对话气泡中显示文本。这两个功能块的区别在于，第 1 个功能块显示文本达到指定的秒数，而第 2 个功能块则持久地显示文本（直到该文本被其他的对话气泡或思考气泡所覆盖）。例如，可以使用如下的脚本在对话气泡中显示文本“Hello!”达到 2 秒钟的时间。

使用图 10.2 所示的第 2 个功能块和第 4 个功能块所显示的任何文本，都不会自动消失。然而，你可以通过执行一个对话气泡或思考气泡功能块，而其中又不显示任何的文本，从而清除掉显示了文本的对话气泡或思考气泡。

类似的，如下的脚本展示了如何在一个思考气泡中显示文本消息“Hmm…”。

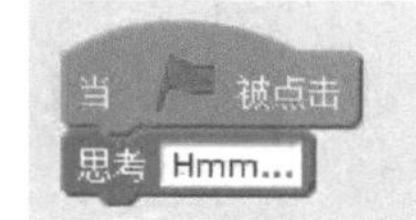

10.3　显示和隐藏角色

接下来的两个外观功能块，如图 10.4 所示，只适用于角色。正如这些功能块的名称所示，它们用来通过编程显示或隐藏角色。

图 10.4　使用这两个功能块，可以控制角色何时出现在舞台上

由于这两个功能块不接受输入，它们很容易使用。例如，可以给任何的角色添加如下的脚本，以使得它消失 1 秒钟之后再出现。

10.4 改变角色的造型和舞台的背景

添加到 Scratch 2.0 应用程序中的每一个角色，都能够通过改变其造型从而改变外观。可以给角色分配任意多个造型，并且随时切换其造型。要给角色添加造型，只需要选择角色的缩略图，点击位于脚本区域顶部的“造型”标签页，然后，点击“从造型库中选取造型”图标。这将会打开一个窗口，允许你找到并选择一个图形文件，以用做该角色的新造型。

使用外观功能块，可以通过编程来改变角色造型，进而改变其外观。类似的，可以修改舞台的背景，或者为舞台添加额外的背景，以及在程序执行中改变舞台背景。实现这些操作的外观功能块如图 10.5 所示。

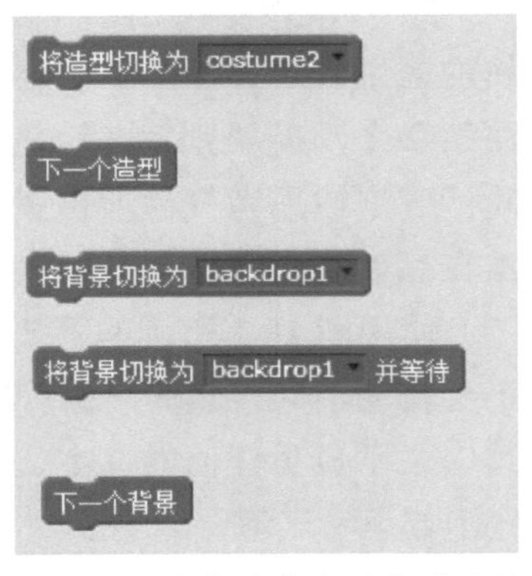

图 10.5　这些功能块用来通过编程改变角色的造型和舞台的背景

10.4.1 改变角色的造型

添加给角色的每一个造型都会自动地获得一个编号和一个名称（根据图形的文件名）。造型列表中的第 1 个造型表示应用程序启动的时候的角色。然而，通过拖放，可以重新排列造型在列表中的顺序。此外，可以通过编程来指定一个不同的造型的名称，以替换角色的当前造型。

例如，如下的脚本展示了如何将图 10.5 所示的第 1 个外观功能块用于循环中，以改变一个角色的造型共计 10 次，每次修改间隔 0.5 秒。

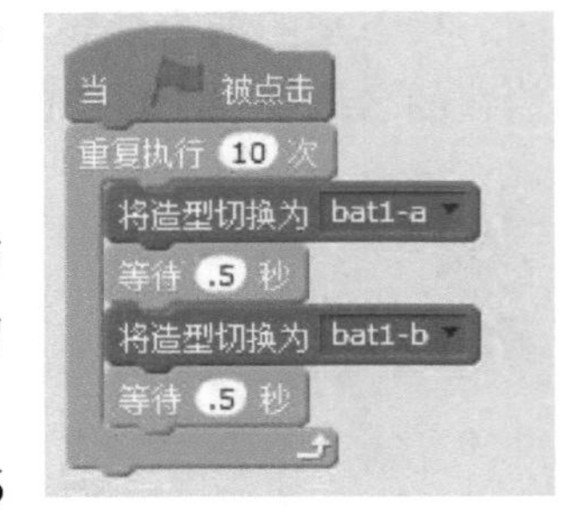

假设要给拥有两个造型的一个角色（如图 10.6 所示）添加脚本，而这段脚本应该使得点击蝙蝠的时候，它看上去是在扇动翅膀飞翔 5 秒钟。注意，角色的造型的名称已经自动地填充到了功能块

的下拉列表中。一旦将外观功能块添加到脚本中，就很容易配置它以使用造型。

当你把新的造型导入到一个角色的时候，Scratch 2.0 会自动地为其分配造型编号。分配给一个角色的第 1 个造型的造型编号为 1。后续的每一个造型，都会分配到一个更高的编号，如图 10.7 所示。

图 10.6　蝙蝠造型

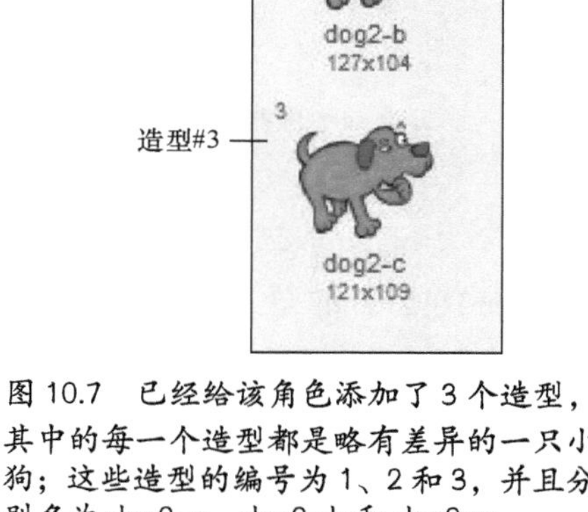

图 10.7　已经给该角色添加了 3 个造型，其中的每一个造型都是略有差异的一只小狗；这些造型的编号为 1、2 和 3，并且分别名为 dog2-a、dog2-b 和 dog2-c

使用图 10.5 所示的第 2 个功能块，可以将角色的造型修改为造型列表中的下一个造型。例如，当点击角色的时候，如下的脚本会自动地改变该角色的造型。

执行这段脚本的时候，该角色的造型会改变为造型列表中的下一个造型。通过重复地点击角色，可以连续改变角色的造型。一旦显示了造型列表中的最后一个造型，Scratch 2.0 会再次回到造型列表的顶部，如图 10.8 所示。

图 10.8　当需要继续进行造型切换的时候，Scratch 2.0 会重新回到角色的造型列表的开头处

10.4.2　改变舞台的背景

图 10.5 中的最后 3 个功能块，允许你切换舞台的背景。它们的工作方式与前两个负责切换角色造型的功能块几乎相同。例如，如右图中的脚本展示了如何随机地将舞台的背景设置为可选的 3 个背景之一。

注意，除了改变舞台的背景，这个示例还根据随机选择了 3 个背景中的哪一个来播放 3 个声音文件中的一个。

10.5　对造型和背景应用特效

接下来的 3 个功能块，如图 10.9 所示，适用于角色和舞台，可以用来设置和清除各种特效。

图 10.9 中的第 1 个和第 2 个功能块用于对一个角色的造型或舞台的背景使用如下的特效之一：

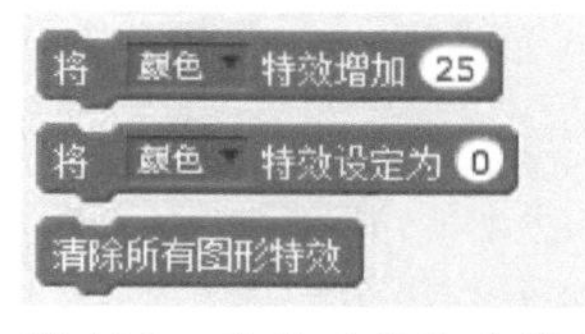

图 10.9 这些功能块允许设置和清除各种特效

- 颜色。修改造型或背景的颜色。
- 超广角镜头。放大造型或背景的一部分。
- 旋转。旋转或扭曲造型或背景的一部分。
- 像素化。使用比创建图像所用的分辨率更低的一个分辨率，来显示造型或背景。
- 马赛克。创建由角色或背景的重复的实例所组成的一幅图像。
- 亮度。通过增加或减少图像的亮度来修改它。
- 虚像。淡出造型或背景的外观，使得其显得透明化。

这些图形特效中的每一个的示例，如图 10.10 所示。注意，图中第 1 个是没有使用特效的造型，后续造型依次展示各个特效。

图 10.10 展示特效对于角色的影响

为了更好地理解这两个功能块是如何工作的，我们来看几个例子。在第 1 个示例中，执行一个循环 4 次以改变角色的外观。每次执行循环的时候，都会对脚本所属的角色应用虚像特效。

注意，在前面的脚本中的功能块的输入字段中，指定的值是 25，这表示一个百分比值。同样，在循环的 4 次重复执行中的每一次中，角色都变得淡出了一些，直到最后一次执行循环，角色完全消失。

下一个示例对于角色应用了 3 次旋转特效。具体来说，它首先清除之前可能会应用到角色上的任何的旋转特效。然后，每经过 1 秒钟的时间，它以逐渐增加的值来应用一次旋转特效，照此重复 4 次，逐渐改变角色的外观。

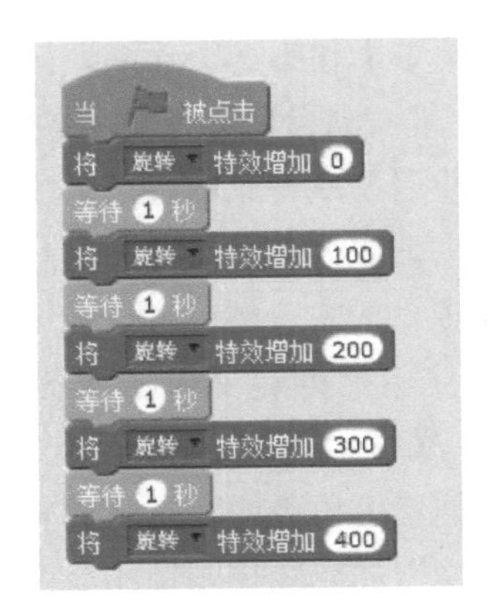

最后一个外观功能块将造型或背景恢复到其最初的状态，不管已经对其应用了多少不同的特效。例如，如下的脚本展示了如何在点击了绿色旗帜按钮之后恢复一个造型或背景的外观。

10.6 改变角色的大小

接下来的两个功能块如图 10.11 所示，只适用于角色。它们可以修改角色的大小。

第 1 个功能块根据指定的一个相对值来修改角色的大小。使用这个功能块，可以逐渐增加一个角色的大小，然后再快速减小其大小，如下左图的脚本所示。

图 10.11 使用这两个功能块，可以修改角色的大小

图 10.11 所示的第 2 个功能块，允许将角色的大小设置为其当前大小的一个指定的百分比（更大或者更小）。例如，如下右图的脚本首先将角色放大 2 倍。然后，暂停 1 秒钟，并且将角色缩小为其初始大小的 50%。再次短暂地暂停后，角色恢复为其最初的大小。

10.7 确定当两个角色重叠的时候如何显示

接下来的两个功能块如图 10.12 所示，它们指定了当一个角色的全部或者部分被另一个角色覆盖的时候，会发生什么情况。

图 10.12 使用这些功能块，可以确定当两个角色重叠的时候怎么办

在 Scratch 2.0 中，添加到应用程序中的每一个角色都会分配给一个层。例如，假设要创建拥有多个角色的一个应用程序。当给应用程序添加第 1 个角色的时候，它放置在了最顶层。当给应用程序添加第 2 个角色的时候，该角色添加到了顶层，并且之前的角色向下移动了一层。每次添加额外的精灵，都是从最顶层开始的，并且会放置在那里；直到你添加另一个新的角色或者点击之前所添加的一个角色，点击操作会把选中的角色再带回到最顶层。

理解一个角色放在了第几层很重要，因为角色分层决定了当角色彼此重叠的时候，它是保留在最顶层还是显示于另一个角色的下面。位于最高层的角色会覆盖于较低层的角色之上。

注意　为了更好地理解层的重要性，考虑下当在桌子上一张摞一张地放 5 张纸时，会出现什么情况。最上面的一张纸（位于顶层）是可见的，并且你会看到其他的几张纸都是被遮挡住的。现在，把手伸到纸堆中间，抽出一张，将其放到所有其他的纸的最上面。通过改变这张纸所在的层，现在我们可以让它变得可见。

除了将角色按照特定顺序添加到应用程序中或者控制角色的层的位置，我们还可以使用图 10.12 所示的功能块，通过编程来控制一个角色的层的位置。例如，使用第 1 个功能块，可以把角色移动到顶层，确保它在舞台上随时都是可见的，即便是当其他的角色接触到它的时候，也是如此。

作为理解这些功能块如何工作的一个示例，我们再来回顾一下第 9 章中的小猫追球游戏，在该游戏中，我们使用了这两个功能块来保证游戏结束的消息显示于所有其他的角色之上。此外，该应用程序使用这些功能块来确保了小猫在抓到球的时候会覆盖在球角色之上。

10.8　获取造型和背景数据

图 10.13 所示的外观功能块用于显示舞台监视器，以显示出角色的造型编号、舞台的背景编号和名称，以及用百分比表示的大小。此外，可以使用这些功能块作为能够接受数值输入的任何其他功能块的输入。

图 10.13　使用这些功能块，可以获取角色和舞台的相关信息

10.9　开发疯狂的 8 号球游戏

现在，我们来关注一下一个新的 Scratch 2.0 应用程序——疯狂的 8 号球的开发。这个游戏模仿的是疯狂的 8 球预言玩具。随着开发这款游戏，你将会特别体验各种外观功能块。这款应用程序一共包括 3 个角色和 3 段脚本。图 10.14 展示了游戏开始运行时的样子。

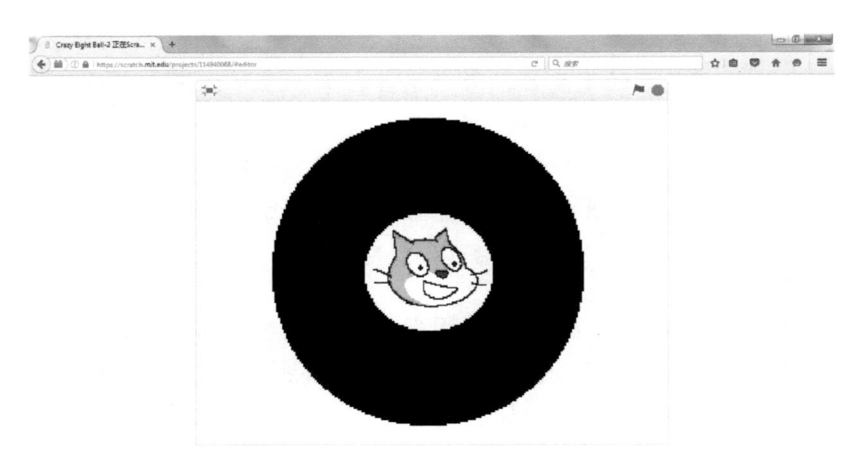

图 10.14　要玩这款游戏，必须提出可以使用 yes/no 来回答的问题

要玩这款游戏，想一个问题，然后点击位于 8 球中心的小猫的图像。一旦点击了小猫，将会有一个 8 的图像来替代小猫图像，如图 10.15 所示，并且经过 4 秒钟之后，你会听到气泡的声音。

疯狂的 8 号球会随机地显示 5 个回答之一，作为对玩家的问题的回答。游戏所支持的答案如下所示：

- Maybe!

- No!
- Yes!
- Ask a different question!
- Maybe···but then again maybe not!

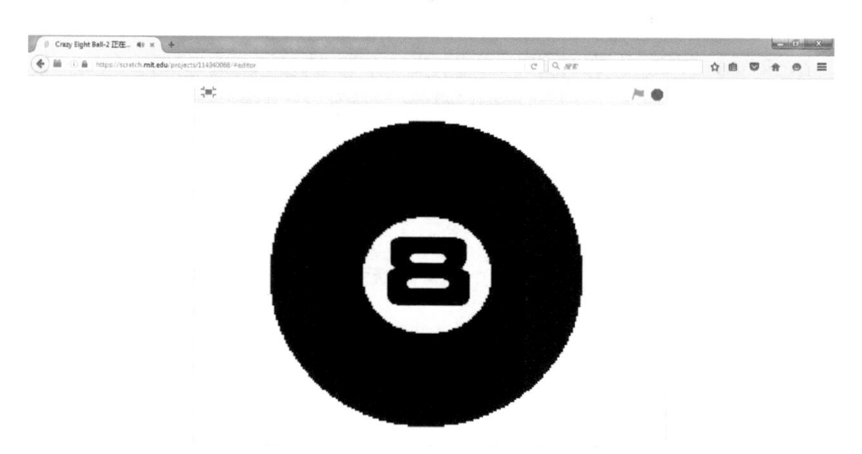

图 10.15　疯狂的 8 号球会等待片刻，以便给出回答

图 10.16 展示了游戏最终确定对玩家问题的一个回答时的样子。

图 10.16　疯狂的 8 号球决定不回答玩家的问题

这个应用程序项目的开发过程包括如下的一些步骤：

步骤 1：创建一个新的 Scratch 2.0 项目；

步骤 2：添加和删除角色；

步骤 3：添加应用程序所需的变量；

步骤 4：给应用程序添加声音文件；

步骤 5：添加控制 8 号球中的 8 的显示的脚本；

步骤 6：添加运行游戏所需的编程逻辑；

步骤 7：保存并运行测试。

10.9.1　步骤 1：创建一个新的 Scratch 2.0 项目

开发疯狂的 8 号球游戏的第一步，是创建一个新的 Scratch 项目。要么打开 Scratch 2.0 网站由此自动创建一个新的 Scratch 2.0 应用程序项目，或者点击“文件”菜单，然后选择“新建项目”。

10.9.2　步骤 2：添加和删除角色

疯狂的 8 号球游戏包含了 3 个角色和 3 段脚本，如图 10.17 所示。

图 10.17　疯狂的 8 号球游戏的不同部分的概览

需要给游戏添加的第 1 个角色是一个空的 8 号球。第 2 个角色是数字 8 的一幅图像。在 Scratch 2.0 的网站上，在 Jerry Ford 的“Scratch Programming for Teens”工作室中，可以找到这些角色。使用你的书包来复制这两个角色，然后将它们添加到你自己的 Scratch 项目中。

一旦将这些角色添加到项目的角色列表，调整它们的位置，以便 8 号球位于舞台的中央，而数字 8 则位于 8 号球的中央。

应用程序的第 2 个角色是小猫的脸部。可以使用绘图编辑器程序来编辑应用程序的默认角色，删除掉小猫的身体部分，只留下其脸部，从而创建这个角色。一旦修改完了角色，点击位于 Scratch 2.0 工具栏上的“放大”按钮，然后点击小猫角色的图像 12 次，以增大小猫的脸部的大小。接下来，调整小猫角色的位置，将其移动到 8 号球的中央之上，使其覆盖住 Number 角色。至此，疯狂的 8 号球游戏的整体设计已经完成了。

在进入下一步之前，将这 3 个角色分别命名为 Cat、EightBall 和 Number，如图 10.17 所示。

10.9.3 步骤 3：添加应用程序所需的变量

要运行疯狂的 8 号球游戏，需要定义如图 10.18 所示的变量。要添加这个变量，点击功能块列表上的“数据”分类，点击“新建变量”按钮，然后，定义一个名为“RandomNo”的新变量。

这个变量保存了随机生成的一个数字，当游戏给出对玩家问题的回答的时候，要用到这个数字。

图 10.18 疯狂的 8 号球游戏需要一个变量

10.9.4 步骤 4：给应用程序添加声音文件

疯狂的 8 号球游戏使用了一个声音效果，它听上去就像是水泡破裂时发出的声音。在显示 8 号球的回答之前，这个声音会播放 4 秒钟的时间。播放的声音文件应该添加到 Cat 角色上。为了添加这个声音文件，从角色列表中选择 Cat 角色的缩略图，然后点击位于脚本区域顶部的“声音”标签页。接下来，点击“从声音库中选取声音”图标，以显示“声音库”窗口，点击“效果”文件夹，选择“bubbles”声音并且点击“确定”按钮。

10.9.5 步骤 5：添加控制 8 号球中的 8 的显示的脚本

应用程序的 3 段脚本中，有两个都属于 Number 角色。这些脚本如下所示，它们根据接收到的广播消息自动执行。具体来说，当接收到一条“Show 8”消息的时候，Number 角色变得可见。当接收到一条“Hide 8”消息的时候，隐藏 Number 角色。这些消息的接收事件，作为触发器来控制 Number 角色何时可见（也就是说，只有当 8 号球在准备生成答案的过程中，Number 角色才是可见的）。

正如你所看到的，这两段脚本使用一个外观功能块来控制角色的可见性。由于游戏一开始只显示 Cat 角色的图像，我们继续编写第 2 段脚本，隐藏 Number 角色。

10.9.6 步骤 6：添加运行游戏所需的编程逻辑

应用程序的最后一段脚本如下所示。当用户思考一个问题并且点击了 Cat 角色寻求答案的时候，会执行这段脚本。

一旦开始运行，这段脚本把 1 到 5 之间的一个随机数赋值给 RandomNo 变量。接下来，执行一个外观功能块，隐藏 Cat 角色，然后，发送广播消息 Show 8。这条消息会触发属于 Number 角色的脚本的执行。接下来，播放 Bubbles 声音文件，并且脚本的执行会暂停 4 秒钟，让 Scratch 2.0有时间来完成声音文件的播放。4 秒钟时间到了以后，再次发送一条 Hide 8 广播消息，从而隐藏 Number 角色。

接下来，Cat 角色会再次出现在舞台上，并且分析 RandomNo 的值。根据 RandomNo 的值，会在对话气泡中相应地显示 5 条不同消息中的一条。2 秒钟之后，对话气泡关闭，游戏等待玩家提出另一个问题。

10.9.7 步骤 7：保存和运行 Scratch 2.0 项目

此时，你已经拥有了创建疯狂的 8 号球游戏所需的所有信息。给你的新项目起一个名字，然后测试它，以确保不会遇到任何问题。切换到全屏模式，并且测试这个疯狂的 8 号球游戏。

第 11 章 添加生动的声音

在很多不同的应用程序中，尤其是计算机游戏中，声音是表达内涵和传达体验的一种手段。通过添加背景音乐和音效，应用程序真的可以活跃起来，为用户提供深刻而富有含义的体验。在 Scratch 2.0 中，声音效果和音乐是通过声音功能块而加入到应用程序中的。本章将介绍如何使用 Scratch 2.0 中所有的声音功能块，并且展示如何把声音（音频文件）、鼓点和音符加入到应用程序中。在此基础上，我们将学习如何创建一个叫做家庭照片电影的新应用程序，以展示如何创建一个始终带有背景音乐的幻灯片。

本章包括以下主要内容：

- 如何控制声音的播放；
- 如何敲打鼓点节奏和用鼓演奏；
- 如何控制声音的音量、音符以及乐器的演奏；
- 如何设置和改变鼓点与音符的节拍。

11.1 播放声音

要向应用程序中添加音乐和音效，需要学习如何使用图 11.1 所示的 3 个功能块。这 3 个功能块提供了在 Scratch 2.0 应用程序中播放或停止 MP3 文件和 .wav 文件所需的一切。

图 11.1　这些功能块控制声音的播放

图 11.1 所示的前两个功能块，允许播放添加到 Scratch 2.0 项目中的任何 MP3 和 .wav 文件。第 3 个功能块允许停止播放属于角色的所有声音。要播放一个声音，需要先将其添加到角色或舞台。首先单击角色列表中角色或舞台的缩略图，然后选择脚本区域顶端的“声音”标签页，然后点击“从声音库中选取声音”图标。选择好要添加的音频文件后，单击“确定”按钮。将音频文件导入之后，就可以使用属于舞台或角色的脚本来播放它了，如左图所示。

这里，当用户单击绿色旗帜按钮后，播放一个名为“meow”的声音文件。要播放这个声音文件，必须从功能块的下拉列表中选取它。Scratch 2.0 自动将脚本所属的角色所拥有的全部声音文件，都添加到这个下拉列表中。

前面的例子所使用的声音功能块，允许它所在的脚本继续运行。如果包含了声音功能块的脚本中，还有其他的功能块等待执行，当脚本继续执行的时候，声音播放会被打断。在前面的例子中，这不是一个问题，因为这个声音功能块是脚本中的最后一个功能块。

当你想要暂停脚本的执行，以允许整个声音有足够的时间播放完的时候，有两种可选的做法。首先，可以紧挨着声音模块之后添加一个控制功能块，它暂停脚本的执行达到特定的秒数（例如，播放该声音所需的那么多秒）。更好的办法是，直接使用图 11.1 中的第 2 个功能块，如右图的脚本所示。

在这个例子中，当用户点击绿色旗帜按钮，声音功能块开始播放此前添加到 Scratch 2.0 中的声音文件，同时会暂停脚本的执行，直到声音文件播放完毕。一旦播放完毕，才允许继续执行脚本的剩余部分。

提示　如果想要在应用程序中重复地播放背景音乐或声音效果，可以专门为此创建一个脚本。这会让播放声音所需的编程逻辑和其他的脚本区分开来，从而不必为了支持播放声音而暂停其他脚本的执行。

根据应用程序的设计，有时候可能需要停止属于角色或舞台的声音的播放。可以使用图 11.1 中的第 3 个功能块来做到这一点，如右图的示例所示。

这里，当按下空格键的时候，停止播放属于当前角色的所有声音。

11.2 敲鼓

使用图 11.2 所示的功能块，可以给 Scratch 2.0 添加敲鼓的声音，并且当需要的时候，可以暂停敲鼓达到一定的拍数。

图 11.2 所示的第 1 个功能块会敲鼓达到一定的拍数。这个功能块允许我们从 18 种不同的鼓中进行选择，通过点击功能块的下拉列表，可以很容易地选择鼓声，如图 11.3 所示。

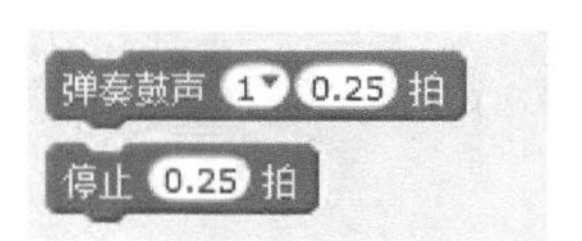

图 11.2 这些功能块可以在应用程序中控制敲鼓

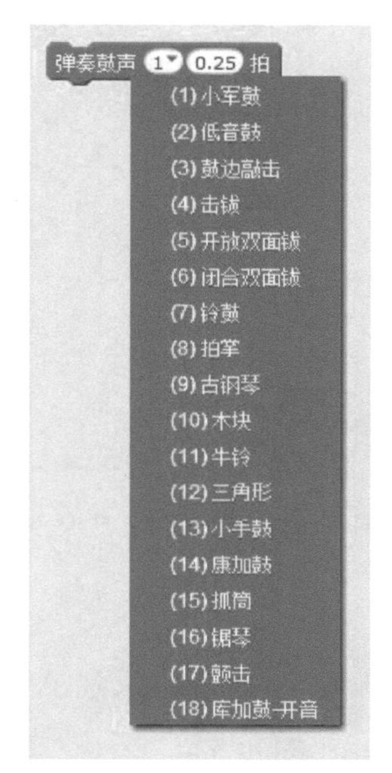

图 11.3 这个功能块支持演奏 18 种不同的鼓声

图 11.2 所示的第 2 个功能块用来短暂地停止鼓声，以达到指定的拍数。

使用这两个功能块，可以在应用程序中演奏出各种各样的鼓声。

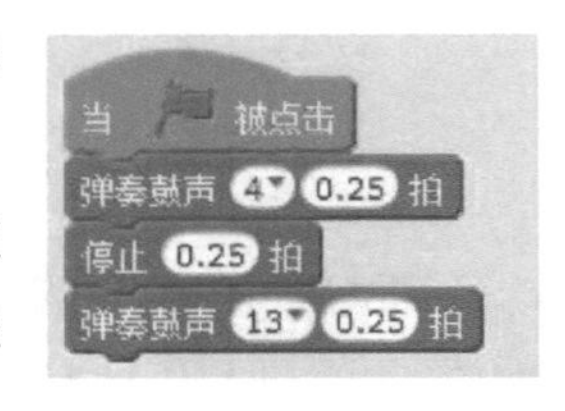

在这个示例中，第一个功能块弹奏一个“击钹”鼓声 0.25 拍。第 2 个功能块停止 0.25 拍，第 3 个功能块使用“小手鼓”弹奏鼓声 0.25 拍。

11.3 弹奏音符

除了可以播放声音文件和鼓声节拍之外，Scratch 2.0 还允许你使用图 11.4 所示的功能块，以各种乐器来弹奏音符。

第 1 个功能块弹奏一个音符达到一定的拍数。可以通过在功能块的第 1 个输入字段中输入，来指定一个音符。这个变量的范围是从 0 到 127，60 表示“中央 C”的音符。或者，可以点击位于功能块的输入字段中的下拉列表，从所显示的列表中选择音符，如图 11.5 所示。

图 11.4 所示的第 2 个功能块指定了所使用的乐器，它设计用来和第 1 个功能块一起工作。它总共支持 21 种不同的乐器，编号从 1 到 21。你可以在功能块的输入字段中键入编号，或者从功能块的下拉列表中选择乐器，如图 11.6 所示。

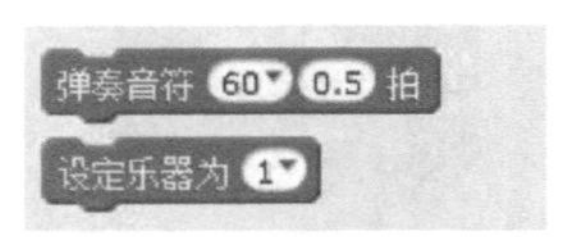

图 11.4 这两个功能模块允许使用乐器来弹奏音符

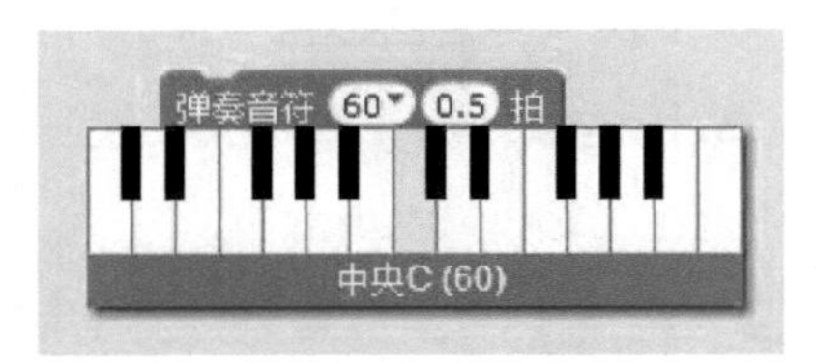

图 11.5 从所显示的列表中选择一个音符并指定拍数

图 11.6 选择想要在 Scratch 2.0 中演奏的乐器

如下的脚本展示了如何使用图 11.5 所示的两个功能块，使用“风琴”来弹奏一个中央 C 音符，然后播放一个 D 音符。每个音符都弹奏 0.5 拍。

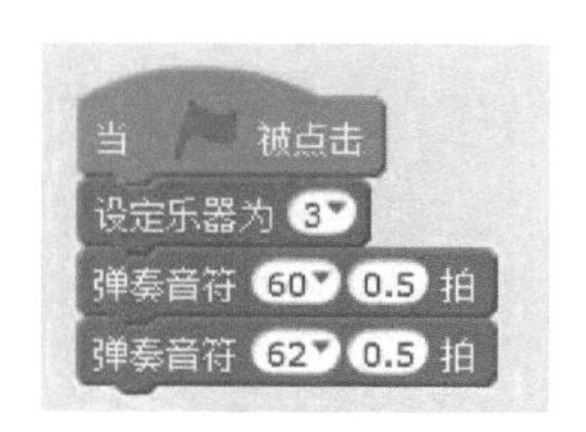

11.4 设置音量

我们可以结合使用图 11.7 所示的功能块来修改或设置播放声音、鼓声节拍和音符的音量，而不是以计算机系统设置的音量来播放它们。

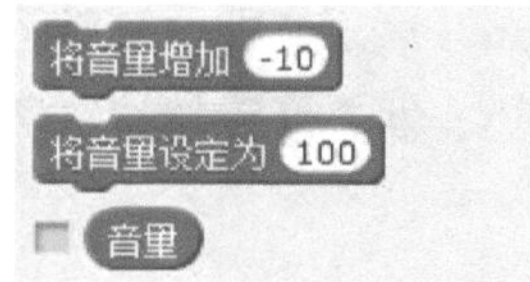

图 11.7 使用这些功能块，可以控制应用程序中的任何角色所播放的音乐和声音效果的音量

图 11.7 所示的第 1 个功能块用来改变某个角色播放声音的音量。使用该功能块，我们可以将角色音量增加指定的百分比值：0 表示无声，100 表示最大音量。第 2 个功能块允许给角色指定 0 到 100 之间的一个值。使用第 3 个功能块，可以获取一个角色音量并且在舞台上的监视器中可选地显示这个值。

提示 在 Scratch 中，可以为每个角色设置不同的音量。因此，可以给应用程序中的每一个角色指定不同的音量大小。

下面的例子演示了图 11.7 中的第 1 个控制功能块的使用方法。

这里，以计算默认的音量播放“喵”的声音。然后，将音量减少 80%。最后，再次播放“喵”的声音，这一次音量明显比第一次播放的音量要小。

在下面的例子中，首先将音量设定为默认音量的 10%，然后再播放名为“meow”的声音文件。

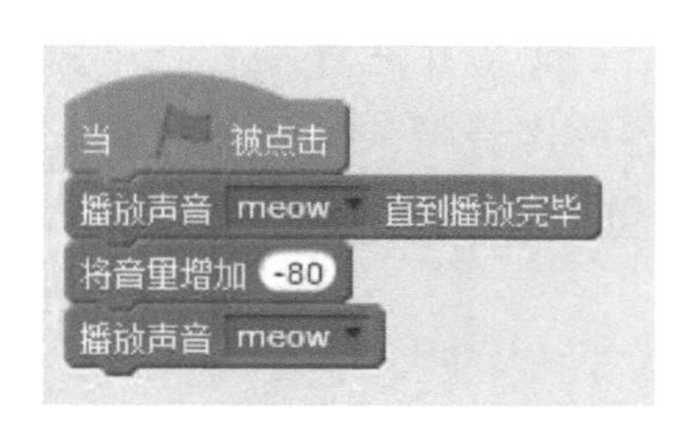

注意　可以使用图 11.7 中的第 3 个功能块来获取一个角色的当前音量大小。此外，通过选择其复选框，可以允许该角色的一个监视器显示于舞台上，以显示该音量大小。

11.5 设置并修改节奏

Scratch 2.0 所提供的最后 3 个声音功能块如图 11.8 所示，用来设置、修改和侦测敲打打击乐器和弹奏音符的节奏。

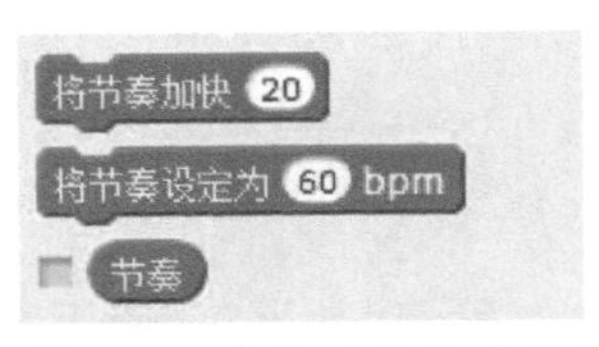

图 11.8　这些功能块允许修改和报告一个角色用来播放打击乐和弹奏的节奏

图 11.8 所示的第 1 个功能块可以改变弹奏音符和击鼓的速度。节奏是速度的单位，以节拍 / 分钟（bpm）表示，即每分钟多少节拍。节奏的值越大，击鼓或弹奏音符就越快。第 2 个功能块允许设置为按照每分钟指定的次数来击鼓或弹奏音符。使用第 3 个功能块，我们可以获取给一个角色当前指定的节奏，或者可选地在舞台上的一个监视器中显示这个值。

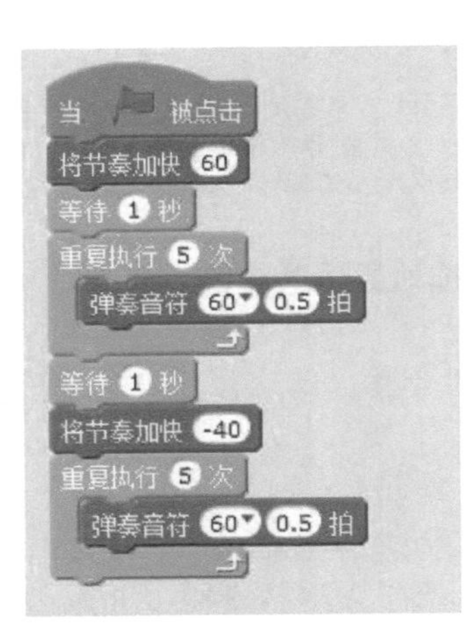

下面的脚本演示了在弹奏音符的时候如何设置和修改一个角色的节奏。

这里，把用来弹奏音符的节奏设置为每分钟 60 拍，然后等待 1 秒钟，连续播放“中央 C” 5 次，每个音符弹奏 0.5 拍。

然后再等待 1 秒钟，将节奏设置为每分钟 20 拍，再次播放“中央 C” 5 次。

11.6 创建家庭照片电影

在本章剩下的篇幅中，我们将介绍如何开发下一个应用程序项目，即家庭照片电影。这个项目的开发提供了进一步使用各种声音模块、控制音量、播放和结束播放的机会。总的来说，这个应用程序包括 8 个角色和 13 段脚本。图 11.9 展示了这个应用程序启动时的样子。

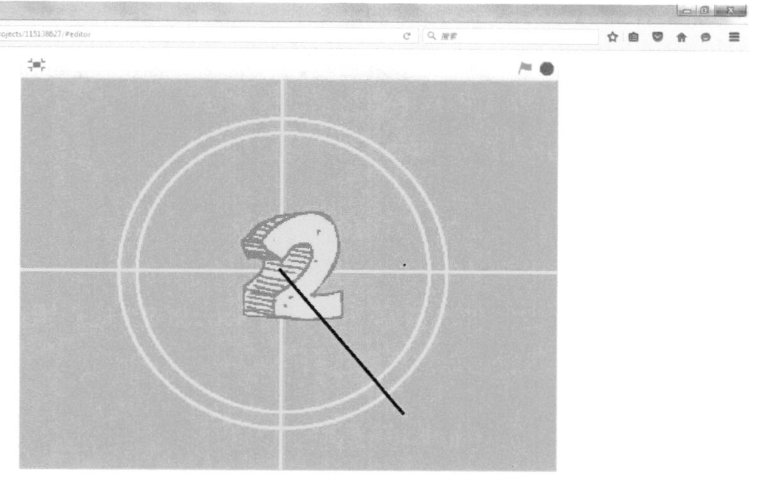

图 11.9 该应用程序首先在一个橙色的雷达背景上显示一系列的数字，从 5 到 1

要运行这个应用程序并观看照片的播放，只需要点击绿色旗帜按钮。一旦点击了这个按钮，应用程序就开始一个从 5 倒数的动画序列，然后开始显示表示影片内容的一系列的照片，如图 11.10 所示。

图 11.10 随着电影的播放，会以 3 秒钟的间隔来显示一系列的照片

在显示图片的时候播放背景音乐，可以帮助烘托一种温馨的气氛。家庭照片电影能够显示任意多张照片。一旦电影结束，会显示致谢。

开发这个项目的过程包括如下的一些步骤：

步骤 1：创建一个新的 Scratch 2.0 项目；

步骤 2：添加和删除角色和背景；

步骤 3：添加应用程序所需的变量；
步骤 4：给应用程序添加声音文件；
步骤 5：添加控制应用程序执行的编程逻辑；
步骤 6：命名并测试 Scratch 2.0 项目。

11.6.1　步骤 1：创建一个新的 Scratch 2.0 项目

开发家庭照片电影的第一步，是创建一个新的 Scratch 2.0 项目。要么打开 Scratch 2.0 网站由此自动创建一个新的 Scratch 2.0 应用程序项目，或者点击“文件”菜单，然后选择“新建项目”。

11.6.2　步骤 2：添加和删除角色和背景

家庭照片电影包括 8 个角色，如图 11.11 所示。

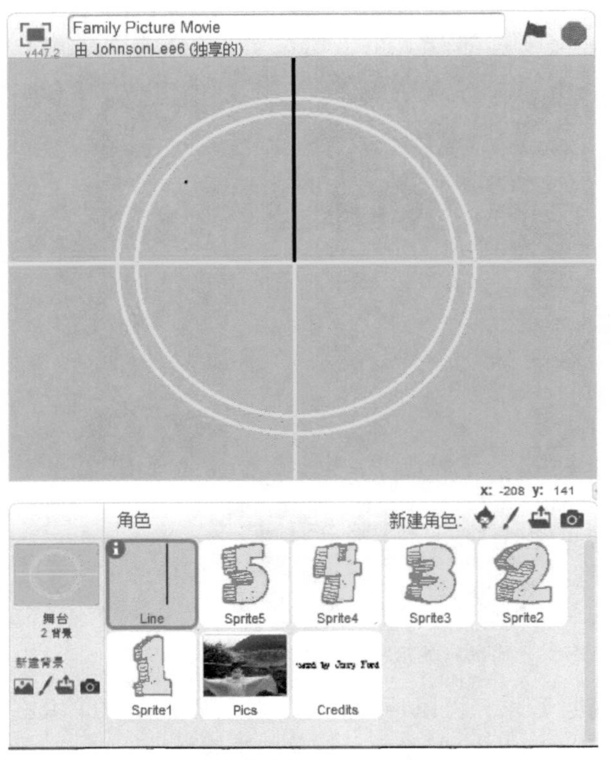

图 11.11　家庭照片电影的组成部分的概览

该应用程序包含两个单独的背景：当应用程序启动并开始倒计数的时候显示的 Counter，还有就是默认的空白舞台背景。我们将在 Scratch 2.0 网站上，从 Jerry Ford 的“Scratch Programming for Teens”工作室中的家庭照片电影应用程序中，找到用做 Counter 背景的图像。复制这个背景，并且将其添加到你自己的 Scratch 项目中。为了添加该背景，点击位于角色列表中的舞台缩略图，然后点击位于脚本区域顶部的“背景”标签页。然后，将 Counter 背景从你的书包拖放到位于项目编辑器窗口中央的书包列表之上。由于 Counter 背景将用做应用程序的初始背景，从背景文件列表的底部，将其拖放到顶部的位置。

除了背景，家庭照片电影还使用了多个角色。如图 11.11 所示，这些角色中的前几个，就是一条黑色的线条。我们将在 Scratch 2.0 网站上，Jerry Ford 的“Scratch Programming for Teens”工作室中的家庭照片电影应用程序中，找到这些角色。使用你的书包，复制这些角色，并且将其添加到你自己的 Scratch 项目中。一旦添加了这些角色，需要将线条角色放置为图 11.11 所示的样子。

注意 如果选择自己创建线条角色，需要将角色旋转中心设置为如图 11.12 所示。

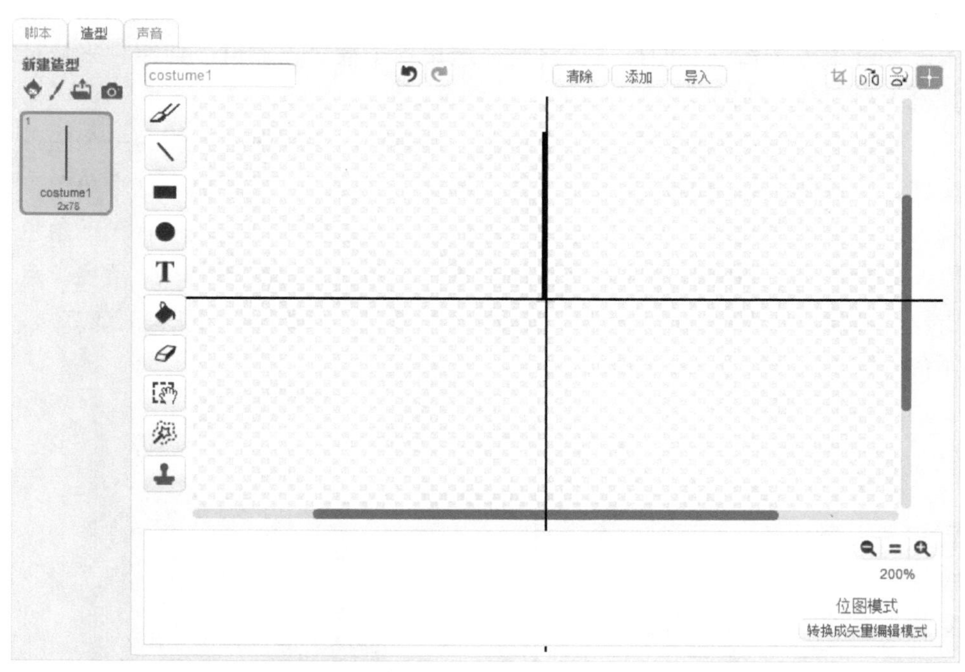

图 11.12 为线条角色设置一个旋转中心

接下来，需要添加 5 个角色，表示当应用程序打开动画序列的时候所显示的数字。在 Scratch 2.0 网站上，从 Jerry Ford 的“Scratch Programming for Teens”工作室中的家庭照片电影应用程序中，复制这些角色。可以使用你的书包来生成这些角色的副本，从而将它们添加到你自己的 Scratch 项目中。或者，可以使用绘图编辑器来自己创建它们。一旦将这些角色添加到了项目中，将每个角色都在舞台上居中放置。

一旦最初的动画序列完成了，家庭照片电影就开始显示一系列的照片了。要添加这些照片中的第 1 张，点击“从角色库中选取角色”图标，然后，点击想要添加的任何图文件。如果手边没有合适的照片文件，可以从 Scratch 2.0 网站上的 Jerry Ford 的“Scratch Programming for Teens”工作室中的家庭照片电影（Family Picture Movie）应用程序中，获取一张照片，使用你的书包来复制照片并将其添加到自己的 Scratch 项目中。

应用程序要显示的其他的照片都作为造型存储，并且通过修改角色的造型来显示。如果选择从 Scratch 2.0 网站上的 Jerry Ford 的“Scratch Programming for Teens”工作室中的家庭照片电影应用程序中获取照片，那么，这个角色应该已经拥有 11 个造型了（照片）。否则的话，你需要给角色添加其他的造型，可以选中角色，然后点击位于脚本区域顶部的“造型”标签页，然后点击“从本地文件中上传造型”图标。这将会显示出一个窗口，你可以使用它来从计算机中找到并上传图形（图片）。

要给应用程序添加的最后一个角色，是显示应用程序的致谢的一个图形文件，应该使用绘图编辑器来创建并定制这个文件。一旦添加了这个角色，舞台上应该已经充满了不同的角色。然而，所有这些角色中，只有线条角色需要保持可见。要临时性地隐藏其他的每一个角色，每次选中一个角色，点击位于功能块列表顶部的“外观”按钮，然后双击“隐藏”功能块。完成之后，舞台的样子应该如图 11.11 所示。

11.6.3 步骤 3：添加应用程序所需的变量

要想运行家庭照片电影应用程序，还需要定义一个变量。要添加这个变量，点击功能块列表顶部的“数据”分类，点击“新建变量”按钮，然后，创建一个名为 Counter 的变量，如图 11.13 所示。

这个应用程序使用一个变量来控制开场的倒计时序列，在倒计时的过程，用这个变量来协调数字的显示。

图 11.13　家庭照片电影使用了一个变量来帮助控制开场的动画序列

11.6.4 步骤 4：给应用程序添加声音文件

当家庭照片电影运行的时候，它会播放背景音乐来为应用程序烘托气氛。负责播放这段音乐的脚本属于 Pics 角色。要给 Pics 角色添加这段音乐，从角色列表中选择该角色的缩略图，然后点击位于脚本区域顶部的“声音”标签页。接下来，点击“从声音库中选取声音”图标，以打开“声音库”窗口，找到并点击“GuitarChords2”声音文件，然后点击“确定”按钮。

11.6.5 步骤 5：编写应用程序的编程逻辑

驱动家庭照片电影运行的编程逻辑由 13 段不同的脚本构成，这些脚本分别属于每一个角色以及背景。所有这些脚本的整体执行，是通过广播消息并且使用监控应用程序变量值的控制功能块来协调的，也就是说，只有当变量达到一个预定义的值的时候，才会执行。

注意　如果你选择从 Scratch 2.0 网站上的 Jerry Ford 的“Scratch Programming for Teens”工作室中的家庭照片电影应用程序中获取舞台和脚本的背景，那么，你已经有了应用程序所需的脚本。当把脚本或背景添加到你的书包时，它所包含的一切（声音、造型和脚本）也都关联了起来。

设置开场动画序列

当用户点击绿色旗帜按钮的时候，家庭照片电影应用程序就开始运行。这时候，应用程序中的多个脚本开始执行。在这些脚本中，有一个脚本负责管理应用程序开始运行的时候所播放的动画序列。这段脚本如右图所示，必须将其添加给线条角色。

正如你说看到的，这段脚本一开始设置了线条角色的方向，然后使其可见。接下来，给 Counter 一个初始值 6，此后，循环就设置为执行 5 次。在这个循环中，还有第 2 个循环执行了 36 次（以达到一个完整的 360 度），将线条角色旋转 10 度并且在每一次旋转后暂停 0.005 秒。最后，将 Counter 的值增加 -1。

等到外围的循环执行 5 次之后，另外 5 个负责监控 Counter 值的脚本开始执行。这 5 个脚本中的每一个，都负责在舞台上显示一个数字。结果是模拟倒计时的一个动画序列，在较早的电影拷贝开始的时候，常常会显示这样的一个动画序列。一旦倒计时完成，开始执行另一个循环，它最后一次沿着舞台的中心旋转线条角色。一旦最后一个循环结束，Counter 的值重新设置为 6 并且指回其最初的方向。然后，暂停 1 秒钟，并且线条角色隐藏起来。最后，一个控制功能块用来发送一条“Start Movie”的广播消息。这条广播消息触发了属于 pics 角色的两段脚本的执行，这两段脚本负责显示应用程序要播放的照片。

显示倒计时数字

随着前面的脚本的执行，它修改了 Counter 变量的值，将其值从 6 改为 1，每次减少一个数字。在开始动画序列中，表示所显示的数字的 5 个角色中的每一个，都通过属于它们的脚本来显示。这些角色所拥有的脚本基本上是相同。如下是角色 Sprite5 的脚本。

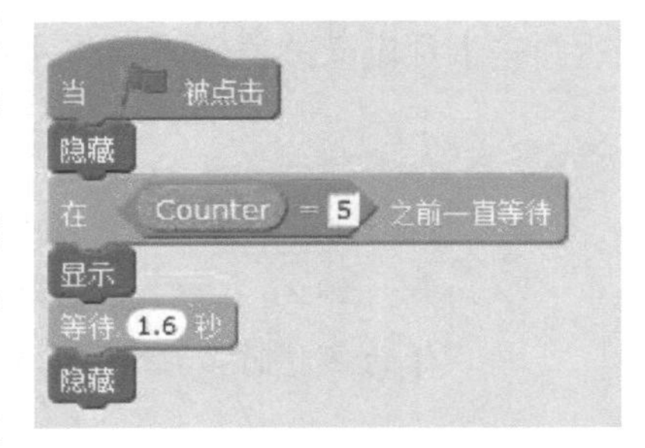

正如你所看到的，当用户点击绿色旗帜按钮的时候，开始执行脚本，首先确保该角色是隐藏的。然后，脚本开始等待，直到 Counter 的值设置为 5。一旦发生这种情况，脚本将角色显示 1.6 秒，然后再次将其隐藏。在创建了这段脚本之后，将各一个实例拖放到 Sprite4、Sprite3、Sprite2 和 Sprite1 等角色上，然后，将各个角色的脚本所监控的值，分别修改为 4、3、2 和 1。

切换造型并播放背景音乐

正如前面所述，这个应用程序通过更改造型来显示不同的照片。此外，在开始显示照片的时候，播放背景音乐来烘托气氛。有两段独立的脚本，都属于 pics 角色，它们负责管理造型的切换和背景音乐的播放。这两段脚本都是在接收到“Start Movie”广播消息的时候自动执行的。

这两段脚本中的第 1 段，如下左图所示，负责切换造型。它首先在舞台上显示属于 pics 角色的第 1 个造型。接下来，创建了一个循环，它会暂停 3 秒钟，然后切换到角色的造型列表中的下一个造型。

第 2 段脚本如下右图所示，它首先发送出一条“Clear Background”的消息，然后将音量的值设置为当前的值的一半。接下来，创建一个执行 10 次的循环。每次循环执行的时候，都会播放一个名为“GuitarChords2”的声音。在执行了 10 次之后，循环停止，并且将 pics 角色隐藏。该脚本最后发送一条“Show Credits”广播消息。

注意 “Show Credits”广播消息用来触发属于 Credits 角色的一段脚本的执行。

显示最终致谢

Credits 角色有两个脚本，如下左图所示。当点击绿色按钮的时候，执行第 1 段脚本，它负责从舞台上删除所显示的角色。

第 2 段脚本当接收到“Show Credits”广播消息的时候自动执行。它显示 Credits 角色，等待 3 秒，然后隐藏该角色，让舞台保持空白。这段脚本最后执行一个控制功能块，停止应用程序的所有脚本的执行。

切换背景

最后两段脚本属于舞台。这些脚本如下右图所示。当点击了绿色旗帜按钮的时候，执行第 1 段脚本。其任务是把舞台的背景切换为 Counter，让应用程序准备好开始从 5 倒计数的序列。

当接收到“Clear Background”广播消息的时候，第 2 段脚本将自动执行。一旦执行，它将舞台切换回默认的 Clear 背景。

11.6.6 步骤 6：命名并测试 Scratch 2.0 项目

假设你已经按照这里的说明来进行操作，那么，应该已经得到了一个可以测试的家庭照片电影的副本。如果还没有给这个新应用程序命名的，现在就做。准备好之后，点击绿色旗帜按钮运行应用程序并观看影片。如果你遇到任何问题，回过头去，根据本章给出的说明重新检查你的工作。

第 12 章 绘制线条和形状

除了显示各种不同的造型和舞台背景，Scratch 2.0 还可以使用画笔功能块来绘制定制的线条、形状和其他的图形。使用一个虚拟的画笔，这些功能块允许设置用于绘画的颜色、宽度和形状。本章将介绍如何使用所有这些画笔功能块，并且最后介绍如何使用它们来创建一个绘图应用程序。

本章包括以下主要内容：

- 使用 Scratch 2.0 虚拟画笔绘画；
- 设置绘制时的颜色；
- 设置画笔阴影和大小；
- 复制舞台的一个造型；
- 清除舞台上的任何绘制操作。

12.1 清除舞台区域

Scratch 2.0 的第 1 个画笔功能块，如图 12.1 所示，它设计用来清除舞台上用画笔所绘制的所有内容

图 12.1 这个画笔功能块清除在舞台上进行的任何绘制

在当前的舞台上绘制或复制的任何内容，实际上都不会改变背景。因此，当你清除任何绘制的时候，构成舞台背景的造型是保持不变的。如下的脚本展示了这些功能块是多么的易于使用。

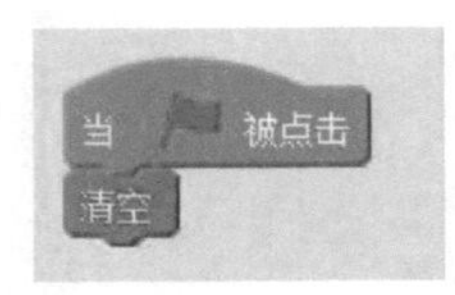

通过向应用程序中添加一个这样的脚本，可以将舞台重新设置为其最初的状态（清除在舞台上所做的任何绘制）。

12.2 复制舞台上的造型的实例

Scratch 2.0 提供了如图 12.2 所示的功能块，允许你捕获一个角色的造型并且使用它在舞台上添加或复制该角色。

图 12.2 这个功能块允许使用一个角色的造型作为基础来创建一个图章

作为展示如何使用该功能块的一个示例，我们来创建一个新的 Scratch 2.0 应用程序，从中删除默认的小猫角色，然后，添加一个 crab 角色。可以从 Scratch 2.0 的“角色库”的“动物”分类中找到这个角色。一旦添加了该角色，将角色的大小缩小为其默认大小的 1/3 左右，然后，为其添加如下的脚本。

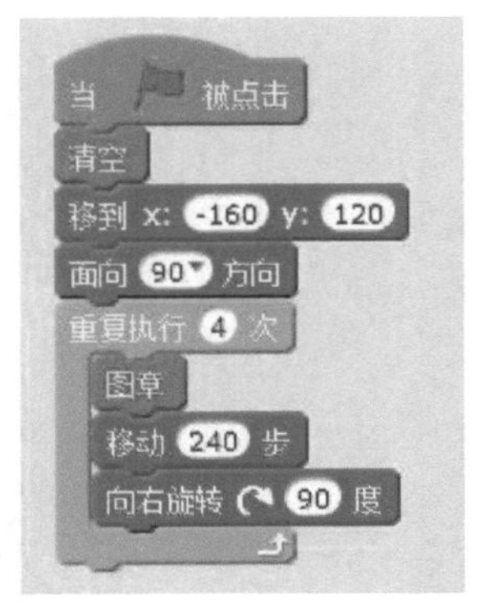

执行这个脚本的时候，它先清除之前在舞台上绘制的任何内容，这也包括复制的内容；把角色移动到舞台的左上角并设置其方向。接下来，执行一个循环 4 次，每次循环的时候都复制该角色的图像，并且将其在舞台上的移动。图 12.3 展示了脚本执行完毕后舞台上的样子。

图 12.3 使用一个角色来产生图章并装饰舞台

12.3 使用画笔绘画

在 Scratch 2.0 应用程序中，绘图是使用虚拟画笔来完成的。这个虚拟画笔的使用和真实的画笔极其相似。当虚拟画笔处于落笔状态时，可以用它在舞台上绘图，当它处于停笔状态时，停止绘制。要开始绘制或停止绘制，必须能够通过编程来控制画笔的起落状态，这要用到如图 12.4 所示的功能块。

图 12.4 使用这些功能块，可以控制画笔何时开始绘制

使用第 1 个功能块，可以很容易地创建一个简单的绘图应用程序。要创建这个应用程序，创建一个 Scratch 2.0 项目并删除默认的小猫角色，然后添加仅包含一个小黑点的一个新角色（用绘图编辑器可以很容易地绘制）。添加完角色后，为其添加如下脚本：

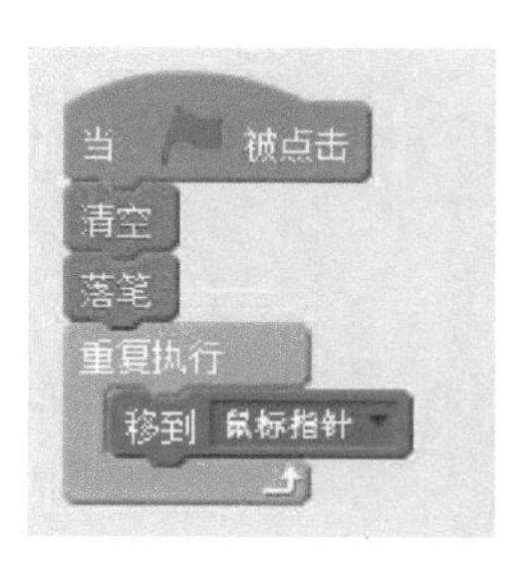

该脚本执行后，首先清除舞台，然后将 Scratch 2.0 的虚拟画笔置为落笔状态，以便能够绘制（只要该脚本所属的角色移动，就会开始绘制）。在接下来的循环中，脚本使用一个动作功能块让角色跟随鼠标指针在舞台移动。结果，当你在舞台上移动鼠标的时候，角色会跟着移动，并且会绘制一个线条。

一旦创建了这个应用程序，它将立即清除舞台并开始绘图，这使得用户无法有效地控制画笔，尤其是无法控制何时落笔及何时停笔。要解决上述问题，将该脚本修改为使用鼠标左键来控制画笔的状态，修改后的脚本如下所示：

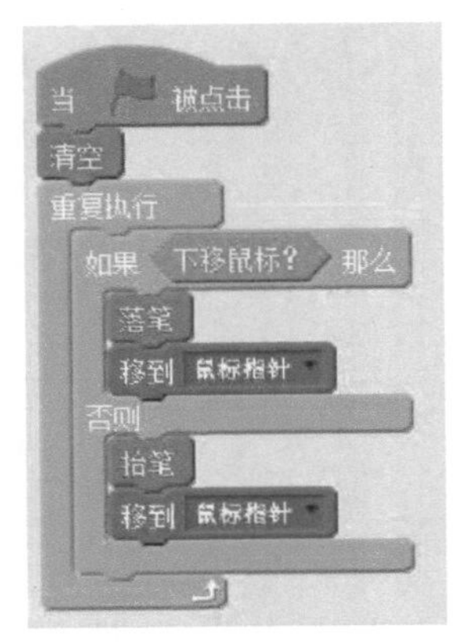

通过控制画笔何时处于落笔的状态，就可以进行精确的绘制了。

12.4 设置画笔颜色

除了提供清除舞台和控制画笔起落的功能块外，Scratch 2.0 还提供了 3 个功能块来指定绘画所使用的颜色，如图 12.5 所示。

图 12.5 所示的第 1 个功能块可以设置绘画时使用的颜色。Scratch 2.0 限制了颜色的选取器，只能选取当前的项目编辑器中显示的颜色。要选取颜色，单击功能块右侧的颜色块，将鼠标指针移动到 Scratch 2.0 项目编辑器中当前显示的任何位置的任何颜色之上并进行点击。一旦指定了颜色，所选的颜色就会在功能块的颜色块上显示。

在 Scratch 之前的版本中，当点击功能块上的颜色方块的时候，会显示一个调色板。这允许你点击想要调色板，从类似彩虹的一个颜色范围中选取想要的颜色。Scratch 2.0 去除了这一个功能。获取这一功能的一种方法是，使用 Web 浏览器搜索调色板，然后将其下载并保存下来，如图 12.6 所示。

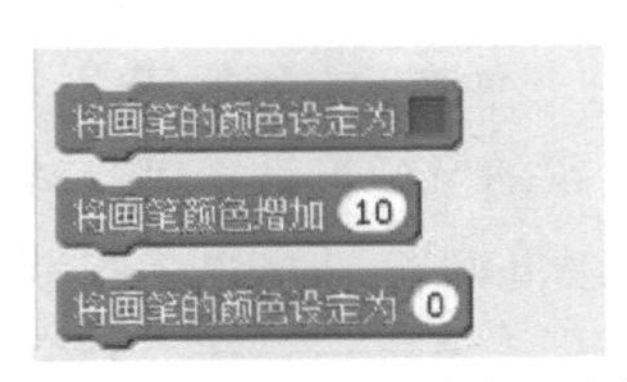

图 12.5　控制绘画时使用的颜色的代码块

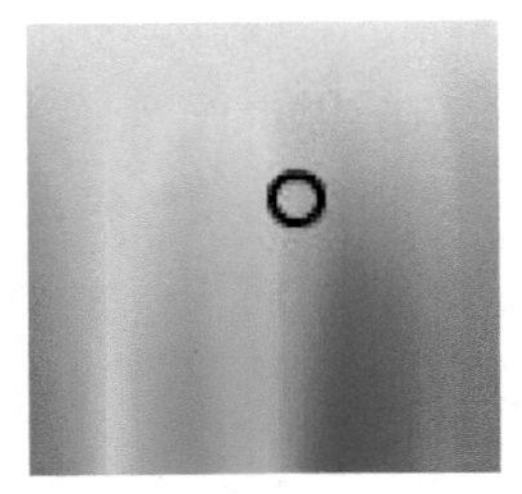

图 12.6　网上可供使用的调色板的一个例子

可以点击“从本地文件中上传角色”图标，从而将这个调色板图片作为临时性的角色添加进来，随后，就可以从这个图片中选择想要的颜色了。现在，当点击颜色块的时候，可以将鼠标指针移动到角色列表中的调色板角色上的任何位置，以选择想要的颜色。一旦选择了想要的颜色，就可以从项目中删除这个临时性角色了。

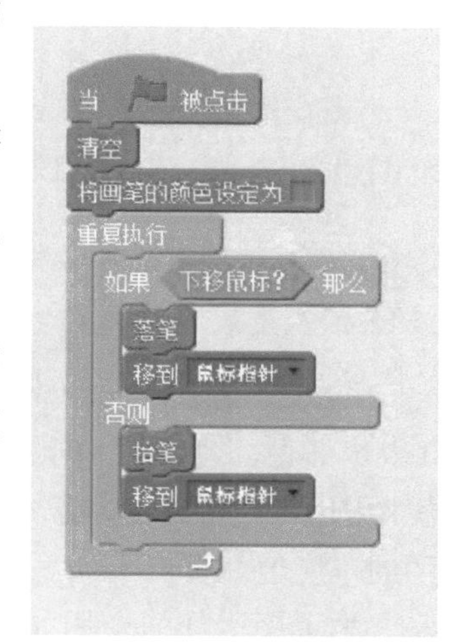

如右图所示的脚本展示了如何使用这个功能块来指定想要使用的颜色。

在这里，先清除舞台，然后将画笔的颜色设置为红色。除此之外，应用程序的运行和前面没有区别。

Scratch 2.0 还允许使用数值来指定绘制时使用的颜色。例如，如下的列表列出了常用颜色所对应的数字：

- 0= 红色；
- 70= 绿色；
- 130= 蓝色。

通过尝试其他的数字，你可以看到很多不同的颜色。例如，使用图 12.5 所示的第 2 个功能块，可以相对当前指定的颜色，来改变绘制时使用的颜色。

这里，将画笔功能块添加到脚本的循环的开始处。每次循环重复的时候，它都会将画笔的当前颜色增加 10 以修改其颜色，如下左图所示。最终的结果是，随着你在舞台上移动鼠标并进行绘制，Scratch 2.0 所支持的所有颜色都用到了，从而绘制出类似彩虹的效果。

使用图 12.5 所示的第 3 个功能块，可以通过指定一个相关的数值，来指明在绘制时使用的颜色。例如，可以修改应用程序的脚本，通过传入一个值 0，来使用红色进行绘制，如下右图所示。

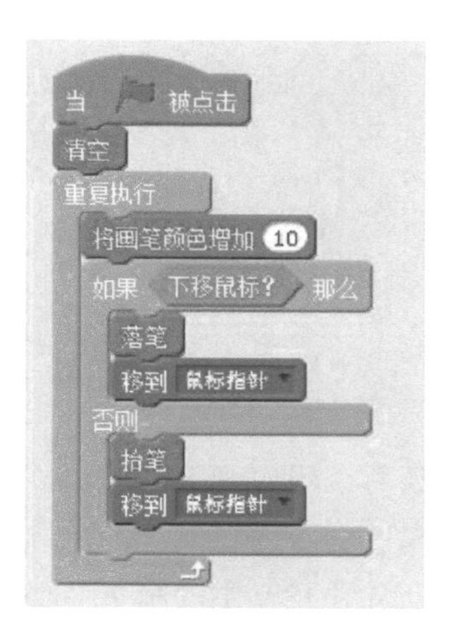

12.5 修改画笔色度

除了选择颜色，Scratch 2.0 还允许设置绘画所使用的色度。画笔的色度值范围是 1 ～ 100，如图 12.7 所示。

图 12.7　色度影响到颜色的亮度

默认情况下，Scratch 2.0 在绘制颜色的时候使用的色度值是 50。色度值 0 表示黑色。色度值 100 表示白色。Scratch 2.0 允许使用图 12.8 所示的功能块之一，来指定绘制时所使用的色度值。

图 12.8　可以通过改变色度的当前值或者设置一个全新的值，来改变色度

为了展示如何使用如图 12.8 所示的第 1 个功能块，我们将前面的绘图示例再次修改为如下左图所示。

这里，先将色度增加 10。我们可以使用图 12.8 所示的第 2 个功能块，来指定一个具体的色度值，而不是相对于当前值来改变色度值，如下面右图中的脚本所示。

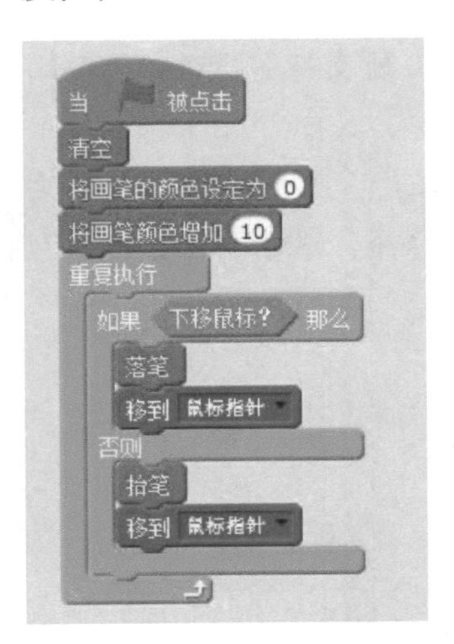

12.6 设置画笔的大小

Scratch 2.0 除了能够设置画笔的颜色和色度外，还可以设置画笔的大小，可以使用图 12.9 所示的两个功能块来改变画笔的大小。

默认情况下，Scratch 2.0 的画笔大小为 1，可以使用图 12.9 中的第 1 个功

能块，相对于当前大小来修改画笔的大小，如下面左图中脚本所示。

这里，将绘制应用程序所使用的画笔的大小增加1，使其成为默认的画笔大小的2倍。如果你愿意，可以直接使用第2个功能块来设定一个画笔大小，然后，如果愿意的话，可以在程序执行的任何时刻来进行修改。为了展示这一点，来看看如下右图中的脚本，它将画笔的初始大小设置为0，然后使用一个循环将画笔大小逐渐增加，跨越了Scratch 2.0所支持的画笔大小的整个范围。

图 12.9 Scratch 2.0 所支持的画笔大小范围是 0 ～ 255

当 被点击
清空
将画笔的颜色设定为 0
将画笔的色度设定为 60
将画笔大小增加 1
重复执行
如果 下移鼠标? 那么
落笔
移到 鼠标指针
否则
抬笔
移到 鼠标指针

图 12.10 展示了运行这段脚本的时候的绘制结果。

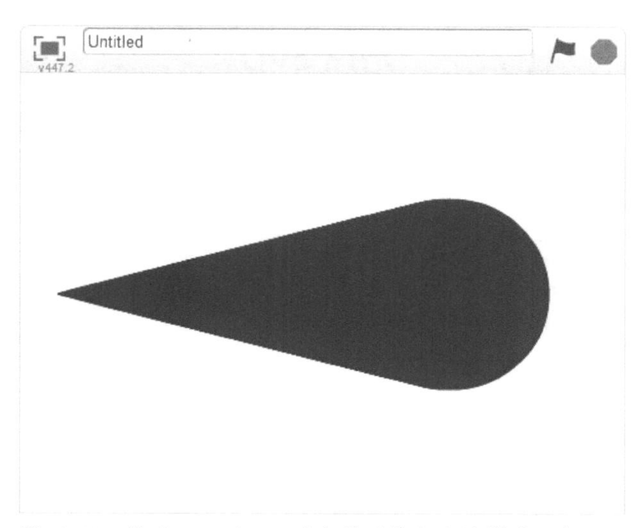

图 12.10 使用 Scratch 2.0 的各种画笔大小绘制的一个示例

12.7　创建涂鸦绘图应用程序

现在，我们已经介绍完了 Scratch 2.0 的所有的画笔功能块，并且学习了如何使用它们。现在，我们来开发本章中的一个应用程序项目：涂鸦绘图应用程序。这个类似绘图的应用程序，扩展了本章中介绍的示例，充分使用了画笔功能块，并且允许你使用各种不同的画笔大小进行绘制。它还有一个 Clear 功能，允许任何时候都可以重新开始一次新的绘制。

涂鸦绘图应用程序一共包括 12 个角色和 3 段脚本。

要绘制图像，首先单击舞台左侧的颜色按钮来选择画笔的颜色，在按下鼠标左键之后，在舞台上移动鼠标指针来绘制。在绘制的时候，还可以按下键盘上的数字键 1 至 9 来改变画笔的大小，按下 1 可以绘制较细的线条，按下 9 则可以绘制大约 0.6 厘米粗的线条。如果画错了或者打算重新开始，可以随时单击舞台左下方的“Clear”按钮来清除舞台。

图 12.11 所示就是利用涂鸦绘图应用程序绘制的一个带着黑帽子、系着红围脖的雪人。

开发这个应用程序项目包括 4 个步骤，如下所示：

步骤 1：创建一个新的 Scratch 2.0 项目；

图 12.11　可以使用 10 种不同的颜色和 9 种不同的画笔大小进行绘制

步骤 2：添加和删除角色；

步骤 3：创建控制应用程序的脚本；

步骤 4：保存并运行测试。

12.7.1 步骤 1：创建一个新的 Scratch 2.0 项目

开发涂鸦绘图应用程序的第一步，是创建一个新的 Scratch 项目。要么打开 Scratch 2.0 网站由此自动创建一个新的 Scratch 2.0 应用程序项目，或者点击“文件”菜单，然后选择“新建项目”。

12.7.2 步骤 2：添加和删除角色

涂鸦绘图应用程序包括 12 个角色，如图 12.12 所示。

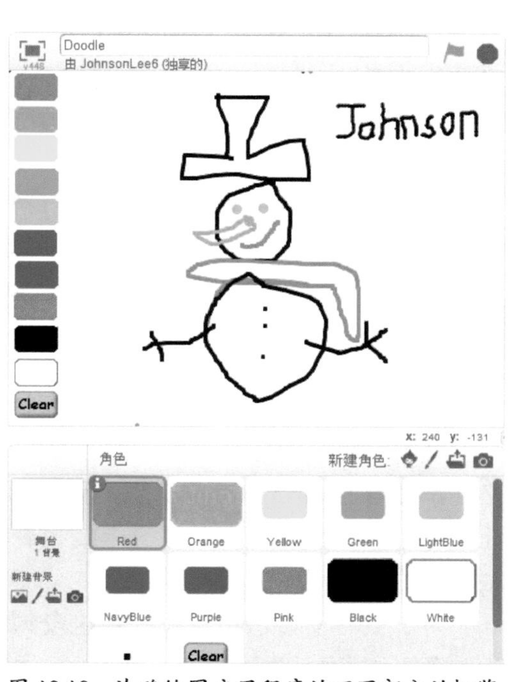

图 12.12 涂鸦绘图应用程序的不同部分的概览

该应用程序不需要默认的小猫角色，因此，应该从应用程序中删除的小猫角色。可以从 Scratch 2.0 网站上，Jerry Ford 的“Scratch Programming for Teens”工作室的 Doodle 应用程序中，找到这个项目的角色的所有图像。使用书包来复制这些角色并且将其添加到你自己的 Scratch 项目中。

或者可以使用绘图编辑器，并以“角色库”中的“Button3”角色为基础，来创建这 11 个按钮。如果选择这种方法，在添加了按钮之后，一次选择一个按钮，然后点击“造型”标签页。使用绘图编辑器的工具栏上的“为形状填色”按钮，将整个角色的颜色修改为红色。修改剩下的 9 个按钮，将它们的颜色分别修改为：

- 橙色；
- 黄色；
- 绿色；
- 浅蓝色；
- 深蓝色；
- 紫色；

- 粉色；
- 黑色；
- 白色。

打开第 11 个按钮，然后使用绘图编辑器为其创建一个“Clear”标签。接下来，将所有这 11 个按钮角色重命名，如图 12.12 所示。最后，为应用程序创建另一个角色，它只包含一个点。确保这个点的旋转中心是点的中心。将这个角色命名为“Drawing Point”。最后，把按钮控件放置在舞台上，如图 12.12 所示。

默认的空白背景将在这个应用程序中用来提供一个空白控件，以便在上面进行绘制。假设你已经按照说明创建了所有的角色，那么应该已经准备好了进行编码了。

12.7.3 步骤 3：创建控制应用程序的脚本

涂鸦绘图应用程序的大多数编程逻辑，都位于属于 Drawing Point 角色的一段脚本之中。这段脚本负责所有的绘制操作，包括确定用户想要使用什么颜色以及多大的画笔。剩下的程序逻辑涉及清除舞台，这通过两个小的脚本来处理，一个脚本属于 Clear 角色，另一个脚本属于舞台。

开发 Drawing Point 角色的编程逻辑

控制涂鸦绘图应用程序中的所有绘制的整体执行的编程逻辑，属于一个必须添加给 Drawing Point 角色的脚本。不要让代码的长度把你吓到了，这个编程逻辑是很简单的。

为了更容易讲清楚，我们将这段脚本分为 3 个部分。作为第 1 部分，为 Drawing Point 角色创建和添加如下的脚本。

当用户点击绿色旗帜按钮时，该脚本会自动运行。首先将画笔的默认大小设置为 4，并且将颜色默认设为黑色。接下来，建立一个循环来管理所有剩下的功能块的执行。循环中嵌套的第 1 组功能块已经给了出来。它包括 3 个控制功能块，它们会查看鼠标左键是否按下，如果是，将 Drawing Point 角色移动到鼠标指针的位置，画笔设置为落笔状态，并且会显示 Drawing Point 角色。如果鼠标左键没有按下，那么画笔处于抬笔状态，并且会隐藏 Drawing Point 角色。

这段脚本负责处理整个绘制的过程，实际上这段脚本本身就是一个简单的绘图程序。如果你愿意，可以切换为全屏模式，运行该应用程序并使用它绘制。当然，就现在来说，它只允许用户使用大小为 4、颜色为黑色的虚拟画笔进行绘制。要增强程序的功能，以便用户能够点击舞台左侧的颜色按钮来改变画笔的颜色，则需要在脚本的最后添加如下的功能块，将其放置在脚本的循环体的最后。

```
如果 碰到 Red ? 那么
    将画笔的颜色设定为 ■
如果 碰到 Orange ? 那么
    将画笔的颜色设定为 ■
如果 碰到 Yellow ? 那么
    将画笔的颜色设定为 ■
如果 碰到 Green ? 那么
    将画笔的颜色设定为 ■
如果 碰到 LightBlue ? 那么
    将画笔的颜色设定为 ■
如果 碰到 NavyBlue ? 那么
    将画笔的颜色设定为 ■
如果 碰到 Purple ? 那么
    将画笔的颜色设定为 ■
如果 碰到 Pink ? 那么
    将画笔的颜色设定为 ■
如果 碰到 Black ? 那么
    将画笔的颜色设定为 ■
如果 碰到 White ? 那么
    将画笔的颜色设定为 □
```

这段脚本包含 10 个条件功能块，其中的每一个都检测 Drawing Point 角色是否碰到了颜色按钮（要想碰到颜色按钮，Drawing Point 角色必须是可见的，只有在鼠标左键按下时，它才是可见的）。如果碰到颜色按钮，则将画笔的颜色修改为所碰到的颜色按钮的颜色。

注意　只有当 Drawing Point 角色移动到一个颜色按钮之上，并且点击了鼠标左键的时候，应用程序才会切换颜色。为此，Drawing Point 必须是可见的，并且只有当鼠标左键按下的时候，才会是这种情况。因此，要选择颜色，用户必须点击该颜色按钮。只是将鼠标移动到颜色按钮之上，并不会选择该颜色。

除了可以通过点击 10 个颜色按钮之一来改变画笔的颜色之外，用户还可以通过键盘数字按键 1 到 9 来改变画笔的大小。要支持改变画笔大小的功能，需要将下面的脚本添加到循环体的最后。

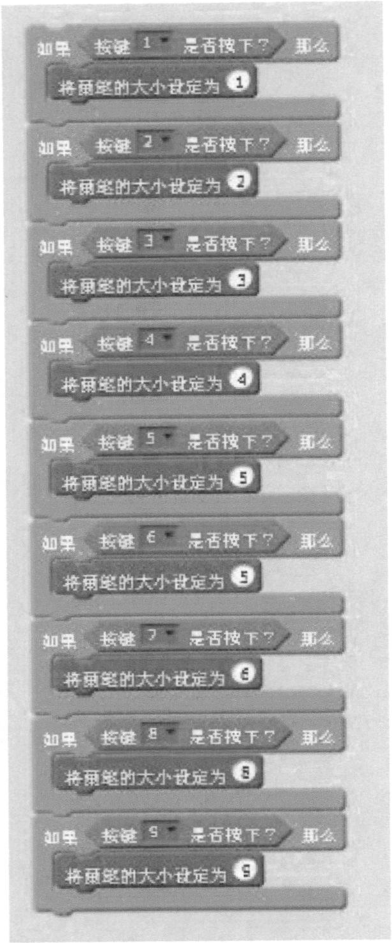

```
如果 按键 1 是否按下? 那么
  将画笔的大小设定为 1
如果 按键 2 是否按下? 那么
  将画笔的大小设定为 2
如果 按键 3 是否按下? 那么
  将画笔的大小设定为 3
如果 按键 4 是否按下? 那么
  将画笔的大小设定为 4
如果 按键 5 是否按下? 那么
  将画笔的大小设定为 5
如果 按键 6 是否按下? 那么
  将画笔的大小设定为 5
如果 按键 7 是否按下? 那么
  将画笔的大小设定为 6
如果 按键 8 是否按下? 那么
  将画笔的大小设定为 8
如果 按键 9 是否按下? 那么
  将画笔的大小设定为 9
```

这段脚本包含 9 个条件控制功能块，其中的每一个都监控键盘上的一个特定按键是否按下，并且会相应地修改画笔的大小。

清除舞台

除了使用不同的颜色和大小的画笔来进行绘制，涂鸦绘图应用程序还允许用户随时清除舞台，以准备进行新的绘制。允许用户清除舞台以开始一次全新绘制的程序逻辑，是由 Clear 角色和舞台一起来管理的。当用户点击 Clear 角色的时候，就会启动清除舞台的过程。当发生这种情况的时候，会执行如下的脚本。我们需要将该脚本添加给 Clear 角色。

这段脚本发送了“Clear”广播消息，表示用户想要清除舞台。这条广播消息充当启动如下的脚本的一个触发器，而如下的脚本需要添加给舞台。

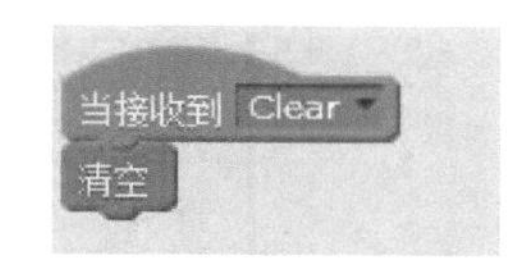

这段脚本很简单。当接收到“Clear”广播消息的时候，它执行一个画笔功能块来清除舞台。

12.7.4 步骤 4：保存并运行测试

好了！现在已经有了创建和执行涂鸦绘图应用程序所需的所有信息了。如果你按照这里给出的所有的说明进行操作，那么应该已经准备好测试你的新的应用程序了。如果还没有给这个新的 Scratch 2.0 应用程序项目命名，那么现在就做，然后切换到全屏模式，并且点击绿色旗帜按钮。

在使用涂鸦绘图应用程序的时候，确保点击了每一个按钮，以确定在绘制的时候画笔改变了颜色。此外，体验一下不同的画笔大小，确保它们能够正确地工作。

第 13 章 改进代码组织

本章的目标是教你用各种不同的方法，来改进构成 Scratch 2.0 项目的脚本的编写和组织。本章介绍了能够改进脚本的 3 种方法。你将学习如何使用更多的功能块来创建定制的功能块，以作为 Scratch 2.0 中的过程来使用。过程帮助你加强项目的组织和可维护性，从而显著地减少项目中的脚本的长度和数量。我们将学习如何通过添加注释来改进脚本，以能够为重要的编程逻辑形成文档，并且使得别人更容易理解你开发脚本的思路。最后，我们学习如何复制脚本，这不仅能够减小项目的大小，而且能够减少必须更新和维护的脚本的数量。

本章包括以下主要内容：

- 创建特殊的定制功能块；
- 使用定制功能块作为开发过程的基础；
- 通过添加注释来增强程序；
- 将克隆脚本作为简化项目的设计和大小的一种方法。

13.1 通过过程来简化脚本的组织

随着我们学习 Scratch 以及如何编程，不可避免地要开发具有较大和较为复杂的脚本的、更具挑战性的项目。构成项目的脚本越大、越多，脚本的组织和效率就变得越重要。使用过程来开发和组织脚本，这是一项基本的技能，能够减少项目的大小和脚本的数量。

在 Scratch 2.0 中，使用较多的功能块来创建过程。过程可以接受和处理数据，而这些数据是通过调用功能块并作为参数传递的。过程共享属于同一角色的脚本，而你可以调用这些脚本来执行重复性的任务。使用过程，我们在开发属于相同的角色的不同脚本的过程中，就没必要开发重复的编程逻辑了。

13.1.1 创建定制功能块

过程使用更多的功能块来创建。有两种类型的更多功能块，然而当你初次查看功能块列表中的“更多模块”的时候，它们都默认是不可见的。只会显示“新建功能块”按钮。

点击“新建功能块”按钮，将会显示如图 13.1 所示的一个弹出窗口。创建一个新的功能块的第一步，就是给它取一个名字，通过在功能块的紫色阴影部分输入名字就可以了。

图 13.1　创建一个定制的功能块的第一步，是给它起一个名字

在执行更多功能块的时候，它们能够处理参数数据。参数数据可以是如下类型之一：

- 数字；
- 字符串；
- 布尔值。

实参数据映射为我们在创建更多功能块的时候所必须定义的参数。作为展示创建定制功能块的一个示例，我们来开发一个名为 AddAndSayThem 的更多功能块，它接收 2 个数字作为输入。当创建需要接收和处理参数的一个功能块的时候，必须点击弹出的对话窗口中的紫色功能块下面的“选项”链接。这会展开该窗口，如图 13.2 所示。如果你所定制的更多功能块不需要处理参数的话，可以跳过这一步。

如图 13.2 所示，已经创建了一个名为 AddAndSayThem 的新的更多功能块。可以点击“文本”按钮来配置该功能块以显示具有描述性的文本。当点击该按钮的时候，将会给紫色的功能块添加一个文本输入字段，允许你输入文本。图 13.3 展示了当给功能块添加一个“1st #:”这样的文本时候功能块的样子。

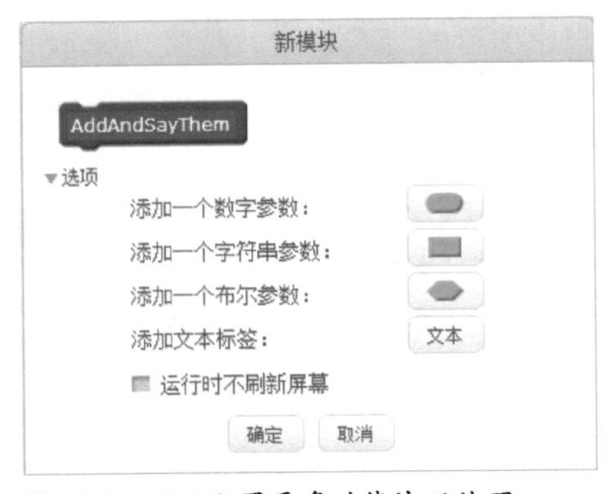

图 13.2　可以配置更多功能块以处理参数输入

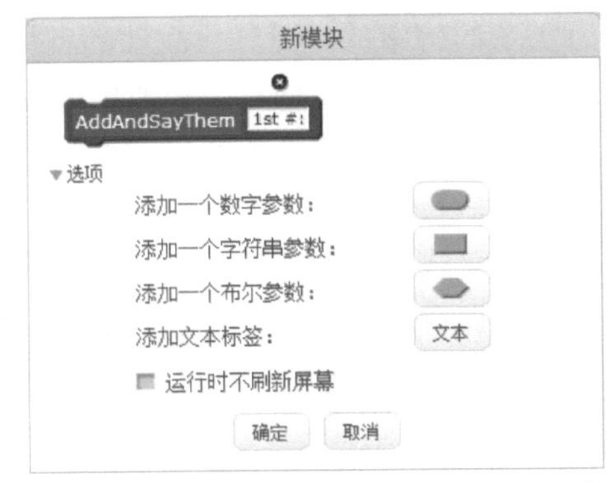

图 13.3　将更多功能块配置为显示一个文本标签的示例

注意　如果在定义更多功能块的文本或参数的时候出现错误，在出错的内容上点击，这会在其上显示一个小的带有 × 图标的圆圈。点击这个图标，就可以从功能块中删除文本或参数。

接下来，点击“添加一个数字参数”按钮，为功能块添加一个数值字段。为了完成这个功能块，再添加另一个“2nd #:”文本标签，后面跟着另一个数值输入字段，如图 13.4 所示。

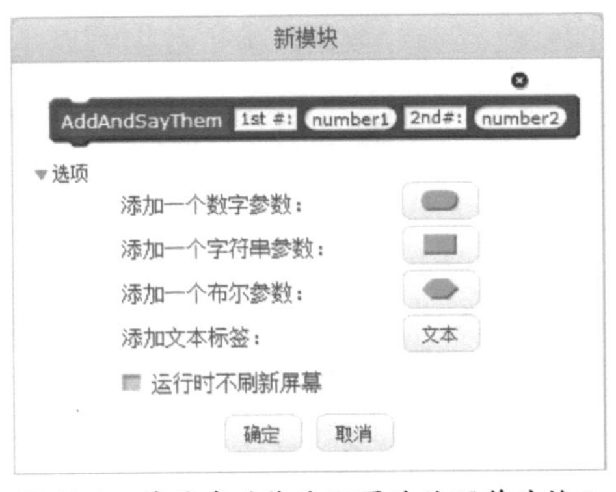

图 13.4　将更多功能块配置为处理作为输入的两个数值参数的一个示例

“新模块”窗口的最后一个选项，在这个示例中并不需要用到，它使得功能块不需要屏幕刷新。在 Scratch 2.0 中，当功能块执行的时候，会有一个异常的小的暂停发生。当选择了最后的这个选项的时候，这个功能块以及连接到它的功能块都将会不产生这个延迟而执行。没有延迟可以使得执行起来更快，当执行复杂的或密集的操作的时候，这很重要。

确保“运行时不刷新屏幕”复选框为未选中状态，并且点击“确定”按钮让 Scratch 2.0 构建自己的新的更多功能块，如图 13.4 所示。

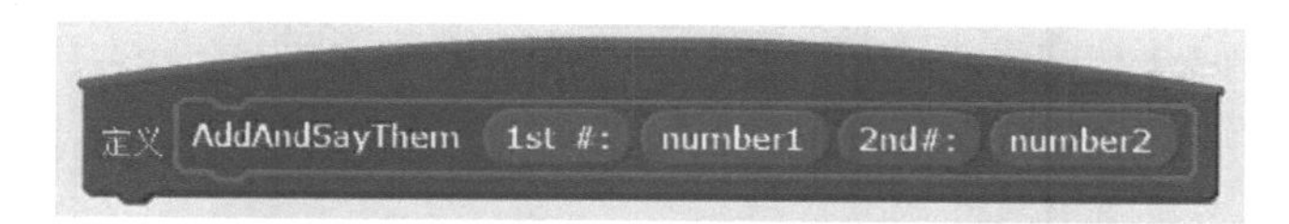

这里所显示的功能块叫做定义功能块。正如你所看到的，这是一个启动功能块，它有自己独特的形状。这个功能块以及附加到它的任何功能块创建了表示过程的一段脚本。可以为一个角色创建任意多个定义功能块，每个功能块表示一个独特的过程。

注意 如果需要的话，可以编辑定义的功能块，一旦创建了定义的功能块，通过按下 Shift 键并用鼠标左键点击它，然后从弹出的菜单中选择“编辑”就可以了。

除了在脚本区域看到这个更多功能块，还会看到在功能块列表中，有另一个更多功能块已经添加到了“更多模块”分类中。这个功能块看上去如右边的例子所示。

AddSayThem 1st# 1 2nd# 1

这个功能块有一个函数，它调用并执行其对应的功能块，并且传入参数数据以供处理。换句话说，使用这个功能块来调用并执行其对应的过程。

注意 可以删除一个定义的功能块，但是，只有先从角色的脚本中删除与其相关的功能块的每一个实例之后，才能删除它。

13.1.2 使用定义的功能块来创建一个过程

正如前面所介绍的，定义的功能块可以处理参数输入。在之前为了展示而创建的定制功能块中，定义了两个数值参数。它们的参数名为 number1 和 number2。可以点击这些椭圆形的参数中的任何一个，并将它们的一个实例拖放到其他的功能块上，从而在整个过程中根据需要使用参数数据。例如，如下的脚本是使用前面的定义功能块而创建的一个过程。当调用这个过程的时候，它接收传递给它的两个数值，并且将其相加。然后，使用一个外观功能块来报告这一计算的结果。

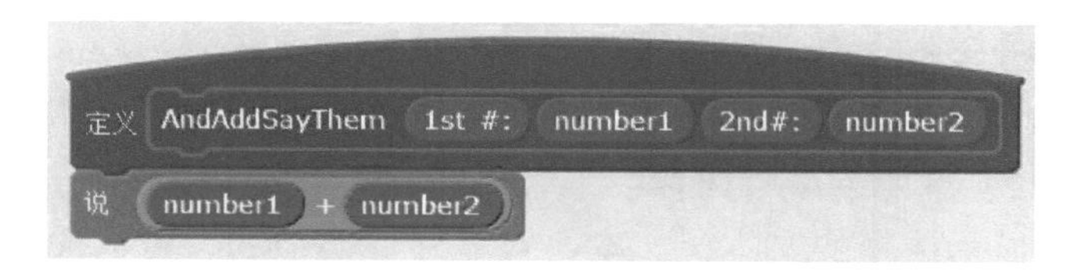

属于这个角色的任何脚本，都可以调用该过程。例如，如下的脚本调用了 AddAndSayThem 过程，并且传递给它两个数值。

13.2 用注释增加程序的清晰度

随着脚本变得越来越大、越来越复杂，它们变得很难更新和维护。减少这种复杂性的一种方法，就是使用注释作为程序代码的文档。注释是可以配置的文本框，可以将其附加到功能块，或者自由地放置在脚本区域的任何位置。有两种形式的注释：单行注释和多行注释，如图 13.5 所示。

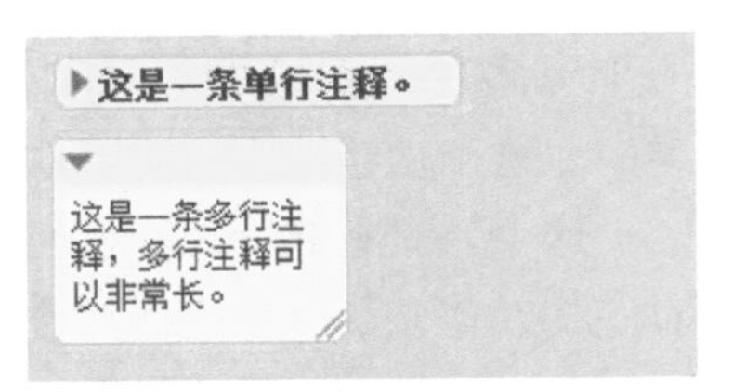

图 13.5 浮动的单行注释和多行注释的示例

要给脚本添加浮动的注释行，只需要按下 Shift 键点击脚本区域的任何一个部分，并从弹出的菜单中选择“添加注释”。也可以直接将注释附加到功能块上。要做到这一点，只需要在功能块上按下 Shift 键并点击鼠标左键，然后从弹出的菜单中选择“添加注释”。这样，就可以有一个黄色的连接器或者线条把注释连接到功能块，如下图所示。你所要做的，只是在所显示的默认文本上点击并输入一条注释。

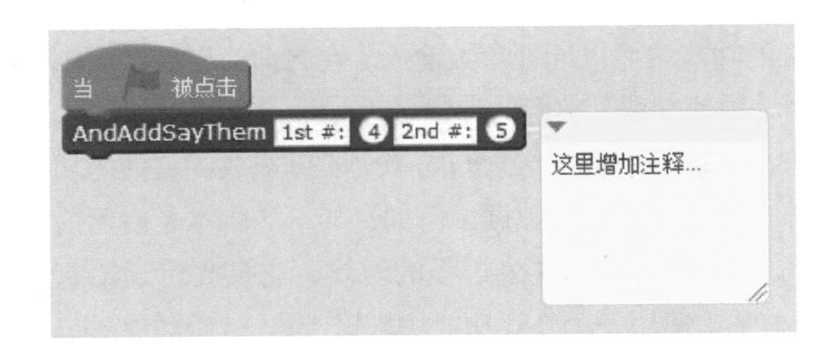

即便在脚本区域拖动脚本，连接到功能块的注释还是保持连接的状态。默认情况下，添加到脚本的注释是多行注释。然而，如果你点击注释左上角的小的向下三角形，可以将其修改为单行注释。

如果没有足够的空间显示注释的文本，文本会被截断。类似的，可以通过点击注释左上角的向右的小三角形，将一个单行注释修改为多行注释。

当显示为多行注释的时候，可以通过在注释的右下角两条灰度的斜线之上点击并按下鼠标左键，并拖动鼠标指针到新的位置，然后释放鼠标左键，以重新调整注释的大小。如下的脚本，是说明注释如何增强并记录脚本中的编程逻辑的一个更为详细的示例。

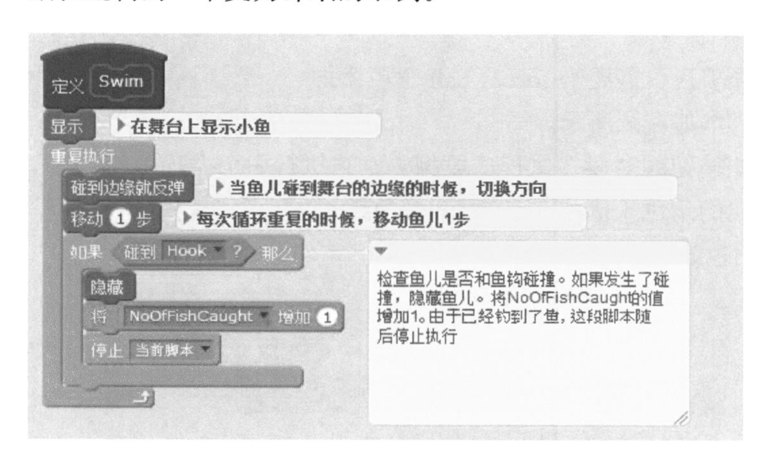

13.3 使用克隆简化项目并减小项目大小

Scratch 2.0 支持的另外一项重要的编程技术，就是可以克隆角色。当程序中需要同一角色的多个实例的时候，这很有帮助。例如，假设你要开发一个程序，其中，你想要能够使用从天空落下雨点的图形来表示下雨。如果不克隆的话，你将不得不向 Scratch 2.0 项目中添加数十个甚至上百个雨点角色的实例，以产生下雨的效果。如果还有与雨点角色相关的任何脚本的话，那么它们也必须添加到雨点的每一个实例之上。如果你决定要对雨点角色做出一点修改，你将不得不一次又一次地对属于雨点的每一个实例的每一个脚本做出同样的修改。克隆允许你给项目添加一个单个的雨点角色，然后制作其无数的副本（克隆），从而克服了这些挑战。要修改雨点的行为，只需要编辑属于一个雨点角色的脚本就可以了。最终的结果是，这使得项目显著地减小且易于管理。

在 Scratch 2.0 项目中，克隆通过图 13.6 所示的 3 个控制功能块来实现。

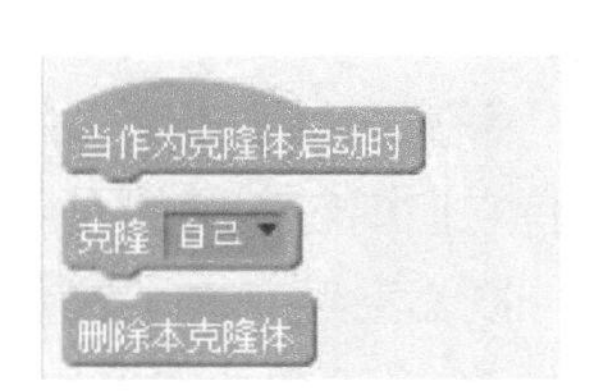

图 13.6 这些功能块用来创建、管理和删除克隆的角色

要理解如何利用克隆的好处，我们先来看一个

示例，其中有 10 个足球放置在舞台的随机位置，然后让它们朝着随机的方向弹跳。首先创建一个新的 Scratch 2.0 项目，删除默认的角色，然后通过点击“从角色库中选取角色”图标，点击“角色库”中的“物品”分类，并选择“soccer ball”角色。选中角色，点击 Soccer Ball 缩略图左上角的小的“i”图标来配置它，取消掉“显示”选项。

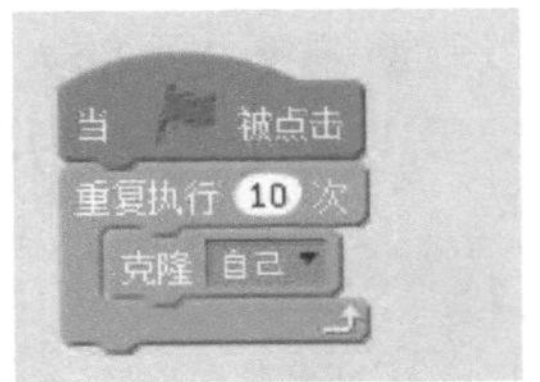

要完成这个克隆项目，需要给 soccer ball 角色添加两段脚本。第 1 段脚本如右图所示。

当点击绿色旗帜按钮的时候，执行这段脚本。它执行一个循环 10 次，每一次都创建了其所属的角色（例如，soccer ball 角色）的一个新的克隆。接下来，给 soccer ball 角色添加如下的脚本。

```
当作为克隆体启动时
移到 x: 在 200 到 -200 间随机选一个数 y: 在 140 到 -140 间随机选一个数
将旋转模式设定为 任意
向右旋转 在 1 到 360 间随机选一个数 度
显示
重复执行
    碰到边缘就反弹
    移动 10 步
```

这里，“当作为克隆体启动时”功能块用于控制脚本执行。具体来说，每次创建一个新的克隆体的时候，也就是说，每次在舞台上随机地放置一个新的克隆体的时候，该功能块都将自动执行。然后，脚本将旋转模式设置为“任意”，并且为克隆体设置一个任意的方向。一旦设置了克隆体的旋转模式和方向，就使其变为可见的。最后，用一个循环将克隆体移动 10 步，并且当克隆体（足球）接触到舞台的边缘的时候将其弹回舞台。

每次运行这个项目的时候，都会在舞台上的随机位置显示 10 个足球，并且将它们朝着不同的方向弹跳，如图 13.7 所示。

既然已经完成了这个项目，考虑一下，如果必须给项目添加 soccer ball 角色的 10 个不同的实例的话，创建和维护起来要复杂的多。

图 13.7　舞台上显示的 10 个足球，都是 soccer ball 角色的克隆体

13.4　创建一个小猫钓鱼应用程序

此时，我们已经看到了如何通过使用过程、添加注释以及克隆来增强 Scratch 2.0 项目。采用这些编程技能的最终结果，是一个更小的、易于维护和理解的项目，其角色更少，其脚本更少也更小。让我们综合所有这些新的编程技能，来开发一个新的、叫做小猫钓鱼的 Scratch 2.0 项目，如图 13.8 所示。

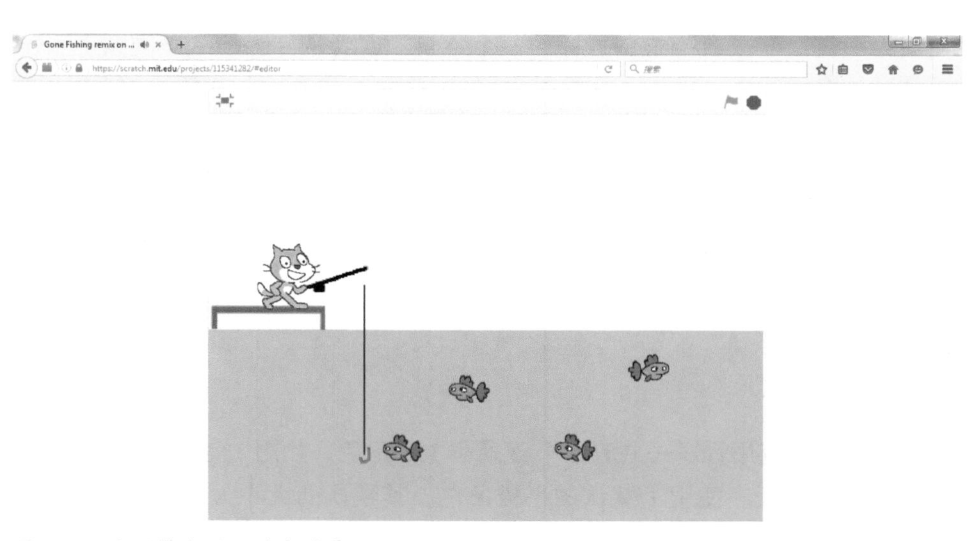

图 13.8　小猫钓鱼项目的启动界面

当玩家点击绿色旗帜按钮的时候，游戏开始运行。要运行这个游戏，玩家使用键盘上的向上和向下箭头，在水中抬高或放低鱼钩。每次当鱼钩接触到鱼的时候，就钓到了鱼，并且鱼儿会从水中消失。游戏继续进行，直到所有的鱼都被钓到。

这个应用程序项目的开发过程，包括如下的一些步骤：

步骤 1：创建一个新的 Scratch 2.0 项目；

步骤 2：添加一个合适的背景；

步骤 3：添加应用程序的角色；

步骤 4：定义一个应用程序变量；

步骤 5：创建控制应用程序的脚本；

步骤 6：测试 Scratch 2.0 项目。

13.4.1 步骤 1：创建一个新的 Scratch 2.0 项目

开发小猫钓鱼游戏的第一步，是创建一个新的 Scratch 项目。要么打开 Scratch 2.0 网站由此自动创建一个新的 Scratch 2.0 应用程序项目，或者点击“文件”菜单，然后选择“新建项目”。

13.4.2 步骤 2：添加一个合适的背景

开发钓鱼游戏的下一步，是给舞台添加一个合适的背景。这个应用程序的背景要显示一个钓鱼台，以及一个鱼钩放到了清澈的、蓝色的水中。可以使用绘图编辑器来自行绘制这样的一个背景，或者从 Scratch 2.0 网站上 Jerry Ford 的“Scratch Programming for Teens”工作室中获取这个背景的一个副本。

要获取这个背景，使用你的书包复制该背景，并且将其添加到你的 Scratch 项目中。一旦你的书包中有了这个背景的副本，点击项目的舞台缩略图（位于角色列表中），然后点击位于脚本区域顶部的“背景”标签页，将 FishingPond 背景从书包拖放到背景列表中。由于 FishingPond 是该应用程序唯一的背景，应该将其移动到项目的背景文件列表的顶部，同时删除掉默认的背景。

13.4.3 步骤 3：添加应用程序的角色

小猫钓鱼应用程序一共有 1 个背景和 3 个角色，如图 13.9 所示。

这个应用程序使用了默认的小猫角色。其默认的大小太大了，但是，可以通过点击程序编辑器菜单上的“缩小”图标，然后在舞台上的角色的图像上点击 5 次。接下来，点击位于角色区域的“从角色库中选取角色”图标，选择“动物”分类，然后选择“Fish1”角色并点击“确定”按钮。将这个角色重命名为 Fish。当应用程序最初显示的时候，这个角色应该是不可见的。因此，在将其重命名之后，取消掉“显示”选项。

最后，使用绘图编辑器来创建一个类似鱼钩的角色。要做到这一点，只需要点击绘图编辑器的“文本”按钮，然后在绘图区域的中央点击鼠标指针以打开一个文本字段。输入大写的字母 J。这个字母的大小和形状都非常适合用于应用程序的鱼钩。接下来，点击位于绘图编辑器右上角的“设置造型中心”按钮，然后将鼠标指针移动到该字母上并点击，如图 13.10 所示。最后，既然已经添加了鱼钩角色，将其重命名为“Hook”。

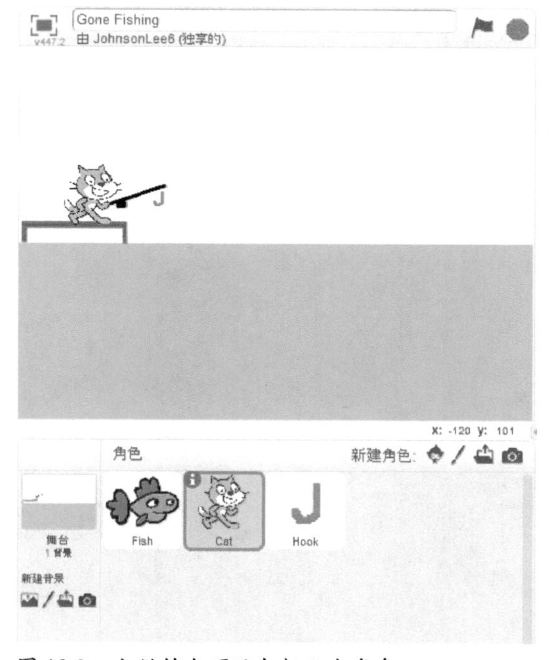

图 13.9　小猫钓鱼项目包括 3 个角色

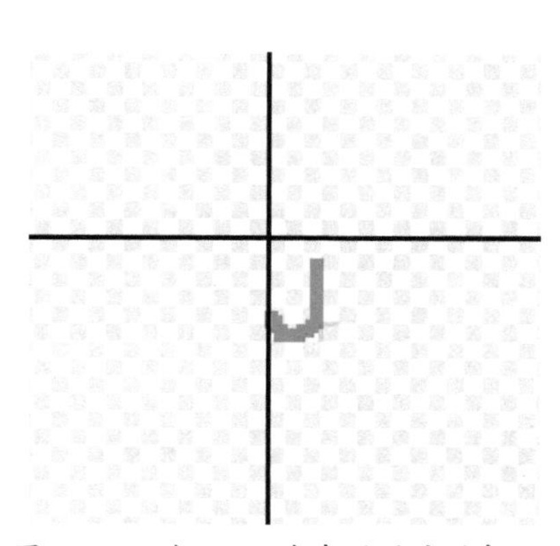

图 13.10　为 Hook 角色设置造型中心

13.4.4　步骤 4：定义应用程序变量

小猫钓鱼应用程序需要一个变量来记录钓到的鱼的数目。在游戏开始时，这个变量最初设置为 0，每次钓到一只鱼的时候，这个数字增加 1。当这个变量的值等于 6 的时候，表示所有的鱼都已经钓到了，游戏结束。

要将这个变量添加到应用程序，点击功能块列表上的“数据”分类，并且点击“新建变量”按钮以创建一个名为“NoOfFishCaught”的全局变量。默认情况下，Scratch 2.0 会在舞台上为这个变量显示一个监视器。游戏不需要这个监视器。因此，应该去掉 NoOfFishCaught 的监视器。

13.4.5 步骤 5：创建用来控制应用程序的脚本

此时，背景和角色已经添加到应用程序中了。剩下的工作就是开发运行应用程序的脚本了。首先，点击舞台的缩略图，然后为其添加如下的脚本。同样，花点时间来添加相应的注释。

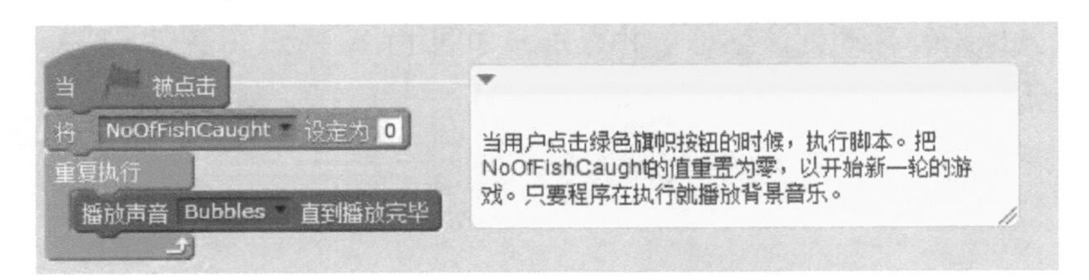

当这段脚本执行的时候，它会初始化游戏运行，将 NoOfFishCaught 的值设置为 0。此外，这段脚本还负责在应用程序运行的时候重复不断地播放 Bubbles 声音。项目接下来的 3 段脚本如下所示，它们都属于 Fish 角色。

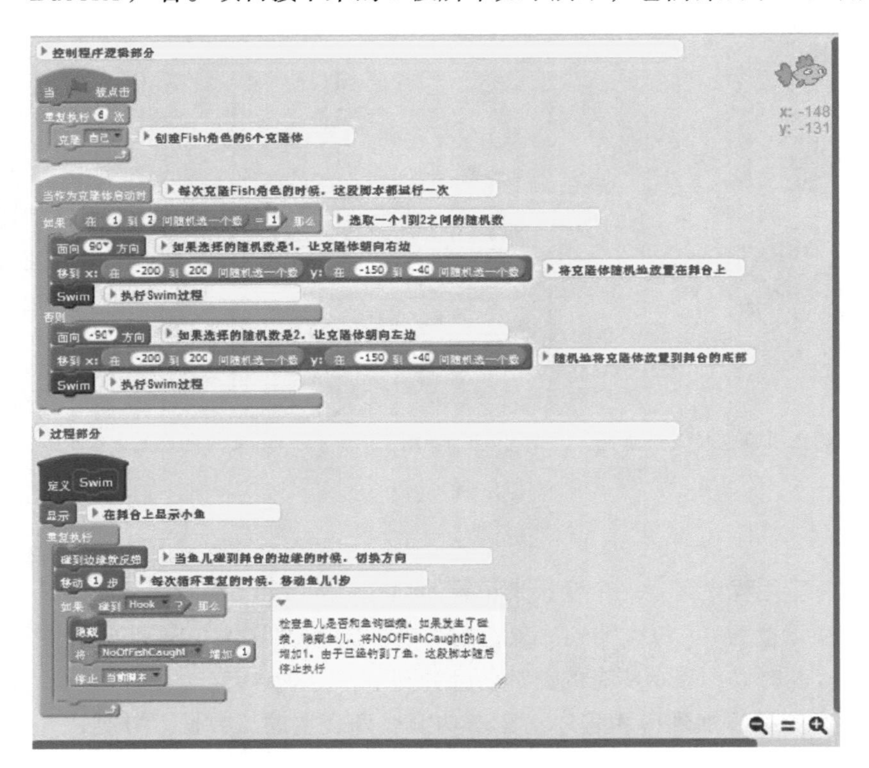

这段脚本使用注释形成了细致的说明文档。把这些脚本添加到你的项目中，确保也要添加注释。这些脚本用克隆体填充了舞台，将其放置到随机的位置，并且判断什么时候鱼被钓到。由于脚本所包含的注释已经详细地说明了脚本的编程逻辑，这里不再给出详细说明。然而，应该注意，这些脚本属于 Fish 角色，而它们所要展示的 3 个主要话题已经在本章中介绍过了，这就是使用过程、注释和克隆体。

下一段添加到项目中的脚本如下所示，它属于小猫角色。

这段脚本负责判断游戏运行何时结束，然后它通过发送一条广播消息通知应用程序中的其他脚本。再一次，由于脚本中所包含的大量注释已经说明了脚本的编程逻辑，这里不再给出详细的说明。

该项目剩下的脚本如下所示，它属于 Hook 角色。这段脚本分为两组。第 1 组包含了位于脚本区域顶部的 4 段脚本。注释用于详细地说明每段脚本所起的作用。

脚本区域剩下的 3 段脚本是 3 个过程脚本，当位于脚本区域顶端的脚本调用它们的时候，就会执行。第 1 个过程名为 DrawFishingLine，当玩家按下向上或向下箭头键的时候，它负责绘制动画的钓鱼线。这个过程处理 3 个数值参数，它们分别表示 Hook 角色要移动到的 X 位置和 Y 位置，以及绘制钓鱼线的时候所使用的画笔大小。

第 2 个过程叫做 RaiseHook。它负责在玩家按下向上箭头键的时候，将 Hook 角色向上抬起。先做出条件检查，以判断 Hook 角色是在空中还是在水中，以便当鱼钩抬起的时候，能够使用合适的颜色来擦除掉和鱼钩相连接的钓鱼线。第 3 个过程也是最后一个过程，名为 LowerHook。它的作用是当玩家按下键盘的向下箭头键的时候，把 Hook 角色的位置放下。

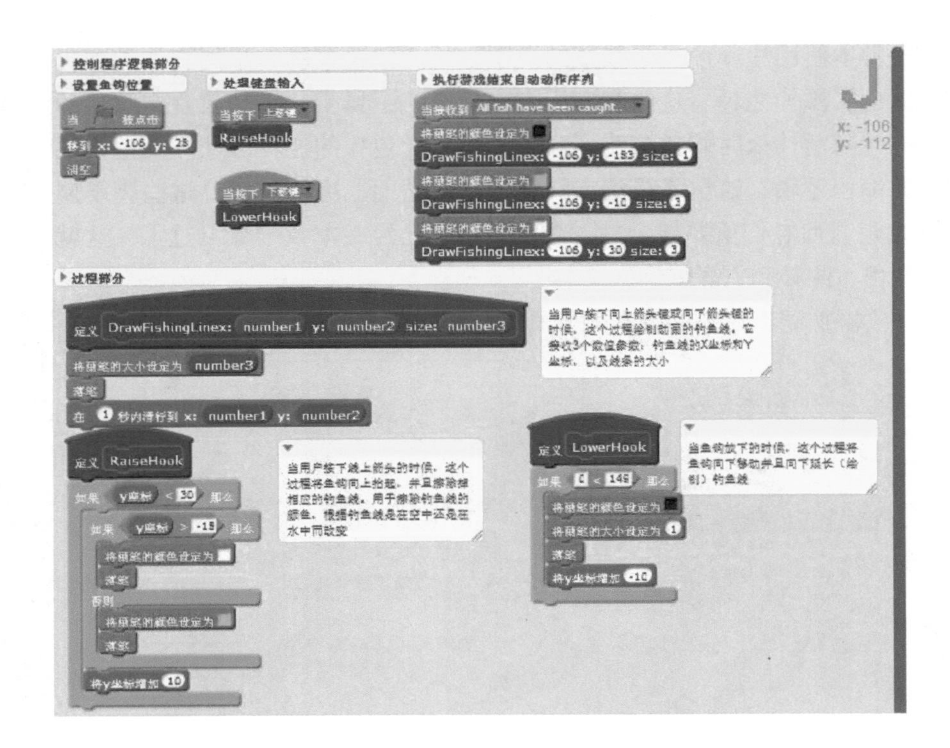

13.4.6 步骤 6：测试 Scratch 2.0

好了！现在已经拥有了创建和运行钓鱼应用程序所需的所有内容。假设你按照本章说明的步骤进行操作，应该已经准备好测试自己的新的应用程序了。如果还没有把新的项目命名为 Gone Fishing 的话，现在就这么做，然后，切换到全屏模式并测试其执行。游戏会一直运行，直到所有的鱼都钓到，此时，会提示你再玩一次。

第 14 章 用碰撞检测进行游戏开发

在本书中，到目前为止，我们已经学习了如何使用 Scratch 2.0 开发环境，以及使用 Scratch 2.0 进行应用程序开发的基础知识。本章主要介绍计算机游戏的开发，特别是优秀的、老式的、街机风格的游戏的开发。我们将学习很多基本的游戏开发技术，然后，通过开发一款计算机游戏 Scratch Pong，将所学到的知识紧密地联系起来。

本章包括以下主要内容：

- 了解大多数计算机游戏中的关键功能；
- 学习如何管理游戏状态；
- 控制角色移动并且进行碰撞检测；
- 回顾捕获和处理用户输入的基本知识。

14.1 大多数游戏中的关键功能

现在，你应该对于如何显示文本、绘图、指定图形在舞台上的位置，以及如何将声音效果加入到 Scratch 2.0 项目等等，都有了很好的理解了。这些都是游戏开发的重要元素。然而，在能够创建自己的街机风格的游戏之前，我们还需要学习更多的一些内容，包括：

- 管理游戏状态；
- 用循环控制游戏逻辑；
- 管理屏幕刷新频率；
- 控制角色在舞台上的移动；
- 控制角色的可见性；
- 使用声音实现特殊效果和背景音乐；
- 检测角色之间的碰撞；
- 处理通过键盘和鼠标捕获的用户输入；
- 控制鼠标指针的位置。

以上这些主题都将在本章中介绍，并且本章中的游戏项目 Scratch Pong 的开发，将会展示这些众多的主题。

14.1.1 管理游戏状态

很多计算机游戏都有不同的状态。它们可能首先显示一个欢迎界面，给出针对游戏玩法的说明，以及一系列的菜单选项。当玩家按下键盘按键或者点击舞台上的一个角色的时候，游戏可能会在状态之间切换。一些游戏支持一个暂停状态，允许玩家临时性地暂停游戏的执行。这里只是提到了游戏可能支持的一些不同类型的状态。

可以使用变量作为控制游戏状态的方式。例如，可以添加如下左图所示的一个变量，来记录玩家的得分，然后，根据它的值来改变游戏的状态。

例如，使用这个变量可以终止游戏的执行，如下右图所示。

PlayerScore

这里，当 PlayerScore 的值大于 10 的时候，将会发送一条 Game Over 广播消息。这条广播消息会等待，直到所有接受消息的脚本都执行完成了（这有助于确保游戏逻辑都按照顺序完成了），然后，停止所有其他活跃的脚本的执行，修改游戏的状态。

改变游戏的状态的另一种方式是，当发生一个键盘事件的时候，暂停游戏。可以使用如下的功能块来做到这一点。

这里，游戏状态暂停 1 秒钟，如下左图所示。例如，可以使用这个时间来让玩家准备好开始新一轮的游戏。

改变游戏的状态的另一种方式是，使用如下右图所示的两种功能块组合之一。

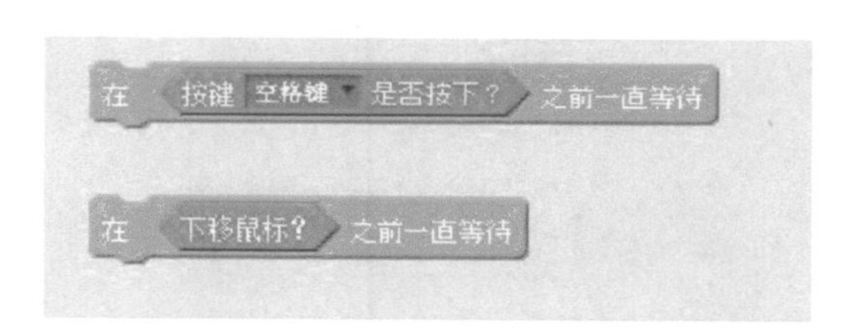

第 1 个功能块组合暂停了脚本的执行，直到玩家按下了键盘上的空格键。第 2 个功能块组合暂停了脚本的执行，直到用户按下了鼠标键。正如本章稍后所介绍的，将这两个组合功能块中的任何一个放到主游戏循环中，都能够有效地将游戏挂起，直到用户决定执行某一动作。

14.1.2 用循环控制游戏逻辑

游戏是交互式的计算机应用程序。这意味着，它们必须有一种控制方式来收集和处理玩家输入。例如，在玩家使用机器人彼此对战的一款游戏中，游戏需要能够持续地收集并处理玩家的输入，以指示游戏要将玩家的机器人移动到哪里。此外，游戏必须捕获并处理玩家的射击指令。一旦接收到指令，游戏必须把玩家的两种输入都加进来，并且使用它们来保持游戏持续更新并在舞台上显示任何的变化。正是游戏的主游戏循环，使得这一切能够以一种受控且同步的方式来高效地工作。

大多数时候，游戏循环设置为重复执行。只有当玩家获胜或失败，或者是玩家已经明确地做出了停止游戏的决定的时候，才会终止游戏循环。尽管可以使用 Scratch 2.0 所提供的控制功能块来实现循环，但是在设置游戏循环的时候，最常使用的还是重复执行功能块，如下面的示例所示。

```
重复执行
    重复执行 300 次
        移动 Steps 步
        BounceOffEdgeOfScreen
        如果 x座标 of Ball > 220 那么
            PlayerHasScored Player: 1
            DetermineIfGameOver
            停止 当前脚本
        如果 x座标 of Ball < -220 那么
            PlayerHasScored Player: 2
            DetermineIfGameOver
            停止 当前脚本
        ProcessPaddleHits
    将 Steps 增加 1
```

这个循环包含了负责控制它所属的游戏的整体运行的功能块。它重复执行。在其指示下，角色在舞台上来回移动，并且执行多个过程来完成诸如记录玩家得分、确定游戏何时结束以及管理碰撞检测（将在本章后面介绍）等任务。

14.1.3 管理屏幕刷新频率

默认情况下，Scratch 2.0 以平稳而高效的步伐执行你的项目，这足以保证角色的移动和动画都能平滑地进行。然而，一些游戏需要进行调教，才能以平稳的步伐运行。对于拥有很多角色在屏幕上移动并且有很多其他活动要进行的较为复杂的游戏来说，尤其如此。

在 Scratch 2.0 中，在功能块的执行之间，默认地会发生一个小小的暂停。Scratch 2.0 尽全力在游戏逻辑进行的时候保持游戏更新（刷新）。它自动地管理游戏的同步频率或帧速率。如果利用 Scratch 2.0 使用过程的优点，就可以将过程配置为在运行中没有屏幕刷新。这会使得在过程功能块执行期间不会有延迟，以便让过程运行得更快一些，对于资源消耗较大的游戏来说，这么做是有帮助的。

为了消除一个过程中的屏幕刷新，在定义一个过程的时候，必须选中“运行时不刷新屏幕”选项。

提示 通过在加速模式中执行脚本，它们运行的速度可能能够加快一些。要打开加速模式，点击“编辑”菜单的“加速模式”选项。

14.1.4 在舞台上移动物体

街机风格的计算机游戏依赖于舞台上的角色的移动和交互。例如，在类似 Pong 这样的游戏中，使用 3 个角色来显示两个挡板和一个球。当游戏开始的时候，球开始移动，并且必须在舞台上弹跳，当球碰到了舞台的顶部或底部的时候，它会弹跳回来。此外，球还必须从玩家的挡板弹跳开。

在 Scratch 2.0 中，角色的移动是使用动作功能块来控制的，我们在本书第 5 章中学习过动作功能块。作为一个回顾，请考虑如下的示例，我们在本书第 13 章中使用并介绍过这个示例。

```
当作为克隆体启动时
移到 x: 在 200 到 -200 间随机选一个数 y: 在 140 到 -140 间随机选一个数
将旋转模式设定为 任意
向右旋转 在 1 到 360 间随机选一个数 度
显示
重复执行
    碰到边缘就反弹
    移动 10 步
```

这里，动作功能块在舞台上放置了足球角色的一个克隆实例，配置其旋转模式并且设置其方向，然后，重复地每次将其移动 10 步，当碰到舞台边缘的时候弹回。这个程序逻辑的修改版本，将在本章稍后的 Scratch Pong 游戏的开发中用到。

14.1.5 让角色可见和不可见

计算机游戏的另一个关键的方面是，能够让角色显示并隐藏。例如，在机器人对战的游戏中，当机器人被射中的时候，它应该从舞台上消失。类似的，当开始新一轮的游戏或新的战斗的时候，让机器人隐藏片刻，在短暂的暂停之后再显示它们以继续游戏，这时候也要用到这一功能。

默认情况下，当把角色添加到 Scratch 2.0 项目中的时候，它们会出现在舞台上。在程序编辑器中，可以从角色列表中选择一个角色的缩略图，点击位于其左上角的蓝色 i 图标，然后去除掉“显示”选项，从而隐藏角色。

也可以使用“显示”和“隐藏”功能块，通过编程来控制角色的显示，如下图所示。

如果要在脚本中使用克隆体，而不是使用同一角色的多个实例，可以在任何时候添加一个新的克隆体。克隆体就像角色一样，也是自动显示在舞台上的。如下右图的示例将用角色的 10 个克隆体来填充舞台。

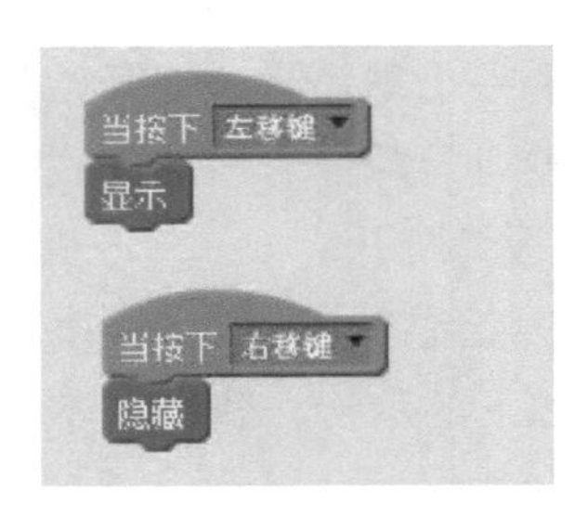

当不再需要一个克隆体的时候，只需要从舞台上删除它，如下所示。

在这个示例中，克隆体放置到了舞台上的随机的位置。然后，克隆体显示“Hello！”2 秒钟，并且被删除掉，这会使得其消失。

14.1.6 制作声音

正如我们在第 11 章中所介绍的，可以使用声音功能块来添加声音并在项目中用各种乐器播放音符。也可以使用声音功能块来控制音量或改变节奏。在计算机游戏中，大多数时候将使用如下左图所示的两个功能块。

当给游戏添加背景音乐或者声音的时候，只需要使用第 1 个功能块。通常，在整个游戏运行的过程中，都会播放背景音乐。如果是这种情况，舞台通常是存储声音的最好的地方，然后，使用如下右图所示的一个循环可以重复地播放整个声音。

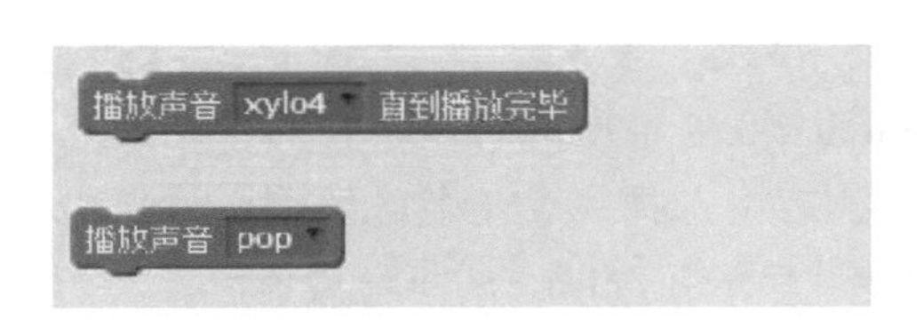

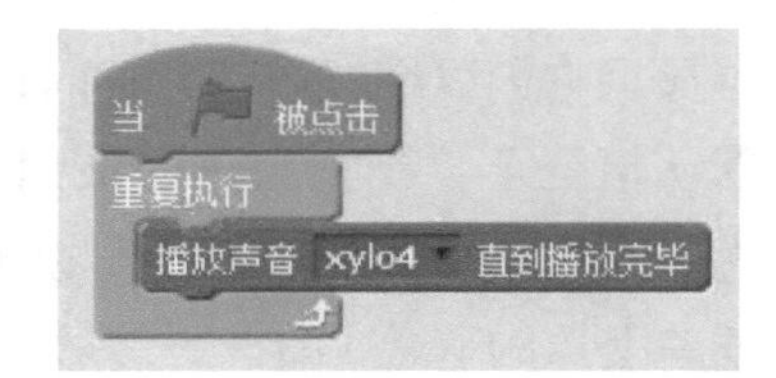

第 2 个功能块通常最好用于给游戏添加声音效果，例如爆炸声、嘟嘟声和其他的快速播放的声音，只有当特定的事件发生的时候，这些声音才播放一次，例如，当玩家得到一个分数，或者当一个物体爆炸的时候。例如，如下的过程是我们在本章中创建的 Scratch Pong 游戏的一部分。

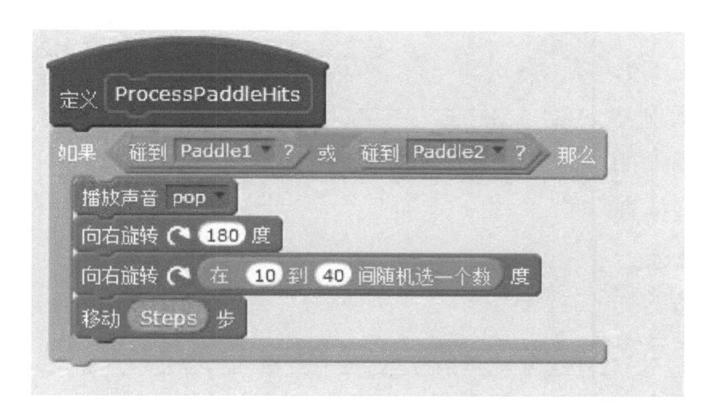

这个项目的主游戏循环持续地调用这个过程。当调用的时候，它判断球角色是否碰到了玩家的挡板中的一个，如果是的，将会播放 pop 声音。

14.2 碰撞检测

除了知道如何管理游戏状态、设置游戏循环、覆盖屏幕刷新、控制角色移动和可见性，以及使用声音实现逼真效果，很多计算机街机游戏还需要的一项基本的技能就是碰撞检测。当两个物体（角色或克隆体）在舞台上碰到一起的时候，就会发生碰撞。例如，在经典的街机游戏 Asteroids 中，当一个小行星撞到飞船的时候，就发生了碰撞。

能够检测碰撞，这是很多计算机游戏的一个关键的方面。Scratch 2.0 支持多种不同的方法来实现碰撞检测。对于初学者来说，Scratch 2.0 会自动检测角色何时碰到舞台的边缘。Scratch 2.0 防止角色完全从舞台上消失，以确保至少角色的一部分总是可见的。使用如下所示的动作功能块，可以在一个角色碰到舞台边缘的时候，让 Scratch 2.0 将其弹开。这个动作功能块嵌套到一个循环中，这方便了经常性地检查和舞台的某一个边缘的碰撞。

在这个示例中，角色会弹回然后朝着另外一个方向移动 10 步。角色在弹回后的具体方向，是根据其之前的轨迹而变化的，如图 14.1 所示，其中描述了 4 种不同的碰撞路径。

图 14.1 的示例 A 描述了一个角色的路径。在这个示例中，角色以大约向上 20 度角的方向接近舞台的顶部，并且在舞台的顶部弹向大约向下 20 度角的方向。示例 B 展示了当角色以垂直 90 度角的方向接近舞台的边缘的时候，会以相反的方向沿着相同的路线弹回。示例 C 和示例 D 提供了角色沿着其他的不同角度移动的示例，并且描述了它们从舞台边缘弹回的轨迹。

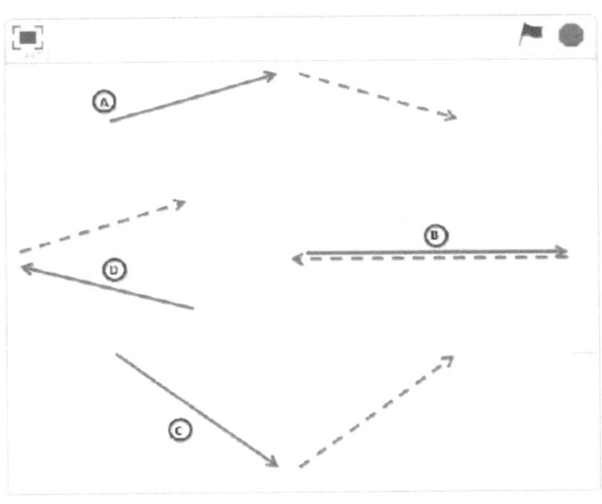

图 14.1　角色的方向在弹回后受到怎样的影响

判断和舞台边缘的碰撞的另一种方式是，使用如下左图示例中的侦测功能块。这里，一个侦测功能块嵌入到了一个控制功能块中，控制功能块自己又嵌入到一个循环中。每次循环迭代的时候，都会进行检查，看看脚本所嵌入的角色是否和舞台的边缘发生碰撞。这个碰撞检测示例和前面的示例的区别在于，由你负责重新确定角色的方向。在前面的示例中，使用另一个功能块来重新确定角色的方向，而这里会将角色向右旋转 90 度，以允许其朝着一个新的方向继续移动。

除了使用侦测功能块来检测和舞台边缘的碰撞，还可以使用它来检测和一个角色的碰撞，如下右图所示。

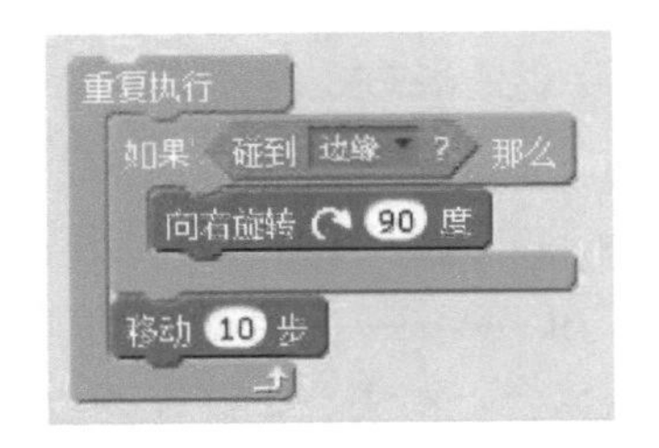

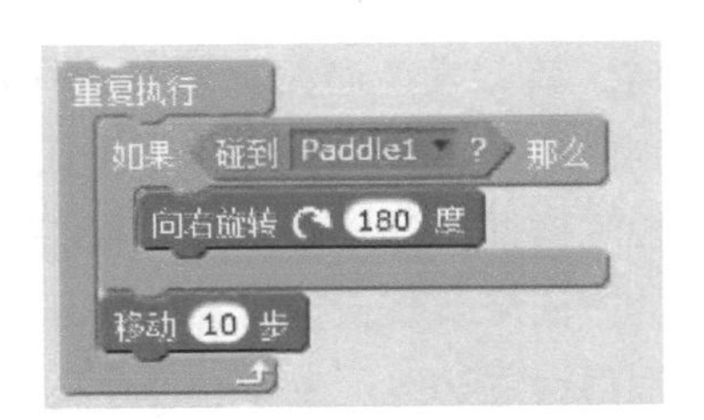

在这个示例中，执行一个检查看看脚本所属的角色是否和一个名为 Paddle 的角色碰撞。如果是这种情况，将角色向右旋转 180 度，并且将其朝着新的方向移动 10 步。

图 14.2 展示了两个角色彼此碰撞的一个示例。

在上面的示例中，脚本所属的角色是 Ball 角色，并且 Ball 角色和 Paddle 角色碰撞之后，会将其方向重新确定为沿着相同的路线返回（因为它旋转了 180 度）。图 14.2 展示了和 Paddle 角色的碰撞如何影响到 Ball 角色的移动。

当一个角色和另一个角色的任何部分碰撞的时候，就会执行图 14.2 所示的碰撞示例。使用如下左图中的示例，我们可以进一步优化和限制碰撞，例如只有当包含脚本的角色接触到另一个指定的角色，并且该角色碰到了后者中指定的颜色部分的时候，才会发生碰撞；而具体的颜色是在侦测功能块的颜色方块中指定的。

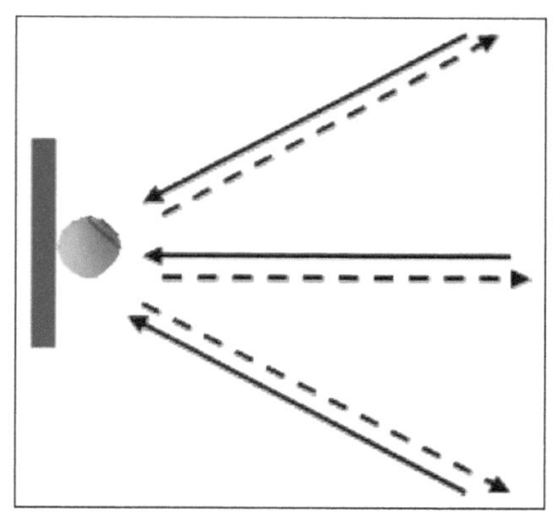

图 14.2　Scratch Pong 游戏中，球和挡板碰撞的几个示例

可以使用如下右图所示的侦测功能块来进一步优化和限制碰撞。在这个示例中，想要让碰撞发生，脚本所属的角色的一个指定的颜色部分，必须和第 2 个角色的一个指定的颜色部分接触。否则的话，即便两个角色彼此接触了，脚本也不会处理碰撞。

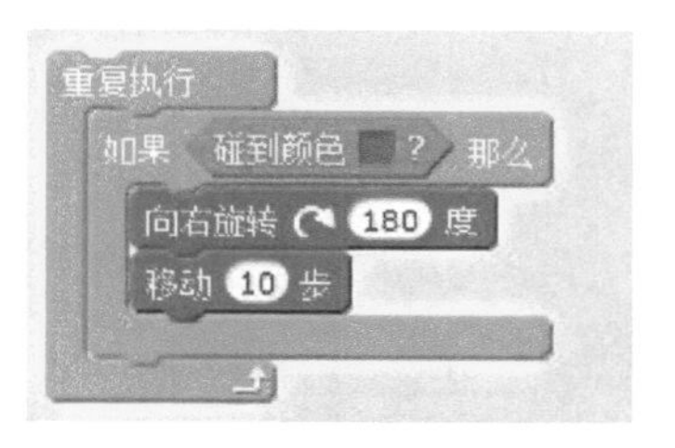

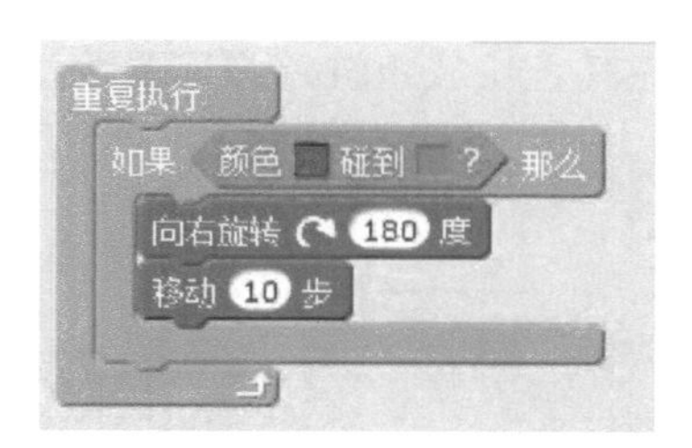

为了让这个示例更加清楚，来看一下图 14.3，其中给出了两个例子。在第 1 个例子中，不会发生碰撞，但是在第 2 个例子中会发生碰撞。在第 1 个例子中，即便青蛙角色和蝴蝶角色已经彼此接触了，但并不会处理碰撞。在第 2 个示例中，当青蛙角色的红色部分（它的舌头）接触到了蝴蝶角色的黄色部分的时候，碰撞发生了。

图 14.3　基于颜色的碰撞提供更好的精确性的一个示例

有的时候，你想要一个角色好像是发生了碰撞一样来执行动作，然而实际上，它只是靠近了另一个角色而已。作为一个例子，考虑一下图 14.4 所描述的情形。其中，鱼缸中的一条鱼在朝着鱼缸的边缘游动。在鱼儿真正地碰撞到鱼缸之前，就让它转身，而不是等着鱼儿碰到鱼缸的一边再将其弹回到相反的方向，这样做可能会更好也更逼真一些。

图 14.4　用一个距离来代替实际的接触，可以产生不那么精确的碰撞

可以使用如下的脚本让鱼儿角色在头部碰到鱼缸的右边缘之前就转身，这种效果比让其直接从鱼缸壁弹回更为逼真。

```
当 被点击
重复执行
  如果 到 LeftWall 的距离 < 50 或 到 RightWall 的距离 < 50 那么
    向右旋转 180 度
  移动 5 步
```

正如你所看到的，这里使用了两个侦测功能块，来确定角色何时进入距离鱼缸的左壁或右壁小于 50 个像素的位置。当这两个条件中的任意一个满足时，就将角色旋转 180 度，并且鱼儿开始游向鱼缸的另一端。

14.3　收集用户输入

要玩任何类型的游戏，玩家都需要一种方式来提供输入。输入的类型根据游戏的特性而不同。例如，键盘输入可能最好用于一个猜词游戏，而策略游戏可能需要玩家使用鼠标来选择要控制的对象或目标对象。另一方面，计算机街机游戏则使用键盘或鼠标。Scratch 2.0 通过多种不同的功能块，既支持键盘输入，也支持鼠标输入。

14.3.1 捕获键盘输入

大多数计算机键盘都有至少 140 个键，很多计算机拥有甚至更多的键。不管是什么类型、生产厂商还是型号，当按下如下的键的时候，Scratch 2.0 都允许应用程序监控并作出响应：

- 向上箭头键；
- 向下箭头键；
- 向左箭头键；
- 向右箭头键；
- 空格键；
- Z 键；
- 0-9 键。

当玩计算机游戏的时候，除了空格键和箭头键，4 个最常用的键盘键就是向上箭头键、向下箭头键、向左箭头键和向右箭头键。这些按键通常控制着移动并决定着游戏的进行。然而，在某些游戏中，例如，在第一人称射击游戏中，W、A、S 和 D 键用于替代箭头键，以便玩家的右手能够腾出来使用鼠标。

Scratch 2.0 提供了两种方式来捕获键盘输入。第 1 种方式是使用事件功能块，如下左图所示。

这里，脚本已经添加给了一个角色，每次按下 Q 键的时候，都会执行这段脚本。当执行的时候，会给应用程序中所有其他的脚本发送一条广播消息，让它们停止执行。一旦应用程序完成了广播消息的处理，脚本中的最后一个功能块会停止剩下的所有可能要执行的脚本。

捕获键盘输入的另一种方式是，使用下右图中侦测功能块所示。

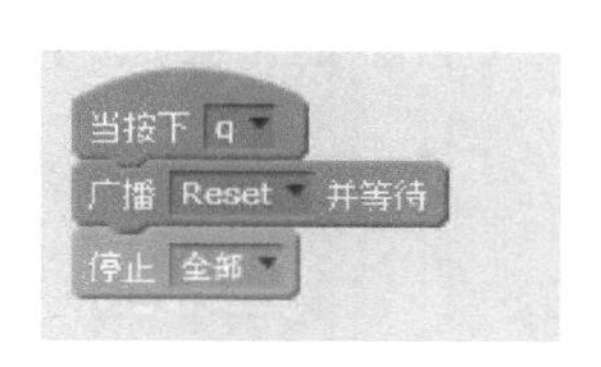

这里，建立了一个循环来持续地检查并响应空格键按下的事件。当发生这种情况的时候，会执行一个名为 Shoot_Missile 的过程。在坦克对战游戏中，这段脚本可能会分配给一个坦克角色，以便玩家能向计算机对手发射导弹。

14.3.2 捕获鼠标输入

就像是键盘一样，也有很多不同类型的鼠标设备。典型的鼠标有两个按钮。

最新的鼠标可能还有一个滚轮或者两个以上的按钮。触摸板和轨迹球设备是鼠标的一种变体并以相同的方式工作，它们产生和鼠标相同的输出。所有这些鼠标的变体都提供了指定 X 坐标和 Y 坐标信息的输入。当点击这些设备的按钮的时候，它们会提供输入以表明这一点。在计算机游戏中，鼠标按钮可以用来控制一个激光炮的开火，游戏过程中收集的装备项目的显示，或者还有任意多种其他的用途。

14.3.3 记录鼠标移动和位置

鼠标的一个主要的用途是控制指针在舞台上的移动。Scratch 2.0 使得记录鼠标的移动更为简单。可以使用鼠标的 X 坐标功能块来获取指针在 X 轴上的位置，用鼠标 Y 坐标功能块获取指针的 Y 轴的位置。为了展示如何使用这两个侦测功能块，让我们来看下面这个示例：

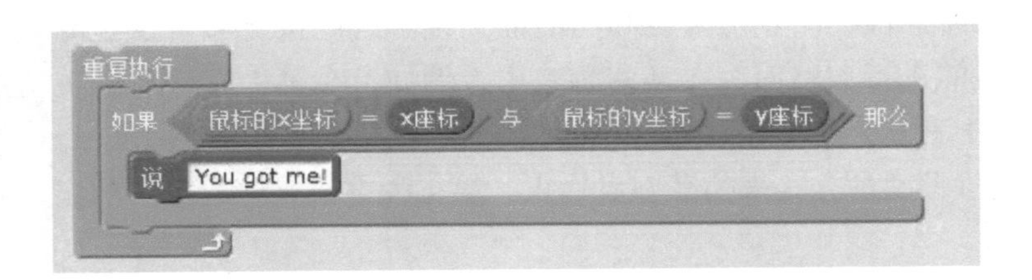

这里，鼠标的 X 坐标和鼠标的 Y 坐标功能块用来获取了鼠标指针的 X 坐标和 Y 坐标，并且将它们和包含脚本的角色的 X 坐标和 Y 坐标进行比较（通过 X 坐标和 Y 坐标动作功能块来获取）。当把鼠标的指针移动到角色造型的中心的时候，将会在一个对话气泡中显示“You got me!”文本。以这个示例作为起点，我们可以开发出一款寻宝游戏的脚本，当玩家在舞台上移动鼠标指针寻找隐藏的宝藏的时候，脚本会在舞台上显示相应的线索。

14.3.4 检测鼠标按钮点击

除了记录鼠标指针的位置，当玩家点击鼠标的左键的时候，能够做出判断，这也是很重要的功能之一。这允许游戏使用点击鼠标左键作为控制角色跳跃、射击等等的一种方法。有两种方法来判断鼠标左键点击。作为初学者，我们可以使用如下左图所示的事件功能块，当玩家把鼠标指针放到了一个角色之上并点击鼠标左键的时候，它能够捕获并做出响应。

捕获鼠标点击的第 2 种方式，是使用如下右图中的侦测功能块。

这里创建了一个循环，一个控制功能块嵌入到该循环中。这个控制功能块也是一个侦测功能块。由于循环不断迭代，该循环使得玩家能够通过点击鼠标左键来持续执行 Shoot Missile 过程。可以使用这些功能块为基础来创建一个脚本，让一架喷气式飞机或坦克在战斗中朝着敌人发射导弹。

14.4 创建 Scratch Pong

本章给出了基本的游戏开发编程技巧的一个概览，介绍并演示了如何使用 Scratch 2.0 来实现它们。这包括如何管理游戏状态、用循环来控制游戏逻辑、检测角色之间的碰撞、处理玩家输入等等。本章剩下的部分，通过创建一个叫做 Scratch Pong 的、新的 Scratch 2.0 项目，将这些众多的、新的游戏开发技能综合运用起来，如图 14.5 所示。

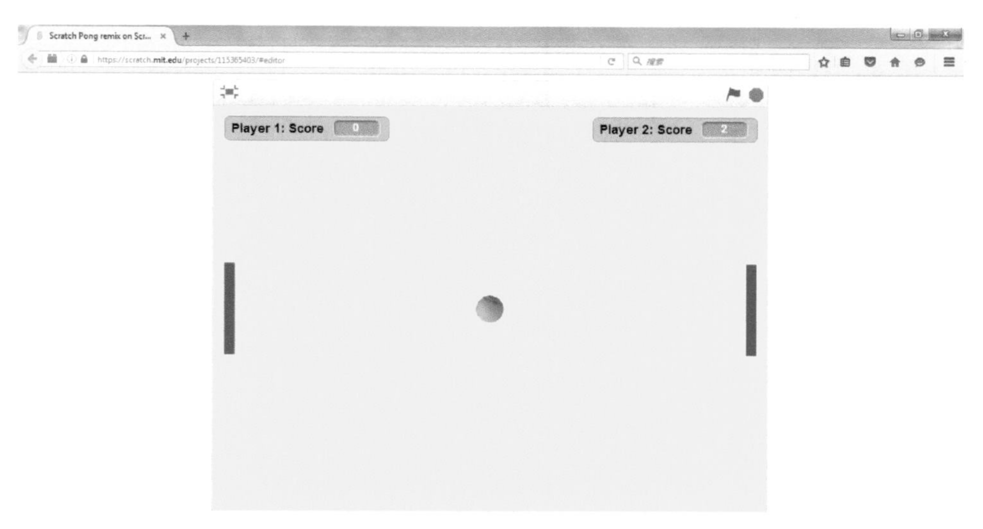

图 14.5　Scratch Pong 游戏

Scratch Pong 是一个两玩家游戏。玩家通过两边的游戏挡板来挡住游戏中的球而得分。玩家 1 通过按下 A 键将挡板向上移动，按下 Z 键将挡板向下移动，从而控制自己的挡板。玩家 2 通过按下向上箭头键将挡板向上移动，按下向下箭头键将挡板向下移动，从而控制自己的挡板。当一个玩家点击绿色旗帜按钮的时候，游戏开始。当游戏开始的时候，以及后续每一次重新开始游戏的时候，都会将玩家的挡板放在舞台上的最左端和最右端垂直居中的位置。游戏球则放置在舞台的中央。要开始玩游戏并得分，一个玩家必须按下空格键。只要一个玩家得到 10 分，游戏就会结束。

可以通过如下的步骤来创建这个项目。

步骤 1：创建一个新的 Scratch 2.0 项目；

步骤 2：设置背景，添加并删除角色；

步骤 3：添加声音效果；

步骤 4：定义变量；

步骤 5：创建控制 Scratch Pong 游戏的脚本；

步骤 6：测试 Scratch 2.0 项目。

14.4.1 步骤 1：创建一个新的 Scratch 2.0 项目

开发 Scratch Pong 项目的第一步，是创建一个新的 Scratch 项目。要么打开 Scratch 2.0 网站由此自动创建一个新的 Scratch 2.0 应用程序项目，或者点击“文件”菜单，然后选择“新建项目”。

14.4.2 步骤 2：设置背景，添加并删除角色

Scratch Pong 游戏一共有一个背景、3 个角色和 12 段脚本。

开发 Scratch Pong 游戏的第一步是，给舞台添加一个合适的背景。应用程序有一个简单的空白的背景，它绘制为黄色。使用绘图编辑器可以很容易地创建这个背景。要做到这一点，必须选择默认的背景缩略图，然后点击“背景”标签页，以在绘图编辑器中显示背景。要将背景绘制为黄色，点击“用颜色填充”按钮，在绘图编辑器底部会显示出渐进变换的颜色盘。从颜色盘上点击黄色的颜色块，然后，在舞台上点击，用黄色填充它。

既然已经绘制了背景，就该来添加应用程序的 3 个角色了。要添加第 1 个角色，点击位于角色区域顶部的“从角色库中选取角色”图标，以显示“角色库”窗口。接下来，点击“物品”分类，向下滚动，以选择“tennis balls”角色，并且点击“确定”按钮。点击程序编辑器菜单栏上的“缩小”按钮，然后点击角色 3 次，以重新调整角色的大小。将角色重命名为“Ball”。使用拖放，将角色重定位到舞台的中央。

要添加项目的第 2 个角色，点击角色区域顶部的“绘制新角色”图标，将

新角色添加到应用程序中。要创建一个挡板，点击“矩形”按钮，然后在绘图编辑器底部的颜色盘中选取一个深蓝色的色块。在绘图窗口的中央绘制一个处置的矩形，约 63.5 厘米高，5.7 厘米宽。点击位于菜单栏右上方的“设置造型中心”按钮，然后在矩形的中心位置点击鼠标指针。将该角色重命名为“Paddle1”，然后，通过拖放将该角色放置到舞台左边的垂直居中位置，如图 14.5 所示。

可以使用 Paddle1 角色作为创建应用程序的第 3 个角色的基础，在项目编辑器菜单栏的“复制”按钮上点击，然后再在 Paddle1 上点击。这会给项目添加一个新的角色，并且将其命名为 Paddle2。

14.4.3　步骤 3：添加声音效果

Scratch Pong 游戏使用默认的 pop 声音，该声音已经自动添加给每一个背景和角色了，每次当球和舞台的顶部或底部，或者和某一个玩家的挡板碰撞的时候，都会播放一个声音。此外，当一个玩家得到一分的时候，Ball 角色还需要一个新的声音。为了添加这个声音，选择 Ball 缩略图，然后点击位于脚本区域顶端的“声音”标签页。接下来，点击“从声音库中选取声音”图标，以打开“声音库”窗口，找到并点击“AlienCrack2”声音，并且点击“确定”按钮。

14.4.4　步骤 4：定义变量

Scratch Pong 游戏需要几个变量来记录玩家的得分，并记录和控制在游戏运行期间球移动的速度。要给项目添加变量，点击“脚本”标签页并点击功能块列表上的“数据”分类。

为了给游戏添加第一个变量，点击“新建变量”按钮，并且创建一个名为“Player 1: Score”的全局变量。默认情况下，Scratch 2.0 在舞台上显示了该变量的一个监视器。在游戏使用这个监视器来显示玩家在游戏中的得分。通过拖放，将该监视器放置在舞台的左上角，如图 14.5 所示。

使用上面介绍的步骤，添加游戏的剩下的两个变量，分别将其命名为“Player 2: Score”和“Steps”。通过拖放，将“Player 2: Score”的监视器放置于舞台的右上角，如图 14.5 所示。这个游戏并没有使用步骤监视器，因此，应该不要让它显示出来，如图 14.6 所示。

图 14.6　定义 Scratch Pong 项目的变量

14.4.5 步骤 5：创建控制 Scratch Pong 游戏的脚本

此时，背景、角色和声音都应该已经添加到了应用程序中了。剩下的事情就是开发让应用程序运行的脚本了。首先点击 Paddle1 角色缩略图，然后，为其添加如下的脚本，确保花时间去写下这里所显示的注释。

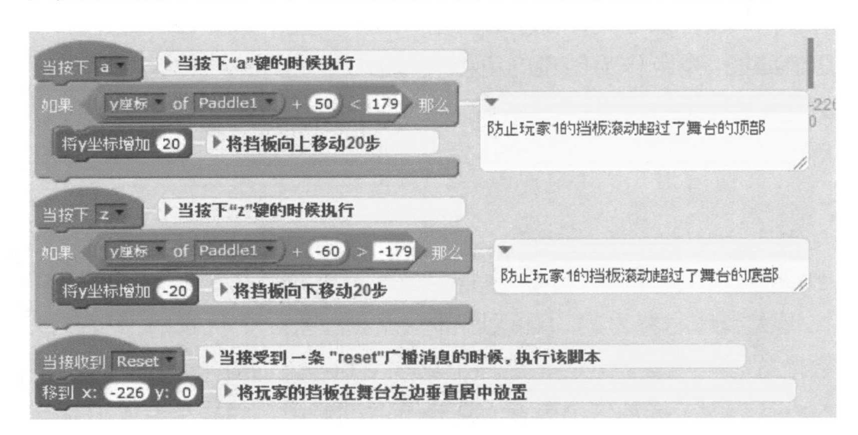

这些脚本的前两个负责控制玩家 1 的挡板的移动，当玩家按下 A 或 Z 键的时候会移动挡板。这两段脚本都包含了防止玩家 1 的挡板超过舞台的顶部和底部的编程逻辑，以避免挡板的一部分消失于舞台的顶部或底部。

当接收到一条 Reset 的广播消息的时候（这条消息是由属于 Ball 角色的脚本发送的），最后的 3 段脚本将会执行。Reset 广播消息是一个信号，告诉这些脚本，将玩家的挡板放回到舞台右端的中央位置，准备好玩家的挡板以便开始新一轮的游戏。

以相同的方式，将如下的脚本添加给 Paddle2 角色。它们是与分配给 Player1 的挡板的 3 段脚本相对应的相同内容。

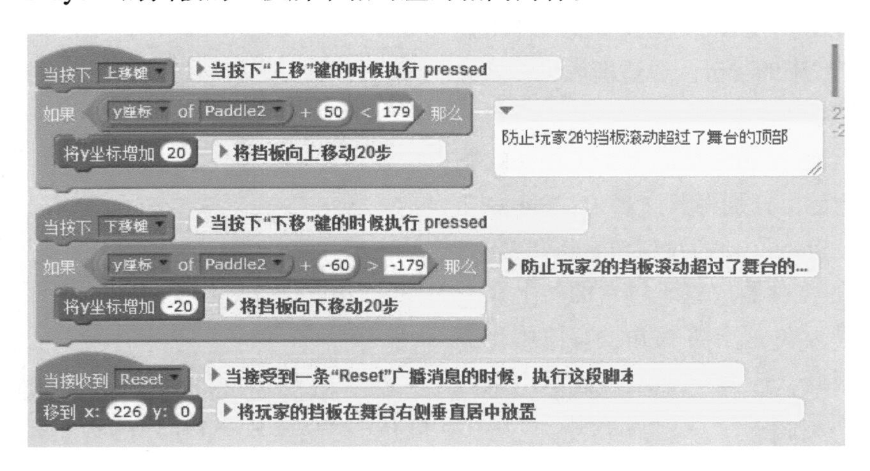

既然已经为玩家的两个挡板都编写了程序，剩下的工作只是提供控制 Ball 角色的动作所需的程序逻辑了。总的来说，我们将给 Ball 角色添加 6 段脚本，其中的 4 段脚本都是过程。每一个过程都设计来执行一个特定的任务。

这些脚本中的第一段如下所示。当一个玩家使用鼠标来点击了绿色旗帜按钮的时候，将会执行这段脚本。这段脚本执行的时候，所有的应用程序变量都将设置为其默认的初始值。这包括将 Player 1: Score 和 Player 2: Score 变量设置 0，将 Steps 变量设置为 5。前两个变量的作用是在游戏运行中保存每个玩家的得分。Steps 变量可供其他脚本中的动作功能块使用，以指定在主游戏循环迭代的时候，Ball 角色每次移动多少步。通过逐渐增加赋给 Steps 的值，可以加快 Ball 角色在舞台上移动的速度，使得游戏随着时间的增加而变得越来越难。

Ball 角色的第 2 段脚本，包含了主要的游戏循环，如下所示。

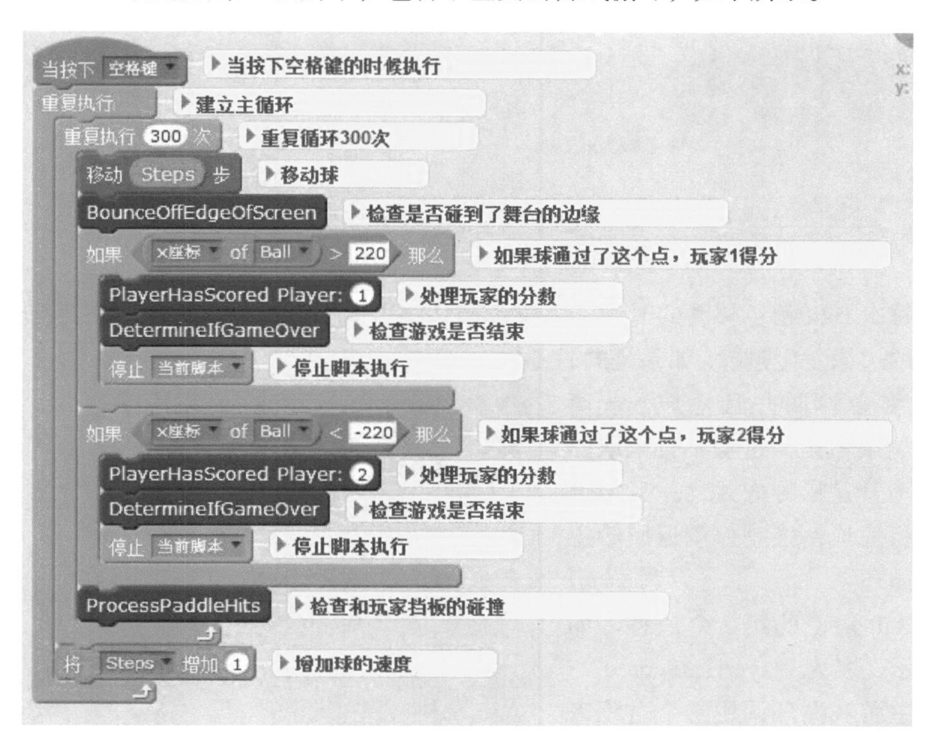

正如你所看到的，当玩家按下空格键的时候，这段脚本就会开始执行。一旦开始执行，它负责协调游戏的活动并管理整个游戏的运行。当按下空格键的时候，一个重复执行功能块将负责控制游戏循环。在这个游戏循环中，是另一个循环。第2个循环配置为重复300次。每次循环重复的时候，它都会执行一系列的任务。这包括在舞台上移动Ball角色，处理Ball角色和舞台边缘之间的冲突，确定某一时刻的得分，更新玩家的分数，检查游戏是否结束，确保球在和玩家挡板碰撞的时候会反弹等等。当内部循环迭代达到300次之后，游戏已经进行了相当长的一段时间了，Ball角色也已经重复地在舞台上来回弹跳了一会儿了。当内部循环完成第300次迭代的时候，Step的值增加1。结果是，球开始在舞台上移动得更快一些。此时，内部循环又迭代了300次。循环继续，直到其中的一个玩家得到了一定的分数，游戏结束。

在任何的计算机游戏中，主游戏逻辑都是重要的一段代码。它负责管理和协调一个较长且较为复杂的程序逻辑。这里定义了4个过程，而不是创建一个很长且很复杂的脚本，如果创建一个脚本的话，它将随时间的增加而越来越难以更新和维护。这4个过程中的每一个，都设计来执行一个特定的任务。

Ball角色的第1个过程如下所示，名为BounceOffEdgeOfScreen。

每次Ball角色移动的时候，主游戏循环调用这个过程来确定角色是否与舞台的边缘发生碰撞。如果是的，角色将会弹回并且播放pop声音。如果不是，过程不会采取操作。不管是哪种方式，一旦该过程执行完成，控制权就返回给主游戏循环。

Ball角色的第2个过程，如下所示，名为PlayerHasScored。

主游戏循环调用这个过程来

判断 Ball 角色是否已经移动到某个玩家的挡板之外。这个过程定义为接受一个单个的数值参数，这个参数表示得分的玩家的编号（1 或者 2）。当执行的时候，这个过程所做的第 1 件事情，是播放一个声音表示已经得到了一分。接下来，它查看传递给它的数字值（保存在 number1 中），并且更新对应的玩家的得分。然后它将 Step 的值重新设置为其初始值 5，将 Ball 角色重新放置到舞台的中央，并且发送一条 Reset 广播消息。

Ball 角色的第 3 个过程如下所示，名为 DetermineIfGameOver。

主游戏循环在执行了 PlayerHasScored 过程之后，会立即调用这个过程。这个过程所做的第一件事情，就是查看 Player 1: Score 和 Player 2: Score 的值，看是否有一个玩家累计得到了 10 分。如果不是这种情况，这个过程不采取任何动作，并且控制权返回给主游戏循环。如果一个玩家已经得到了 10 分，他将在游戏中获胜并且游戏结束。这个过程会向玩家显示一条文本信息，表示游戏结束了。然后，将两个变量的值都设置为 0，并且停止所有脚本的执行。

Ball 角色的第 4 个过程如下所示，名为 ProcessPaddleHits。

定义 ProcessPaddleHits
如果 碰到 Paddle1 ? 或 碰到 Paddle2 ? 那么
播放声音 pop　增加玩家2的分数
向右旋转 180 度　将球重新放置到舞台中央
向右旋转 在 10 到 40 间随机选一个数 度　将步数重新设置为5，让球移动5步
移动 Steps 步

主游戏循环在其内部循环中，把这个过程当做最后一个功能块调用。每次执行它的时候，这个过程都检查 Ball 角色是否和 Paddle1 或 Paddle2 角色碰撞。如果不是这种情况，该过程不采取任何动作，并且控制权返回给主游戏循环。如果是这种情况，会播放 pop 声音，并且 Ball 角色旋转 180 度，然后再随机地旋转一个额外的 10 ～ 40 度。然后，Ball 角色再次移动 10 步，并且控制权返回给主游戏循环。

14.4.6 步骤 6：测试你的 Scratch 2.0 项目

此时，你已经有了创建和执行 Scratch Pong 程序所需的所有信息了。如果你按照这里列出的每一个步骤进行了，应该已经可以测试自己的新程序了。如果还没有将你的新项目命名为 Scratch Pong，现在就可以这么做。然后切换到全屏模式，测试它。当你玩游戏的时候，确保球和挡板按照预期的那样移动。此外，要注意分数以确保能够正确地计分。一旦确定一切都能按照预期的那样工作，就去找一个朋友和你一起玩这个游戏吧！